KB087345

#모든문제유형
#기본부터_실력까지

유형
해결의 법칙

Chunjae
Makes
Chunjae

▼

[유형 해결의 법칙] 초등 수학 5-2

기획총괄	김안나
편집개발	이근우, 서진호, 박웅, 최경환
디자인총괄	김희정
표지디자인	윤순미, 여화경
내지디자인	박희춘, 이혜미
제작	황성진, 조규영

발행일	2023년 3월 1일 개정초판 2023년 3월 1일 1쇄
발행인	(주)천재교육
주소	서울시 금천구 가산로9길 54
신고번호	제2001-000018호
고객센터	1577-0902

유형 해결의 법칙 BOOK 1 QR 활용 안내

오답 노트

틀린 문제 저장! 출력!

학습을 마칠 때에는 **오답노트**에 어떤 문제를 틀렸는지 표시해.
나중에 틀린 문제만 모아서 다시 풀면 **실력도 쑥쑥** 늘겠지?

① 오답노트 앱을 설치 후 로그인
② 책 표지의 QR 코드를 스캔하여 내 교재 등록
③ 오답 노트를 작성할 교재 아래에 있는 ㉑를 터치하여 문항 번호를 선택하기

문항번호 선택

날짜별 또는 단원별 보기

틀린 문제는 모르는 채 넘어 가지 말자구!

인쇄 가능

문제 생성기

추가적인 문제는 QR을 찍으면 더 풀 수 있습니다.

기초 문제

QR 코드를 찍어 보세요.
새로운 문제를 계속 풀 수 있어요.

문제 생성기
1. 덧셈과 뺄셈
덧셈과 뺄셈-1 학습하기 인쇄
덧셈과 뺄셈-2 학습하기 인쇄

자세한 개념 동영상

단원별로 필요한 기본 개념은 QR을 찍어 동영상으로 자세하게 학습할 수 있습니다.

1. 수의 범위와 어림하기
핵심 개념
단계

개념에 대한 자세한 동영상 강의를 시청하세요.

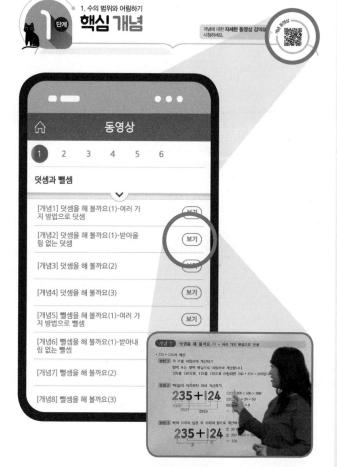

문제 풀이 동영상

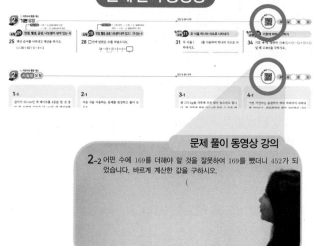

문제 풀이 동영상 강의

2-2 어떤 수에 169를 더해야 할 것을 잘못하여 169를 뺐더니 452가 되었습니다. 바르게 계산한 값을 구하시오.

(

구성과 특징

 Book 1 기본 난이도 하와 중의 문제로 구성하였습니다.

1단계 핵심 개념 +기초 문제

단원별로 꼭 필요한 핵심 개념만 모았습니다. 필요한 기본 개념은 QR을 찍어 동영상으로 학습할 수 있습니다.

단원별 기초 문제를 통해 기초력 확인을 하고 추가적인 문제는 QR을 찍으면 더 풀 수 있습니다.

 개념 동영상 강의 제공   문제 생성기

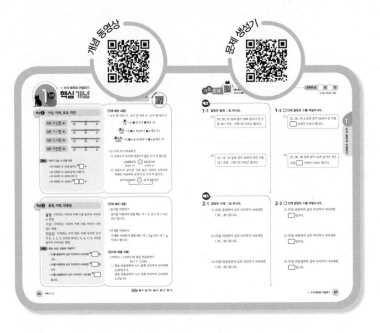

1단계 기본 문제

단원별로 쉽게 풀 수 있는 기본적인 문제만 모았습니다.

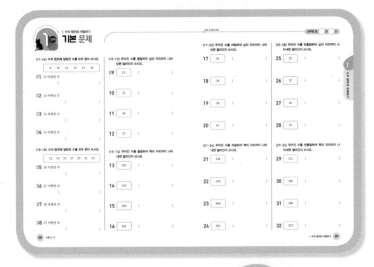

2단계 기본 유형 +잘 틀리는 유형

단원별로 기본적인 유형에 해당하는 문제를 모았습니다.

▶ 동영상 강의 제공

2 단계 서술형 유형

서술형 유형은 서술형 문제를 연습할 수 있습니다.

▶ 동영상 강의 제공

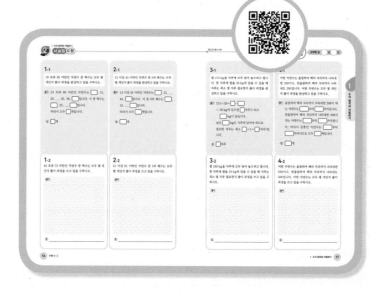

3 단계 유형 평가

단원별로 공부한 기본 유형을 제대로 공부했는지 유형 평가를 통해 복습할 수 있습니다.

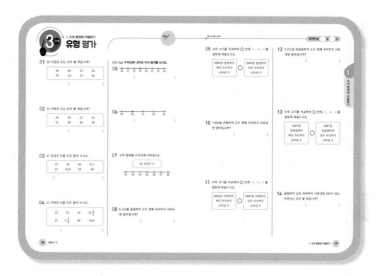

3 단계 단원 평가

단원 평가를 풀어 보면서 단원에서 배운 기본적인 개념과 문제를 다시 한 번 확실하게 기억할 수 있습니다.

▶ 유사 문제 제공

차례

1
수의 범위와 어림하기

학습 계획표

계획표대로 공부했으면 ○표, 못했으면 △표 하세요.

내용	쪽수	날짜		확인
❶단계 핵심 개념+기초 문제	6~7쪽	월	일	
❶단계 기본 문제	8~9쪽	월	일	
❷단계 기본 유형+잘 틀리는 유형	10~15쪽	월	일	
❷단계 서술형 유형	16~17쪽	월	일	
❸단계 유형 평가	18~20쪽	월	일	
❸단계 단원 평가	21~22쪽	월	일	

핵심 개념
1단계

개념에 대한 **자세한 동영상 강의**를 시청하세요.

개념 동영상

개념① 이상, 이하, 초과, 미만

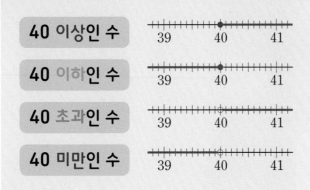

40 이상인 수   39 40 41

40 이하인 수   39 40 41

40 초과인 수   39 40 41

40 미만인 수   39 40 41

핵심 기준이 되는 수 포함 여부

- 40 이상인 수: 40과 같거나 **❶**[ ] 수
- 40 이하인 수: 40과 같거나 작은 수
- 40 초과인 수: 40보다 큰 수
- 40 미만인 수: 40보다 **❷**[ ][ ] 수

[전에 배운 내용]

• 소수 한 자리 수, 소수 두 자리 수, 소수 세 자리 수

$$\frac{\blacksquare}{10}=0.\blacksquare \ (0.1이 \blacksquare개인 수)$$

$$\frac{\blacksquare\blacktriangle}{100}=0.\blacksquare\blacktriangle \ (0.01이 \blacksquare\blacktriangle개인 수)$$

$$\frac{\blacksquare\blacktriangle\bullet}{1000}=0.\blacksquare\blacktriangle\bullet \ (0.001이 \blacksquare\blacktriangle\bullet개인 수)$$

• 큰 수의 크기 비교하기

① 자릿수가 다르면 자릿수가 많은 수가 더 큽니다.

$$12906475 \ > \ 8614739$$
(8자리 수)　　　(7자리 수)

② 자릿수가 같으면 가장 높은 자리의 숫자부터 차례로 비교하여 숫자가 큰 수가 더 큽니다.

$$47억 8560만 \ < \ 47억 8931만$$
└──5<9──┘

개념❷ 올림, 버림, 반올림

올림: 구하려는 자리의 아래 수를 올려서 나타내는 방법

버림: 구하려는 자리의 아래 수를 버려서 나타내는 방법

반올림: 구하려는 자리 바로 아래 자리의 숫자가 0, 1, 2, 3, 4이면 버리고, 5, 6, 7, 8, 9이면 올려서 나타내는 방법

핵심 올림, 버림, 반올림 구별하기

- 54를 올림하여 십의 자리까지 나타내면 **❸**[ ]입니다.
- 54를 버림하여 십의 자리까지 나타내면 **❹**[ ]입니다.
- 54를 반올림하여 십의 자리까지 나타내면 **❺**[ ]입니다.

[전에 배운 내용]

• 들이를 어림하기

들이를 어림하여 말할 때는 약 □ L 또는 약 □ mL 라고 합니다.

• 무게를 어림하기

무게를 어림하여 말할 때는 약 □ kg 또는 약 □ g 이라고 합니다.

[앞으로 배울 내용]

• (자연수)÷(자연수)의 몫을 반올림하기

$$16÷7=2.285\ldots$$

⇨ 몫을 반올림하여 소수 둘째 자리까지 나타내면 2.29입니다.
몫을 반올림하여 소수 첫째 자리까지 나타내면 2.3입니다.

정답 ❶ 큰 ❷ 작은 ❸ 60 ❹ 50 ❺ 50

기초문제

QR 코드를 찍어 보세요.
새로운 문제를 계속 풀 수 있어요.

공부한 날 ◯ 월 ◯ 일

● 정답 및 풀이 2쪽

1

수의 범위와 어림하기

체크

1-1 알맞은 말에 ◯표 하시오.

(1) 19, 20, 21 등과 같이 19와 같거나 큰 수를 19 (이상 , 이하)인 수라고 합니다.

(2) 15, 14, 13 등과 같이 16보다 작은 수를 16 (초과 , 미만)인 수라고 합니다.

1-2 ☐ 안에 알맞은 수를 써넣으시오.

(1) 55, 56, 57.4 등과 같이 54보다 큰 수를 ☐ 초과인 수라고 합니다.

(2) 31, 30, 29 등과 같이 31과 같거나 작은 수를 ☐ 이하인 수라고 합니다.

체크

2-1 알맞은 수에 ◯표 하시오.

(1) 23을 올림하여 십의 자리까지 나타내면 (20 , 30)입니다.

(2) 23을 버림하여 십의 자리까지 나타내면 (20 , 30)입니다.

(3) 23을 반올림하여 십의 자리까지 나타내면 (20 , 30)입니다.

2-2 ☐ 안에 알맞은 수를 써넣으시오.

(1) 37을 올림하여 십의 자리까지 나타내면 ☐입니다.

(2) 37을 버림하여 십의 자리까지 나타내면 ☐입니다.

(3) 37을 반올림하여 십의 자리까지 나타내면 ☐입니다.

1단계 기본 문제

[01~04] 수의 범위에 알맞은 수를 모두 찾아 쓰시오.

| 9 10 13 15 21 24 |

01 13 이상인 수

( )

02 13 이하인 수

( )

03 15 초과인 수

( )

04 15 미만인 수

( )

[05~08] 수의 범위에 알맞은 수를 모두 찾아 쓰시오.

| 12 19 23 27 30 31 43 |

05 30 이상인 수

( )

06 27 이하인 수

( )

07 30 초과인 수

( )

08 27 미만인 수

( )

[09~12] 주어진 수를 올림하여 십의 자리까지 나타내면 얼마인지 쓰시오.

09 | 21 | ( )

10 | 35 | ( )

11 | 40 | ( )

12 | 57 | ( )

[13~16] 주어진 수를 올림하여 백의 자리까지 나타내면 얼마인지 쓰시오.

13 | 163 | ( )

14 | 230 | ( )

15 | 300 | ( )

16 | 401 | ( )

[17~20] 주어진 수를 버림하여 십의 자리까지 나타내면 얼마인지 쓰시오.

17 | 24 | ( )

18 | 39 | ( )

19 | 50 | ( )

20 | 61 | ( )

[25~28] 주어진 수를 반올림하여 십의 자리까지 나타내면 얼마인지 쓰시오.

25 | 22 | ( )

26 | 37 | ( )

27 | 40 | ( )

28 | 55 | ( )

[21~24] 주어진 수를 버림하여 백의 자리까지 나타내면 얼마인지 쓰시오.

21 | 148 | ( )

22 | 250 | ( )

23 | 400 | ( )

24 | 501 | ( )

[29~32] 주어진 수를 반올림하여 백의 자리까지 나타내면 얼마인지 쓰시오.

29 | 151 | ( )

30 | 240 | ( )

31 | 300 | ( )

32 | 673 | ( )

1

수의 범위와 어림하기

2 단계 기본 유형

핵심 내용 기준이 되는 수가 포함됨

유형 01 이상인 수

[01~03] 영민이네 모둠 학생들의 윗몸 말아 올리기 횟수를 조사하여 나타낸 표입니다. 물음에 답하시오.

윗몸 말아 올리기 횟수

이름	횟수(번)	이름	횟수(번)
영민	20	석준	19
승주	19	연수	15
동규	22	병훈	10

01 윗몸 말아 올리기 횟수가 석준이와 같거나 많은 학생은 모두 몇 명입니까?

( )

02 윗몸 말아 올리기 횟수가 20번 이상인 학생을 모두 찾아 이름을 쓰시오.

( )

03 윗몸 말아 올리기 횟수가 19번 이상인 학생을 모두 찾아 이름을 쓰시오.

( )

04 59 이상인 수는 모두 몇 개입니까?

17	59	55	73
110	49	86	91

( )

핵심 내용 기준이 되는 수가 포함됨

유형 02 이하인 수

[05~07] 은석이네 모둠 학생들의 키를 조사하여 나타낸 표입니다. 물음에 답하시오.

학생들의 키

이름	키(cm)	이름	키(cm)
은석	155.2	수희	157.3
영필	168	재균	136
원조	155.2	영주	143.9

05 키가 은석이와 같거나 작은 학생은 모두 몇 명입니까?

( )

06 키가 143 cm 이하인 학생을 찾아 이름을 쓰시오.

( )

07 키가 143.9 cm 이하인 학생을 모두 찾아 이름을 쓰시오.

( )

08 8 이하인 수는 모두 몇 개입니까?

2	9	1	5	8

( )

핵심 내용 기준이 되는 수가 포함되지 않음

유형 03 초과인 수

[09~11] 승우네 반 학생들의 몸무게를 조사하여 나타낸 표입니다. 물음에 답하시오.

학생들의 몸무게

이름	몸무게(kg)	이름	몸무게(kg)
승우	34.4	기준	28
미도	28.5	종원	35.8
지혜	31.4	규현	40
나래	29	성욱	36

09 몸무게가 종원이보다 무거운 학생을 모두 찾아 이름을 쓰시오.

( )

10 몸무게가 34.4 kg 초과인 학생은 모두 몇 명입니까?

( )

11 몸무게가 28 kg 초과인 학생은 모두 몇 명입니까?

( )

12 25 초과인 수를 모두 찾아 쓰시오.

25.9	17	30	25
27	15	24.8	20

( )

핵심 내용 기준이 되는 수가 포함되지 않음

유형 04 미만인 수

[13~15] 우진이네 모둠 학생들이 가지고 있는 책의 수를 조사하여 나타낸 표입니다. 물음에 답하시오.

학생들이 가지고 있는 책의 수

이름	책의 수(권)	이름	책의 수(권)
우진	49	승우	48
정서	27	동민	36
하림	55	빈우	63
초희	50	예림	47

13 가지고 있는 책의 수가 48권보다 적은 학생을 모두 찾아 이름을 쓰시오.

( )

14 가지고 있는 책의 수가 48권 미만인 학생을 모두 찾아 이름을 쓰시오.

( )

15 가지고 있는 책의 수가 49권 미만인 학생을 모두 찾아 이름을 쓰시오.

( )

16 12 미만인 수를 모두 찾아 쓰시오.

8	11.4	12.1
$10\frac{1}{3}$	12	$9\frac{1}{6}$

( )

2 단계 **기본 유형**

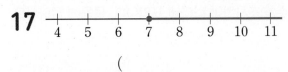

유형 **05** 이상, 이하, 초과, 미만을 수직선에 나타내기

[17~20] 수직선에 나타낸 수의 범위를 쓰시오.

17

4 5 6 7 8 9 10 11

( )

18

45 46 47 48 49 50 51

( )

교과서유형
19

25 26 27 28 29 30

( )

20

20 21 22 23 24

( )

[21~24] 수의 범위를 수직선에 나타내시오.

21

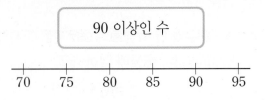
90 이상인 수

70 75 80 85 90 95

시험책유형
22

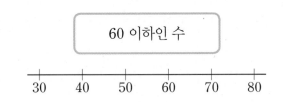
60 이하인 수

30 40 50 60 70 80

23

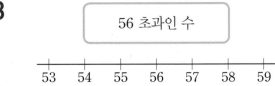
56 초과인 수

53 54 55 56 57 58 59

24

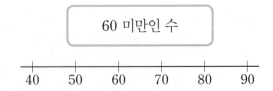
60 미만인 수

40 50 60 70 80 90

핵심 내용 ▶ 구하려는 자리 아래 수를 올려서 나타내기

유형 **06** 올림하기

25 5073을 올림하여 천의 자리까지 나타내면 얼마입니까? ·································· (   )

① 5000   ② 5070   ③ 5080
④ 5100   ⑤ 6000

교과서 유형
26 올림하여 주어진 자리까지 나타내시오.

수	백의 자리	천의 자리
7802		

27 6.749를 올림하여 소수 첫째 자리까지 나타내면 얼마입니까?

(   )

익힘책 유형
28 수의 크기를 비교하여 ◯ 안에 >, =, <를 알맞게 써넣으시오.

3901을 올림하여 백의 자리까지 나타낸 수	◯	3004를 올림하여 천의 자리까지 나타낸 수

핵심 내용 ▶ 구하려는 자리 아래 수를 버려서 나타내기

유형 **07** 버림하기

29 2615를 버림하여 천의 자리까지 나타내면 얼마입니까? ·································· (   )

① 2615   ② 2610   ③ 2600
④ 2000   ⑤ 1000

교과서 유형
30 버림하여 주어진 자리까지 나타내시오.

수	백의 자리	천의 자리
5460		

31 2.795를 버림하여 소수 첫째 자리까지 나타내면 얼마입니까?

(   )

익힘책 유형
32 수의 크기를 비교하여 ◯ 안에 >, =, <를 알맞게 써넣으시오.

4736을 버림하여 백의 자리까지 나타낸 수	◯	4920을 버림하여 천의 자리까지 나타낸 수

1

수의 범위와 어림하기

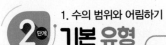

→ **핵심 내용** 구하려는 자리 바로 아래 자리의 숫자가 0, 1, 2, 3, 4이면 버리고, 5, 6, 7, 8, 9이면 올려서 나타내기

→ **핵심 내용** 올림과 버림은 구하려는 자리 아래 수를 알아보고 반올림은 구하려는 자리 바로 아래 자리의 숫자를 알아보기

유형 08 반올림하기

33 가은이의 몸무게는 33.8 kg입니다. 가은이의 몸무게를 수직선에 ↓로 나타내고, 약 몇 kg인지 자연수로 쓰시오.

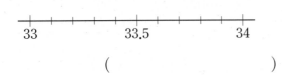

( )

34 반올림하여 주어진 자리까지 나타내시오.

수	백의 자리	천의 자리
6932		

35 7.384를 반올림하여 소수 첫째 자리까지 나타내면 얼마입니까?

( )

36 수의 크기를 비교하여 ○ 안에 >, =, <를 알맞게 써넣으시오.

| 2609를 반올림하여 백의 자리까지 나타낸 수 | ○ | 2487을 반올림하여 천의 자리까지 나타낸 수 |

유형 09 올림, 버림, 반올림하기 전의 수

37 올림하여 백의 자리까지 나타내면 6200이 되는 수를 찾아 쓰시오.

| 6100 | 6155 | 6019 |

( )

38 버림하여 백의 자리까지 나타내면 4100이 되는 수를 찾아 쓰시오.

| 4000 | 4155 | 4083 |

( )

39 반올림하여 백의 자리까지 나타내면 9100이 되지 <u>않는</u> 수는 어느 것입니까?······( )

① 9049 ② 9081
③ 9100 ④ 9111
⑤ 9139

40 올림하여 십의 자리까지 나타내면 110이 되는 자연수는 모두 몇 개입니까?

( )

1

수의 범위와 어림하기

잘 틀리는 유형 10 주어진 수에 알맞은 수의 범위

41 다음은 ☐ 이상인 수를 쓴 것입니다. ☐ 안에 들어갈 수 있는 가장 큰 자연수를 구하시오.

15	17.4	19	20

(　　　　　)

42 ☐ 안에 들어갈 수 있는 수 중 가장 작은 자연수를 구하시오.

121, 122, 123은 ☐ 이하인 수입니다.

(　　　　　)

43 ☐ 미만인 자연수는 모두 10개입니다. ☐ 안에 알맞은 자연수를 구하시오.

(　　　　　)

KEY ☐ 미만인 자연수에 기준이 되는 수인 ☐는 포함되지 않아요.

잘 틀리는 유형 11 올림, 버림, 반올림하기 전 수의 개수

44 올림하여 백의 자리까지 나타내면 300이 되는 자연수는 모두 몇 개입니까?

(　　　　　)

45 버림하여 백의 자리까지 나타내면 23000이 되는 자연수는 모두 몇 개입니까?

(　　　　　)

46 반올림하여 백의 자리까지 나타내면 4500이 되는 자연수는 모두 몇 개입니까?

(　　　　　)

KEY 반올림은 구하려는 자리 바로 아래 자리의 숫자가 0, 1, 2, 3, 4이면 버리고, 5, 6, 7, 8, 9이면 올려서 나타내는 방법입니다.

2 단계 서술형 유형

1-1

19 초과 38 미만인 자연수 중 짝수는 모두 몇 개인지 풀이 과정을 완성하고 답을 구하시오.

풀이 19 초과 38 미만인 자연수는 ☐, 21, 22, ..., 35, 36, ☐입니다. 이 중 짝수는 ☐, 22, ..., ☐입니다.

따라서 모두 ☐개입니다.

답 ☐개

2-1

12 이상 45 이하인 자연수 중 3의 배수는 모두 몇 개인지 풀이 과정을 완성하고 답을 구하시오.

풀이 12 이상 45 이하인 자연수는 ☐, 13, ..., 44, ☐입니다. 이 중 3의 배수는 ☐, 15, ..., ☐입니다.

따라서 모두 ☐개입니다.

답 ☐개

1-2

45 초과 73 미만인 자연수 중 짝수는 모두 몇 개인지 풀이 과정을 쓰고 답을 구하시오.

풀이

답 _____

2-2

51 이상 81 이하인 자연수 중 3의 배수는 모두 몇 개인지 풀이 과정을 쓰고 답을 구하시오.

풀이

답 _____

3-1

쌀 175 kg을 자루에 모두 담아 놓으려고 합니다. 한 자루에 쌀을 20 kg씩 담을 수 있을 때 자루는 최소 몇 자루 필요한지 풀이 과정을 완성하고 답을 구하시오.

풀이 $175 \div 20 = \boxed{} \cdots \boxed{}$

⇨ 20 kg씩 담으면 $\boxed{}$ 자루가 되고

$\boxed{}$ kg이 남습니다.

남은 $\boxed{}$ kg도 자루에 담아야 하므로

필요한 자루는 최소 $\boxed{} + 1 = \boxed{}$ (자루)입니다.

답 $\boxed{}$ 자루

4-1

어떤 자연수는 올림하여 백의 자리까지 나타내면 200이고, 반올림하여 백의 자리까지 나타내도 200입니다. 어떤 자연수는 모두 몇 개인지 풀이 과정을 완성하고 답을 구하시오.

풀이 올림하여 백의 자리까지 나타내면 200이 되는 자연수는 $\boxed{}$ 부터 $\boxed{}$ 까지입니다.

반올림하여 백의 자리까지 나타내면 200이 되는 자연수는 $\boxed{}$ 부터 $\boxed{}$ 까지입니다. 따라서 공통인 자연수는 $\boxed{}$ 부터 $\boxed{}$ 까지이므로 모두 $\boxed{}$ 개입니다.

답 $\boxed{}$ 개

3-2

쌀 180 kg을 자루에 모두 담아 놓으려고 합니다. 한 자루에 쌀을 25 kg씩 담을 수 있을 때 자루는 최소 몇 자루 필요한지 풀이 과정을 쓰고 답을 구하시오.

풀이

답 _____

4-2

어떤 자연수는 올림하여 백의 자리까지 나타내면 500이고, 반올림하여 백의 자리까지 나타내도 500입니다. 어떤 자연수는 모두 몇 개인지 풀이 과정을 쓰고 답을 구하시오.

풀이

답 _____

1. 수의 범위와 어림하기

3단계 유형 평가

01 65 이상인 수는 모두 몇 개입니까?

49	88	53	65
70	19	37	92

(   )

02 31 이하인 수는 모두 몇 개입니까?

50	18	21	35
31	29	46	30

(   )

03 47 초과인 수를 모두 찾아 쓰시오.

47	38	49	47.1
41	52.8	39	60

(   )

04 21 미만인 수를 모두 찾아 쓰시오.

23	31	19	$21\frac{1}{2}$
21	$5\frac{1}{4}$	40	20.9

(   )

[05~06] 수직선에 나타낸 수의 범위를 쓰시오.

05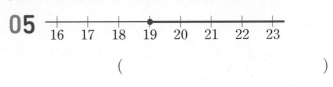

(   )

06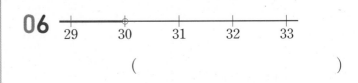

(   )

07 수의 범위를 수직선에 나타내시오.

65 초과인 수

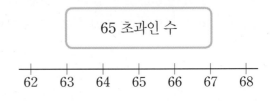

08 8.134를 올림하여 소수 첫째 자리까지 나타내면 얼마입니까?

(   )

09 수의 크기를 비교하여 ◯ 안에 >, =, <를 알맞게 써넣으시오.

5900을 올림하여 백의 자리까지 나타낸 수	◯	5900을 올림하여 천의 자리까지 나타낸 수

10 7.906을 버림하여 소수 첫째 자리까지 나타내면 얼마입니까?

(   )

11 수의 크기를 비교하여 ◯ 안에 >, =, <를 알맞게 써넣으시오.

6083을 버림하여 백의 자리까지 나타낸 수	◯	6083을 버림하여 천의 자리까지 나타낸 수

12 9.251을 반올림하여 소수 첫째 자리까지 나타내면 얼마입니까?

(   )

13 수의 크기를 비교하여 ◯ 안에 >, =, <를 알맞게 써넣으시오.

3487을 반올림하여 백의 자리까지 나타낸 수	◯	3487을 반올림하여 천의 자리까지 나타낸 수

14 올림하여 십의 자리까지 나타내면 290이 되는 자연수는 모두 몇 개입니까?

(   )

1

수의 범위와 어림하기

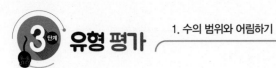
15 ☐ 안에 들어갈 수 있는 수 중 가장 작은 자연수를 구하시오.

> 137, 138, 139는 ☐ 이하인 수입니다.

(   )

16 버림하여 백의 자리까지 나타내면 46700이 되는 자연수는 모두 몇 개입니까?

(   )

17 ☐ 미만인 자연수는 모두 19개입니다. ☐ 안에 알맞은 자연수를 구하시오.

(   )

18 반올림하여 백의 자리까지 나타내면 5800이 되는 자연수는 모두 몇 개입니까?

(   )

서술형

19 44 이상 96 이하인 자연수 중 4의 배수는 모두 몇 개인지 풀이 과정을 쓰고 답을 구하시오.

풀이

답 _____

서술형

20 어떤 자연수는 올림하여 백의 자리까지 나타내면 700이고, 반올림하여 백의 자리까지 나타내면 600입니다. 어떤 자연수는 모두 몇 개인지 풀이 과정을 쓰고 답을 구하시오.

풀이

답 _____

[01~03] 성화네 반 학생들의 몸무게를 조사하여 나타낸 표입니다. 물음에 답하시오.

학생들의 몸무게

이름	몸무게(kg)	이름	몸무게(kg)	이름	몸무게(kg)
성화	45	준현	50	기홍	52
준모	40	정은	46	민상	49
우형	48	나영	41	우혁	37

01 몸무게가 50 kg 이상인 학생을 모두 찾아 이름을 쓰시오.

( )

02 몸무게가 50 kg 초과인 학생의 이름을 쓰시오.

( )

03 몸무게가 41 kg 미만인 학생을 모두 찾아 이름을 쓰시오.

( )

04 12743을 버림하여 백의 자리까지 나타내시오.

( )

05 631을 올림하여 십의 자리까지 나타내시오.

( )

06 수직선에 나타낸 수의 범위를 쓰시오.

51 52 53 54 55 56 57 58

( )

07 44 초과 51 미만인 수를 모두 찾아 쓰시오.

51	46	43	55	48
50	44	37	60	52

( )

08 바르게 설명한 것은 ○표, 잘못 설명한 것은 ×표 하시오.

(1) 6은 6 미만인 수에 포함됩니다. ( )

(2) 10, 11, 12 중 11 초과인 수는 12뿐입니다.

( )

09 21 이하인 자연수는 모두 몇 개인지 쓰시오.

( )

10 수직선에 나타낸 수의 범위에 포함되지 <u>않는</u> 수는 어느 것입니까? ·················( )

17 18 19 20 21 22 23 24 25

① 19   ② 22.4   ③ 20.5

④ 18.9   ⑤ 23

11 6953을 올림, 버림, 반올림하여 천의 자리까지 나타내시오.

올림	버림	반올림

단원 평가 기본   1. 수의 범위와 어림하기

[12~14] 시하와 언니는 버스를 타고 할머니 댁에 가려고 합니다. 버스 터미널에서 버스 요금은 다음과 같습니다. 시하는 11세이고, 언니는 14세일 때 물음에 답하시오.

버스 요금

소인(13세 이하)	9500원
대인(13세 초과 60세 이하)	12500원
노인 우대(60세 초과)	10000원

12 시하는 버스 요금으로 얼마를 내야 합니까?

( )

13 언니는 버스 요금으로 얼마를 내야 합니까?

( )

14 시하와 언니는 버스 요금으로 모두 얼마를 내야 합니까?

( )

15 ◯ 안에 >, =, <를 알맞게 써넣으시오.

2347을 반올림하여 백의 자리까지 나타낸 수 ◯ 2347

16 올림하여 천의 자리까지 나타낸 수가 <u>다른</u> 하나를 찾아 쓰시오.

21233   22000   21800   21000

( )

17 두 수의 범위에 모두 포함되는 자연수는 모두 몇 개입니까?

㉠ 38 초과 57 미만인 수
㉡ 49 초과 53 미만인 수

( )

18 4283을 다음과 같이 어림하여 나타냈을 때 가장 큰 수를 찾아 기호를 쓰시오.

㉠ 올림하여 십의 자리까지 나타낸 수
㉡ 버림하여 천의 자리까지 나타낸 수
㉢ 반올림하여 백의 자리까지 나타낸 수

( )

19 540271을 반올림하여 주어진 자리까지 나타냈을 때 가장 큰 수는 어느 것입니까?
·····················( )

① 십의 자리   ② 백의 자리
③ 천의 자리   ④ 만의 자리
⑤ 십만의 자리

20 어떤 음료수는 10개씩 묶음으로만 팔고 한 묶음에 6000원입니다. 음료수 342개를 사려고 할 때 필요한 돈은 최소 얼마입니까?

( )

QR 코드를 찍어 단원 평가 를 더 풀어 보세요.

2 분수의 곱셈

1단계 핵심 개념

개념에 대한 **자세한 동영상 강의**를 시청하세요.

개념① (대분수)×(자연수), (자연수)×(대분수)

$$1\frac{2}{3}\times 2=\frac{5}{3}\times 2=\frac{5\times 2}{3}=\frac{10}{3}=3\frac{1}{3}$$

$$1\frac{2}{3}\times 2=(1\times 2)+\left(\frac{2}{3}\times 2\right)=2+\frac{4}{3}=3\frac{1}{3}$$

$$3\times 1\frac{1}{4}=3\times\frac{5}{4}=\frac{3\times 5}{4}=\frac{15}{4}=3\frac{3}{4}$$

$$3\times 1\frac{1}{4}=(3\times 1)+\left(3\times\frac{1}{4}\right)=3+\frac{3}{4}=3\frac{3}{4}$$

핵심 분자와 자연수를 곱하기

(대분수)×(자연수), (자연수)×(대분수)는 대분수를 ❶ □□□ 로 바꾸어 계산하거나 대분수를 자연수와 진분수로 나누어 ❷ □□□ 와 곱하여 계산합니다.

[전에 배운 내용]

- 자연수의 혼합 계산

$$(3+2)\times 4=5\times 4=20$$
$$3\times 4+2\times 4=12+2\times 4=12+8=20$$

- 분모가 같은 진분수의 덧셈

$$\frac{1}{3}+\frac{1}{3}=\frac{2}{3}$$

  – 분모는 그대로 쓰고 분자끼리 더합니다.
  계산한 후에 가분수일 경우 대분수로 나타냅니다.

- 분모가 같은 대분수의 덧셈

$$1\frac{1}{5}+1\frac{2}{5}=(1+1)+\left(\frac{1}{5}+\frac{2}{5}\right)=2\frac{3}{5}$$

  – 자연수는 자연수끼리, 진분수는 진분수끼리 계산합니다.
  계산한 후에 가분수일 경우 대분수로 나타냅니다.

[앞으로 배울 내용]

- 분수의 나눗셈

개념② (진분수)×(진분수), (대분수)×(대분수)

$$\frac{3}{4}\times\frac{3}{5}=\frac{3\times 3}{4\times 5}=\frac{9}{20}$$

$$1\frac{2}{3}\times 1\frac{1}{4}=\frac{5}{3}\times\frac{5}{4}=\frac{5\times 5}{3\times 4}=\frac{25}{12}=2\frac{1}{12}$$

$$1\frac{2}{3}\times 1\frac{1}{4}=1\frac{2}{3}\times\left(1+\frac{1}{4}\right)$$
$$=1\frac{2}{3}+\left(\frac{5}{3}\times\frac{1}{4}\right)=1\frac{2}{3}+\frac{5}{12}=2\frac{1}{12}$$

핵심 대분수를 가분수로 고치기

(진분수)×(진분수)는 분자끼리 곱하고 ❸ □□ 끼리 곱합니다.

(대분수)×(대분수)는 대분수를 ❹ □□□ 로 바꾸고 분모와 분자끼리 약분이 되면 약분하여 계산합니다.

[전에 배운 내용]

- 자연수의 혼합 계산

$$3\times(2+4)=3\times 6=18$$
$$3\times 2+3\times 4=6+3\times 4=6+12=18$$

- 분모가 같은 진분수의 뺄셈

$$\frac{2}{3}-\frac{1}{3}=\frac{1}{3}$$

  – 분모는 그대로 쓰고 분자끼리 뺍니다.

- 분모가 같은 대분수의 뺄셈

$$3\frac{4}{5}-1\frac{3}{5}=(3-1)+\left(\frac{4}{5}-\frac{3}{5}\right)=2\frac{1}{5}$$

  – 자연수는 자연수끼리, 진분수는 진분수끼리 계산합니다.
  진분수끼리 계산할 수 없으면 1을 가분수로 나타내어 계산합니다.

[앞으로 배울 내용]

- 분수의 나눗셈

정답 ▶ ❶ 가분수 ❷ 자연수 ❸ 분모 ❹ 가분수

1-1 ☐ 안에 알맞은 수를 써넣으시오.

(1) $\dfrac{1}{6} \times 5 = \dfrac{1 \times \boxed{}}{6} = \dfrac{\boxed{}}{6}$

(2) $\dfrac{2}{3} \times 4 = \dfrac{2 \times \boxed{}}{3} = \dfrac{\boxed{}}{3} = \boxed{}\dfrac{\boxed{}}{3}$

(3) $1\dfrac{2}{5} \times 2 = \dfrac{\boxed{}}{5} \times 2 = \dfrac{\boxed{} \times 2}{5}$

$= \dfrac{\boxed{}}{5} = \boxed{}\dfrac{\boxed{}}{5}$

(4) $2\dfrac{2}{7} \times 3 = \left(2 + \dfrac{2}{7}\right) \times 3$

$= (2 \times 3) + \left(\dfrac{2}{7} \times \boxed{}\right)$

$= \boxed{} + \dfrac{\boxed{}}{7} = \boxed{}\dfrac{\boxed{}}{7}$

1-2 ☐ 안에 알맞은 수를 써넣으시오.

(1) $4 \times \dfrac{1}{9} = \dfrac{4 \times \boxed{}}{9} = \dfrac{\boxed{}}{9}$

(2) $5 \times \dfrac{7}{8} = \dfrac{5 \times \boxed{}}{8} = \dfrac{\boxed{}}{8} = \boxed{}\dfrac{\boxed{}}{8}$

(3) $12 \times 1\dfrac{1}{2} = \overset{\boxed{}}{\cancel{12}} \times \dfrac{\boxed{}}{\underset{\boxed{}}{2}}$

$= \boxed{} \times 3 = \boxed{}$

(4) $5 \times 1\dfrac{3}{10} = (5 \times 1) + \left(\overset{1}{\cancel{5}} \times \dfrac{\boxed{}}{\underset{2}{\cancel{10}}}\right)$

$= \boxed{} + \dfrac{\boxed{}}{2} = \boxed{}\dfrac{\boxed{}}{2}$

2-1 ☐ 안에 알맞은 수를 써넣으시오.

(1) $\dfrac{5}{6} \times \dfrac{1}{4} = \dfrac{\boxed{} \times 1}{6 \times \boxed{}} = \boxed{}$

(2) $\dfrac{3}{4} \times \dfrac{5}{7} = \dfrac{\boxed{} \times \boxed{}}{4 \times 7} = \dfrac{\boxed{}}{28}$

(3) $\dfrac{2}{7} \times 1\dfrac{3}{5} = \dfrac{2}{7} \times \dfrac{\boxed{}}{5} = \dfrac{2 \times \boxed{}}{7 \times 5}$

$= \boxed{}$

(4) $1\dfrac{2}{5} \times 1\dfrac{3}{4} = \dfrac{7}{5} \times \dfrac{\boxed{}}{4} = \dfrac{7 \times \boxed{}}{5 \times 4}$

$= \dfrac{\boxed{}}{20} = \boxed{}$

2-2 ☐ 안에 알맞은 수를 써넣으시오.

(1) $\dfrac{7}{8} \times \dfrac{1}{5} = \dfrac{\boxed{} \times 1}{8 \times \boxed{}} = \boxed{}$

(2) $\dfrac{3}{5} \times \dfrac{2}{3} = \dfrac{\overset{1}{\cancel{3}} \times \boxed{}}{\boxed{} \times \underset{1}{\cancel{3}}} = \boxed{}$

(3) $\dfrac{5}{6} \times 2\dfrac{1}{3} = \dfrac{5}{6} \times \dfrac{\boxed{}}{3} = \dfrac{5 \times \boxed{}}{6 \times 3}$

$= \dfrac{\boxed{}}{18} = \boxed{}$

(4) $1\dfrac{5}{9} \times 3\dfrac{3}{4} = \dfrac{14}{9} \times \dfrac{15}{4} = \dfrac{\boxed{}}{6} = \boxed{}$

2 분수의 곱셈

1 단계 **기본 문제**

[01~06] ☐ 안에 알맞은 수를 써넣으시오.

01 $\dfrac{3}{5} \times 4 = \dfrac{3 \times \square}{5} = \dfrac{\square}{5} = \square\dfrac{\square}{5}$

02 $\dfrac{5}{7} \times 3 = \dfrac{5 \times \square}{7} = \dfrac{\square}{7} = \square\dfrac{\square}{7}$

03 $\dfrac{7}{8} \times 5 = \dfrac{\square \times 5}{8} = \dfrac{\square}{8} = \square\dfrac{\square}{8}$

04 $2 \times \dfrac{4}{5} = \dfrac{2 \times \square}{5} = \dfrac{\square}{5} = \square\dfrac{\square}{5}$

05 $3 \times \dfrac{7}{8} = \dfrac{3 \times \square}{8} = \dfrac{\square}{8} = \square\dfrac{\square}{8}$

06 $4 \times \dfrac{8}{9} = \dfrac{\square \times 8}{9} = \dfrac{\square}{9} = \square\dfrac{\square}{9}$

[07~12] ☐ 안에 알맞은 수를 써넣으시오.

07 $1\dfrac{2}{5} \times 4 = \dfrac{\square}{5} \times 4 = \dfrac{\square}{5} = \square\dfrac{\square}{5}$

08 $1\dfrac{1}{6} \times 5 = \dfrac{\square}{6} \times 5 = \dfrac{\square}{6} = \square\dfrac{\square}{6}$

09 $1\dfrac{4}{7} \times 2 = \dfrac{\square}{7} \times 2 = \dfrac{\square}{7} = \square\dfrac{\square}{7}$

10 $2\dfrac{1}{4} \times 3 = \left(2 + \dfrac{\square}{4}\right) \times 3$
$= (2 \times 3) + \left(\dfrac{\square}{4} \times 3\right)$
$= 6 + \dfrac{\square}{4} = \square\dfrac{\square}{4}$

11 $1\dfrac{3}{5} \times 2 = \left(1 + \dfrac{\square}{5}\right) \times 2$
$= (1 \times 2) + \left(\dfrac{\square}{5} \times 2\right)$
$= 2 + \dfrac{\square}{5} = \square\dfrac{\square}{5}$

12 $2\dfrac{5}{7} \times 4 = \left(2 + \dfrac{\square}{7}\right) \times 4$
$= (2 \times 4) + \left(\dfrac{\square}{7} \times 4\right)$
$= 8 + \dfrac{\square}{7} = \square\dfrac{\square}{7}$

[13~18] ☐ 안에 알맞은 수를 써넣으시오.

13 $2 \times 2\frac{1}{5} = 2 \times \dfrac{\boxed{}}{5} = \dfrac{\boxed{}}{5} = \boxed{}\dfrac{\boxed{}}{5}$

14 $3 \times 2\frac{1}{4} = 3 \times \dfrac{\boxed{}}{4} = \dfrac{\boxed{}}{4} = \boxed{}\dfrac{\boxed{}}{4}$

15 $4 \times 1\frac{2}{7} = 4 \times \dfrac{\boxed{}}{7} = \dfrac{\boxed{}}{7} = \boxed{}\dfrac{\boxed{}}{7}$

16 $3 \times 2\frac{3}{4} = 3 \times \left(2 + \dfrac{\boxed{}}{4}\right)$

$\qquad = (3 \times 2) + \left(3 \times \dfrac{\boxed{}}{4}\right)$

$\qquad = 6 + \dfrac{\boxed{}}{4} = \boxed{}\dfrac{\boxed{}}{4}$

17 $4 \times 3\frac{2}{5} = 4 \times \left(3 + \dfrac{\boxed{}}{5}\right)$

$\qquad = (4 \times 3) + \left(4 \times \dfrac{\boxed{}}{5}\right)$

$\qquad = 12 + \dfrac{\boxed{}}{5} = \boxed{}\dfrac{\boxed{}}{5}$

18 $5 \times 2\frac{5}{6} = 5 \times \left(2 + \dfrac{\boxed{}}{6}\right)$

$\qquad = (5 \times 2) + \left(5 \times \dfrac{\boxed{}}{6}\right)$

$\qquad = 10 + \dfrac{\boxed{}}{6} = \boxed{}\dfrac{\boxed{}}{6}$

[19~24] ☐ 안에 알맞은 수를 써넣으시오.

19 $\dfrac{4}{5} \times \dfrac{1}{3} = \dfrac{\boxed{} \times 1}{5 \times 3} = \dfrac{\boxed{}}{15}$

20 $\dfrac{7}{8} \times \dfrac{3}{5} = \dfrac{7 \times 3}{\boxed{} \times 5} = \dfrac{21}{\boxed{}}$

21 $2\frac{1}{3} \times \dfrac{5}{6} = \dfrac{\boxed{}}{3} \times \dfrac{5}{6} = \dfrac{\boxed{} \times 5}{3 \times 6}$

$\qquad = \dfrac{\boxed{}}{18} = \boxed{}\dfrac{\boxed{}}{18}$

22 $\dfrac{3}{4} \times 2\frac{3}{5} = \dfrac{3}{4} \times \dfrac{\boxed{}}{5} = \dfrac{3 \times \boxed{}}{4 \times 5}$

$\qquad = \dfrac{\boxed{}}{20} = \boxed{}\dfrac{\boxed{}}{20}$

23 $1\frac{2}{3} \times 2\frac{3}{4} = \dfrac{5}{3} \times \dfrac{\boxed{}}{4} = \dfrac{\boxed{} \times \boxed{}}{3 \times 4}$

$\qquad = \dfrac{\boxed{}}{12} = \boxed{}\dfrac{\boxed{}}{12}$

24 $2\frac{1}{2} \times 2\frac{5}{6} = 2\frac{1}{2} \times \left(2 + \dfrac{5}{6}\right)$

$\qquad = \left(2\frac{1}{2} \times \boxed{}\right) + \left(2\frac{1}{2} \times \dfrac{5}{6}\right)$

$\qquad = \boxed{} + \left(\dfrac{\boxed{}}{2} \times \dfrac{5}{6}\right)$

$\qquad = \boxed{} + \dfrac{\boxed{}}{12} = \boxed{}\dfrac{\boxed{}}{12}$

2

분수의 곱셈

핵심 내용 ▶ 분모는 그대로, 분자와 자연수를 곱함

유형 01 (진분수) × (자연수)

01 계산을 하시오.

(1) $\dfrac{3}{4} \times 8$ (2) $\dfrac{5}{6} \times 9$

02 빈 곳에 알맞은 수를 써넣으시오.

×	
$\dfrac{7}{10}$	8	
$\dfrac{5}{21}$	14	
$\dfrac{4}{5}$	15	

03 ○ 안에 >, =, <를 알맞게 써넣으시오.

(1) $8 \bigcirc \dfrac{5}{12} \times 18$

(2) $\dfrac{3}{7} \times 4 \bigcirc 1\dfrac{5}{7}$

핵심 내용 ▶ 대분수를 가분수 또는 자연수와 진분수로 바꾸어 계산함

유형 02 (대분수) × (자연수)

04 $3\dfrac{2}{3} \times 2$를 서로 다른 두 가지 방법으로 계산하시오.

[방법 1] $3\dfrac{2}{3} \times 2$

[방법 2] $3\dfrac{2}{3} \times 2$

05 빈 곳에 알맞은 수를 써넣으시오.

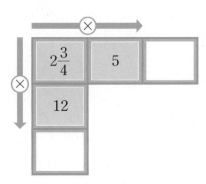

06 계산 결과를 찾아 선으로 이으시오.

$1\dfrac{1}{2} \times 3$ • •

$1\dfrac{3}{4} \times 2$ • •

▸ 핵심 내용 ▸ 분모는 그대로, 자연수와 분자를 곱함

유형 03 (자연수)×(진분수)

07 계산을 하시오.

(1) $18 \times \dfrac{3}{4}$　　(2) $12 \times \dfrac{5}{6}$

08 $10 \times \dfrac{3}{5}$ 을 구하려고 합니다. 그림에 알맞게 색칠하고 답을 구하시오.

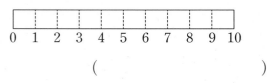

　　　(　　　　　　)

09 계산 결과가 12보다 큰 식에 ○표 하시오.

$14 \times \dfrac{2}{3}$　　$25 \times \dfrac{3}{5}$

▸ 핵심 내용 ▸ 대분수를 가분수 또는 자연수와 진분수로 바꾸어 계산함

유형 04 (자연수)×(대분수)

10 계산을 하시오.

(1) $12 \times 3\dfrac{5}{6}$　　(2) $16 \times 2\dfrac{3}{10}$

11 $8 \times 3\dfrac{1}{6}$ 을 서로 다른 두 가지 방법으로 계산 하시오.

[방법 1] $8 \times 3\dfrac{1}{6}$ _____

_____

[방법 2] $8 \times 3\dfrac{1}{6}$ _____

_____

12 계산 결과가 큰 것부터 차례로 기호를 쓰시오.

㉠ $9 \times \dfrac{1}{3}$　　㉡ 9×5　　㉢ $9 \times 5\dfrac{1}{3}$

　　　(　　　　　　)

2

분수의 곱셈

> 핵심 내용 ▶ 분자는 항상 1이고 분모끼리 곱하기

> 핵심 내용 ▶ 분자는 진분수의 분자이고 분모는 분모끼리 곱하기

유형 **05** (단위분수)×(단위분수)

유형 **06** (단위분수)×(진분수), (진분수)×(단위분수)

13 계산을 하시오.

(1) $\dfrac{1}{7} \times \dfrac{1}{4}$ 　　(2) $\dfrac{1}{5} \times \dfrac{1}{6}$

17 계산을 하시오.

(1) $\dfrac{1}{7} \times \dfrac{3}{8}$ 　　(2) $\dfrac{7}{9} \times \dfrac{1}{4}$

14 빈 곳에 알맞은 수를 써넣으시오.

$\dfrac{1}{8}$	$\dfrac{1}{3}$	
$\dfrac{1}{9}$	$\dfrac{1}{7}$	

18 빈 곳에 알맞은 수를 써넣으시오.

$\dfrac{1}{8}$	$\dfrac{4}{7}$	
$\dfrac{4}{5}$	$\dfrac{1}{6}$	

15 ○ 안에 >, =, <를 알맞게 써넣으시오.

$$\dfrac{1}{20} \bigcirc \dfrac{1}{5} \times \dfrac{1}{5}$$

19 계산 결과가 더 큰 것에 ○표 하시오.

$\dfrac{1}{3} \times \dfrac{2}{5}$	$\dfrac{2}{5} \times \dfrac{1}{5}$
(　　　)	(　　　)

16 계산 결과가 작은 것부터 차례로 기호를 쓰시오.

ㄱ $\dfrac{1}{4} \times \dfrac{1}{6}$ 　ㄴ $\dfrac{1}{11} \times \dfrac{1}{2}$ 　ㄷ $\dfrac{1}{9} \times \dfrac{1}{3}$

(　　　　　　　　　)

20 계산 결과를 비교하여 ○ 안에 >, =, <를 알맞게 써넣으시오.

$$\dfrac{1}{9} \times \dfrac{6}{7} \bigcirc \dfrac{4}{5} \times \dfrac{1}{12}$$

핵심 내용 분자는 분자끼리 곱하고 분모는 분모끼리 곱하기

유형 07 (진분수)×(진분수)

21 계산을 하시오.

(1) $\dfrac{5}{7} \times \dfrac{4}{9}$　　　　(2) $\dfrac{9}{16} \times \dfrac{2}{3}$

22 빈 곳에 알맞은 수를 써넣으시오.

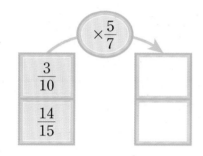

23 계산 결과를 비교하여 ○ 안에 >, =, <를 알맞게 써넣으시오.

(1) $\dfrac{2}{3} \times \dfrac{9}{10}$ ○ $\dfrac{5}{7} \times \dfrac{3}{5}$

(2) $\dfrac{3}{4} \times \dfrac{1}{2}$ ○ $\dfrac{3}{5} \times \dfrac{15}{16}$

핵심 내용 대분수를 가분수 또는 자연수와 진분수로 바꾸어 계산함

유형 08 (진분수)×(대분수), (대분수)×(진분수)

24 계산을 하시오.

(1) $\dfrac{5}{6} \times 3\dfrac{1}{2}$　　　　(2) $2\dfrac{3}{8} \times \dfrac{6}{7}$

25 빈 곳에 알맞은 수를 써넣으시오.

$\dfrac{9}{10}$	$5\dfrac{5}{6}$

26 빈 곳에 알맞은 수를 써넣으시오.

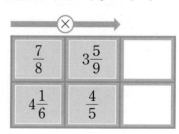

2

분수의 곱셈

2단계 **기본유형**

→ 핵심 내용 ▸ 대분수를 가분수 또는 자연수와 진분수로 바꾸어 계산함

→ 핵심 내용 ▸ 대분수를 가분수로 바꾸어 약분한 뒤 분자는 분자끼리 곱하고 분모는 분모끼리 곱하기

유형 **09** (대분수)×(대분수)

유형 **10** 세 분수의 곱셈

27 계산을 하시오.

(1) $2\dfrac{1}{7} \times 2\dfrac{1}{10}$

(2) $3\dfrac{3}{4} \times 2\dfrac{4}{5}$

30 □ 안에 알맞은 수를 써넣으시오.

(1) $\dfrac{2}{3} \times \dfrac{5}{7} \times \dfrac{3}{4} = \dfrac{\overset{1}{2} \times \boxed{} \times \overset{1}{3}}{\underset{1}{3} \times 7 \times \underset{2}{4}} = \boxed{}$

(2) $\dfrac{\overset{1}{2}}{\underset{1}{3}} \times \dfrac{5}{7} \times \dfrac{\overset{1}{3}}{4} = \boxed{}$

28 계산 결과를 비교하여 ○ 안에 >, =, <를 알맞게 써넣으시오.

$$1\dfrac{3}{7} \times 2\dfrac{3}{10} \; \bigcirc \; 4\dfrac{1}{5} \times 1\dfrac{1}{18}$$

31 계산을 하시오.

(1) $\dfrac{1}{3} \times \dfrac{1}{6} \times \dfrac{4}{7}$

(2) $\dfrac{6}{7} \times \dfrac{5}{8} \times \dfrac{2}{3}$

29 가장 큰 수와 가장 작은 수의 곱을 구하시오.

$$4\dfrac{2}{7} \qquad 1\dfrac{7}{9} \qquad \dfrac{21}{8}$$

( )

32 빈 곳에 세 분수의 곱을 써넣으시오.

$3\dfrac{3}{5}$	$\dfrac{8}{9}$	$4\dfrac{1}{6}$

잘 틀리는 **유형 11** 정다각형의 둘레 구하기

33 정삼각형의 둘레는 몇 cm입니까?

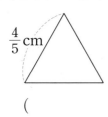

$\frac{4}{5}$ cm

(   )

34 정사각형의 둘레는 몇 cm입니까?

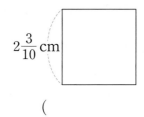

$2\frac{3}{10}$ cm

(   )

35 정다각형입니다. 둘레는 몇 cm입니까?

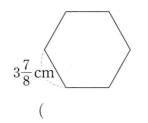

$3\frac{7}{8}$ cm

(   )

KEY 정다각형의 둘레를 구할 때는 변의 개수를 먼저 구하면 돼.

잘 틀리는 **유형 12** 시간의 분수만큼 알아보기

36 ☐ 안에 알맞은 수를 써넣으시오.

(1) 20초의 $\frac{3}{4}$은 ☐초입니다.

(2) 40초의 $\frac{2}{5}$는 ☐초입니다.

37 ☐ 안에 알맞은 수를 써넣으시오.

(1) 45분의 $\frac{3}{5}$은 ☐분입니다.

(2) 60분의 $1\frac{1}{3}$은 ☐분입니다.

38 ☐ 안에 알맞은 수를 써넣으시오.

(1) 2시간의 $\frac{5}{6}$는 ☐분입니다.

(2) 3시간의 $1\frac{7}{12}$은 ☐분입니다.

KEY 1시간은 60분임을 이용하여 분 단위로 먼저 바꾼 뒤 계산하면 돼.

2

분수의 곱셈

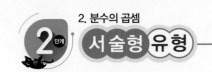

1-1

2부터 9까지의 자연수 중 ■ 안에 들어갈 수 있는 수는 모두 몇 개인지 풀이 과정을 완성하고 답을 구하시오.

$$\frac{1}{7} \times \frac{1}{\blacksquare} < \frac{1}{40}$$

풀이 $\dfrac{1}{7} \times \dfrac{1}{\blacksquare} = \dfrac{1}{\boxed{} \times \blacksquare} < \dfrac{1}{40}$

⇨ $\boxed{} \times \blacksquare > \boxed{}$

⇨ $\blacksquare = \boxed{}, \boxed{}, \boxed{}, \boxed{}$ 로 모두 $\boxed{}$ 개입니다.

답 $\boxed{}$ 개

1-2

2부터 9까지의 자연수 중 ☐ 안에 들어갈 수 있는 수는 모두 몇 개인지 풀이 과정을 쓰고 답을 구하시오.

$$\frac{1}{9} \times \frac{1}{\square} < \frac{1}{60}$$

풀이

답 _____

2-1

60 cm 높이에서 공을 떨어뜨렸습니다. 공은 땅에 닿으면 떨어진 높이의 $\dfrac{2}{3}$ 만큼 튀어 오릅니다. 공이 땅에 한 번 닿았다가 튀어 올랐을 때의 높이는 몇 cm인지 풀이 과정을 완성하고 답을 구하시오.

풀이 공은 떨어진 높이의 $\boxed{}$ 만큼 튀어 오르므로 공이 튀어 오른 높이는

$60 \times \boxed{} = \boxed{}$ (cm)입니다.

답 $\boxed{}$ cm

2-2

90 cm 높이에서 공을 떨어뜨렸습니다. 공은 땅에 닿으면 떨어진 높이의 $\dfrac{2}{5}$ 만큼 튀어 오릅니다. 공이 땅에 한 번 닿았다가 튀어 올랐을 때의 높이는 몇 cm인지 풀이 과정을 쓰고 답을 구하시오.

풀이

답 _____

3-1

하루에 $1\dfrac{2}{3}$분씩 느리게 가는 시계가 있습니다. 이 시계를 월요일 오전 9시에 정확히 맞추었다면 다음 주 일요일 오전 9시에 이 시계는 몇 시 몇 분을 가리키는지 풀이 과정을 완성하고 답을 구하시오.

풀이 다음 주 일요일 오전 9시는 월요일 오전 9시부터 $\boxed{}$일 후이므로

$$1\dfrac{2}{3} \times \boxed{} = \dfrac{\boxed{}}{3} \times \boxed{} = \boxed{} \text{(분)} \text{ 느려집}$$
니다.

$\Rightarrow$ 9시$- \boxed{}$분$= \boxed{}$시 $\boxed{}$분

답 $\boxed{}$시 $\boxed{}$분

4-1

해법 자동차는 한 시간에 $85\dfrac{3}{5}$ km를 간다고 합니다. 같은 빠르기로 1시간 45분 동안 몇 km를 갈 수 있는지 풀이 과정을 완성하고 답을 구하시오.

풀이 1시간 45분은 $1\dfrac{\boxed{}}{4}$시간입니다.

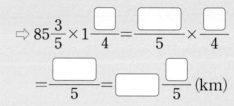

$$\Rightarrow 85\dfrac{3}{5} \times 1\dfrac{\boxed{}}{4} = \dfrac{\boxed{}}{5} \times \dfrac{\boxed{}}{4}$$

$$= \dfrac{\boxed{}}{5} = \boxed{}\dfrac{\boxed{}}{5} \text{ (km)}$$

답 $\boxed{}\dfrac{\boxed{}}{5}$ km

3-2

하루에 $2\dfrac{1}{4}$분씩 느리게 가는 시계가 있습니다. 이 시계를 월요일 오전 8시에 정확히 맞추었다면 다음 주 화요일 오전 8시에 이 시계는 몇 시 몇 분을 가리키는지 풀이 과정을 쓰고 답을 구하시오.

풀이

답 _____

4-2

천재 자동차는 한 시간에 $73\dfrac{7}{8}$ km를 간다고 합니다. 같은 빠르기로 2시간 20분 동안 몇 km를 갈 수 있는지 풀이 과정을 쓰고 답을 구하시오.

풀이

답 _____

2. 분수의 곱셈   **2** 분수의 곱셈

01 ○ 안에 >, =, <를 알맞게 써넣으시오.

(1) 12 ○ $\frac{11}{15} \times 18$

(2) $\frac{7}{9} \times 6$ ○ $3\frac{2}{3}$

02 계산 결과를 찾아 선으로 이으시오.

$2\frac{1}{6} \times 4$ •

• $8\frac{1}{3}$

$1\frac{2}{3} \times 5$ •

• $8\frac{2}{3}$

03 계산 결과가 17보다 큰 식에 ○표 하시오.

$24 \times \frac{5}{6}$ $42 \times \frac{3}{8}$

04 계산 결과가 큰 것부터 차례로 기호를 쓰시오.

㉠ 15×4 ㉡ $15 \times 4\frac{1}{5}$ ㉢ $15 \times \frac{4}{5}$

(   )

05 계산 결과가 작은 것부터 차례로 기호를 쓰시오.

㉠ $\frac{1}{5} \times \frac{1}{6}$ ㉡ $\frac{1}{3} \times \frac{1}{8}$ ㉢ $\frac{1}{7} \times \frac{1}{4}$

(   )

06 빈 곳에 알맞은 수를 써넣으시오.

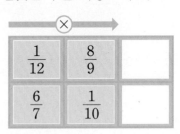

$\frac{1}{12}$	$\frac{8}{9}$	
$\frac{6}{7}$	$\frac{1}{10}$	

07 계산 결과가 더 큰 것에 ○표 하시오.

$\frac{1}{7} \times \frac{5}{8}$ $\frac{5}{8} \times \frac{1}{6}$

(   )   (   )

08 빈 곳에 알맞은 수를 써넣으시오.

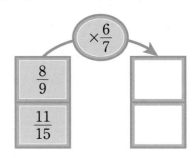

09 빈 곳에 알맞은 수를 써넣으시오.

$\dfrac{6}{13}$	$7\dfrac{2}{9}$

10 빈 곳에 알맞은 수를 써넣으시오.

$\dfrac{9}{14}$	$3\dfrac{1}{3}$	
$4\dfrac{1}{6}$	$\dfrac{8}{15}$	

11 계산 결과를 비교하여 ○ 안에 >, =, <를 알맞게 써넣으시오.

$$3\dfrac{1}{5}\times 2\dfrac{1}{4}\ \bigcirc\ 4\dfrac{4}{7}\times 1\dfrac{7}{8}$$

12 가장 큰 수와 가장 작은 수의 곱을 구하시오.

$2\dfrac{4}{9}$	$\dfrac{51}{8}$	$5\dfrac{3}{7}$

(　　　　　　　　　　)

13 계산을 하시오.

(1) $\dfrac{1}{5}\times \dfrac{1}{4}\times \dfrac{8}{9}$

(2) $\dfrac{9}{10}\times \dfrac{5}{6}\times \dfrac{2}{7}$

14 빈 곳에 세 분수의 곱을 써넣으시오.

$5\dfrac{1}{7}$	$\dfrac{14}{15}$	$3\dfrac{3}{8}$

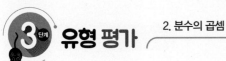
15 정사각형의 둘레는 몇 cm입니까?

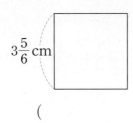

$3\frac{5}{6}$ cm

(   )

16 ☐ 안에 알맞은 수를 써넣으시오.

(1) 24분의 $\frac{3}{4}$은 ☐ 분입니다.

(2) 75분의 $1\frac{4}{5}$는 ☐ 분입니다.

17 정다각형입니다. 둘레는 몇 cm입니까?

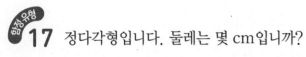

$4\frac{9}{10}$ cm

(   )

18 ☐ 안에 알맞은 수를 써넣으시오.

(1) 4시간의 $\frac{3}{8}$은 ☐ 분입니다.

(2) 5시간의 $1\frac{8}{15}$은 ☐ 분입니다.

서술형
19 5부터 15까지의 자연수 중 ☐ 안에 들어갈 수 있는 수는 모두 몇 개인지 풀이 과정을 쓰고 답을 구하시오.

$$\frac{1}{7} \times \frac{1}{\square} < \frac{1}{80}$$

풀이 _____

_____

_____

_____

답 _____

서술형
20 하루에 $1\frac{5}{6}$ 분씩 느리게 가는 시계가 있습니다. 이 시계를 월요일 오전 10시에 정확히 맞추었다면 다음 주 토요일 오전 10시에 이 시계는 몇 시 몇 분을 가리키는지 풀이 과정을 쓰고 답을 구하시오.

풀이 _____

_____

_____

_____

_____

답 _____

01 보기 와 같이 계산하시오.

> 보기
>
> $$\frac{7}{10} \times 18 = \frac{7 \times \overset{9}{\cancel{18}}}{\underset{5}{\cancel{10}}} = \frac{63}{5} = 12\frac{3}{5}$$

$$\frac{4}{15} \times 20$$

[02~05] 계산을 하시오.

02 $\frac{7}{9} \times 27$

03 $\frac{4}{7} \times \frac{3}{10}$

04 $24 \times 1\frac{4}{9}$

05 $2\frac{5}{8} \times 1\frac{3}{7}$

06 두 수의 곱을 구하시오.

$$18, \frac{17}{24}$$

(   )

07 빈 곳에 두 수의 곱을 써넣으시오.

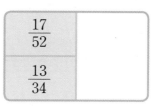

[08~09] 가장 큰 수와 가장 작은 수의 곱을 구하려고 합니다. 물음에 답하시오.

$$\frac{1}{2}, \quad \frac{2}{5}, \quad 3\frac{1}{4}, \quad \frac{7}{4}$$

08 가장 큰 수와 가장 작은 수를 각각 찾아 쓰시오.

가장 큰 수 (   )

가장 작은 수 (   )

09 가장 큰 수와 가장 작은 수의 곱을 구하시오.

(   )

10 계산을 하시오.

$$1\frac{1}{6} \times \frac{3}{14} \times 2\frac{4}{9}$$

11 ○ 안에 >, =, <를 알맞게 써넣으시오.

$$24 \times 3\frac{11}{16} \bigcirc 88$$

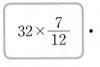 **단원 평가** 기본 　2. 분수의 곱셈

12 계산 결과를 찾아 선으로 이으시오.

$$32 \times \frac{7}{12}$$ ・

・ $18\frac{2}{3}$

$$3\frac{6}{7} \times 14$$ ・

・ 54

13 계산 결과를 비교하여 ○ 안에 >, =, <를 알맞게 써넣으시오.

$$\frac{3}{4} \times 26 \bigcirc 4 \times 4\frac{2}{3}$$

14 계산 결과가 더 큰 것에 ○표 하시오.

$$5 \times 1\frac{3}{4}$$ 　　$$1\frac{5}{14} \times 7$$

（　　　）　　（　　　）

15 정팔각형의 둘레는 몇 cm입니까?

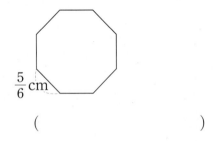

$\frac{5}{6}$ cm

（　　　　　　　）

16 삼각 플라스크 1개에 페놀프탈레인 용액이 $\frac{3}{5}$ L씩 들어 있습니다. 삼각 플라스크 6개에 들어 있는 페놀프탈레인 용액은 모두 몇 L입니까?

（　　　　　　　）

17 계산 결과가 작은 것부터 차례로 기호를 쓰시오.

㉠ $7 \times 2\frac{11}{28}$ 　㉡ $\frac{8}{9} \times 20$ 　㉢ $3\frac{1}{3} \times 5\frac{3}{5}$

（　　　　　　　）

18 오른쪽은 직사각형을 3등분하여 그중 두 칸에 색칠한 것입니다. 색칠한 부분의 넓이는 몇 cm²입니까?

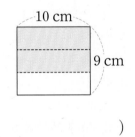

10 cm

9 cm

（　　　　　　　）

19 소라네 집에서 도서관까지의 거리는 $\frac{8}{9}$ km이고, 소라네 집에서 버스 정류장까지의 거리는 도서관까지의 거리의 $\frac{3}{5}$ 입니다. 소라네 집에서 버스 정류장까지의 거리는 몇 km입니까?

（　　　　　　　）

20 1 L의 휘발유로 $12\frac{2}{3}$ km를 가는 자동차가 있습니다. 이 자동차가 $2\frac{5}{6}$ L의 휘발유로 갈 수 있는 거리는 몇 km입니까?

（　　　　　　　）

QR 코드를 찍어 　단원 평가 　를 더 풀어 보세요.

합동과 대칭

3. 합동과 대칭

1단계 핵심 개념

개념에 대한 **자세한 동영상 강의를** 시청하세요.

개념 ❶ 합동인 두 도형

서로 합동인 두 도형을 포개었을 때 완전히 겹치는 점을 대응점, 겹치는 변을 대응변, 겹치는 각을 대응각이라고 합니다.

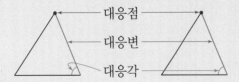

핵심 대응변, 대응각의 성질

• 서로 합동인 두 도형에서 각각의 대응변의

❶ ▢▢ 가 서로 같습니다.

• 서로 합동인 두 도형에서 각각의 대응각의

❷ ▢▢ 가 서로 같습니다.

[전에 배운 내용]

• 평면도형 밀기

어느 방향으로 밀어도 모양은 그대로이고 위치만 변합니다.

• 평면도형 뒤집기

도형을 오른쪽이나 왼쪽으로 뒤집으면?	도형의 오른쪽과 왼쪽이 서로 바뀝니다.
도형을 위쪽이나 아래쪽으로 뒤집으면?	도형의 위쪽과 아래쪽이 서로 바뀝니다.

• 평면도형 돌리기

시계 방향으로 90° (직각)만큼 돌리기	시계 방향으로 180° (직각의 2배)만큼 돌리기
시계 방향으로 270° (직각의 3배)만큼 돌리기	시계 방향으로 360° (한 바퀴)만큼 돌리기

개념 ❷ 선대칭도형과 점대칭도형

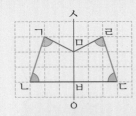 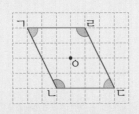

• **각각의 대응변의 길이가 서로 같습니다.**
• **각각의 대응각의 크기가 서로 같습니다.**

핵심 선대칭도형, 점대칭도형의 성질

• 위 선대칭도형에서 대칭축은 직선 ❸ ▢▢ 이고

변 ㄴㅂ의 대응변은 변 ❹ ▢▢ 입니다.

• 위 점대칭도형에서 점 ㄴ의 대응점은 점 ❺ ▢ 이고

각 ㄴㄱㄹ의 대응각은 각 ❻ ▢▢▢ 입니다.

[전에 배운 내용]

• 두 대각선의 길이가 같은 사각형

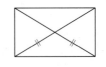

직사각형　　　　　정사각형

• 한 대각선이 다른 대각선을 반으로 나누는 사각형

평행사변형　마름모　직사각형　정사각형

정답 ❶ 길이 ❷ 크기 ❸ ㅅㅇ ❹ ㄷㅂ ❺ ㄹ ❻ ㄹㄷㄴ

QR **코드**를 찍어 보세요.
새로운 문제를 계속 풀 수 있어요.

공부한 날 ○ 월 ○ 일

● 정답 및 풀이 **16**쪽

체크

1-1 두 도형은 서로 합동입니다. 물음에 답하시오.

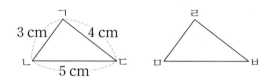

(1) 변 ㄹㅁ의 길이는 몇 cm입니까?

( )

(2) 변 ㅁㅂ의 길이는 몇 cm입니까?

( )

(3) 변 ㄹㅂ의 길이는 몇 cm입니까?

( )

1-2 두 도형은 서로 합동입니다. 물음에 답하시오.

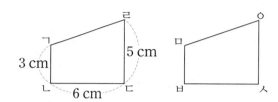

(1) 변 ㅁㅂ의 길이는 몇 cm입니까?

( )

(2) 변 ㅂㅅ의 길이는 몇 cm입니까?

( )

(3) 변 ㅅㅇ의 길이는 몇 cm입니까?

( )

체크

2-1 선대칭도형을 보고 ☐ 안에 알맞은 기호를 써넣으시오.

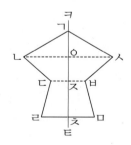

(1) 점 ㄷ의 대응점은 점 ☐ 입니다.

(2) 변 ㄱㄴ의 대응변은 변 ☐ 입니다.

(3) 선분 ㄴㅇ과 길이가 같은 선분은 선분 ☐ 입니다.

2-2 점대칭도형을 보고 ☐ 안에 알맞은 기호를 써넣으시오

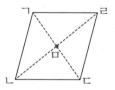

(1) 점 ㄱ의 대응점은 점 ☐ 입니다.

(2) 각 ㄱㄴㄷ의 대응각은 각 ☐ 입니다.

(3) 선분 ㄱㅁ과 길이가 같은 선분은 선분 ☐ 입니다.

1단계 **기본 문제**

[01~02] 왼쪽 도형과 포개었을 때 완전히 겹치는 도형에 색칠하시오.

01
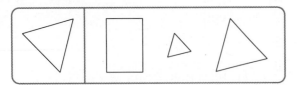

02

[03~04] 왼쪽 도형과 서로 합동인 도형을 찾아 기호를 쓰시오.

03
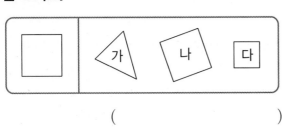

( )

04
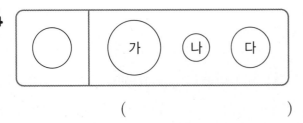

( )

05 두 도형은 서로 합동입니다. 변 ㅁㅂ의 길이는 몇 cm입니까?

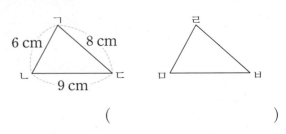

( )

06 두 도형은 서로 합동입니다. 변 ㅇㅅ의 길이는 몇 cm입니까?

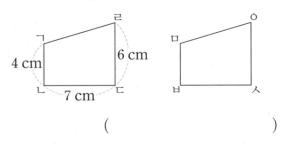

( )

07 두 도형은 서로 합동입니다. 각 ㅁㄹㅂ의 크기는 몇 도입니까?

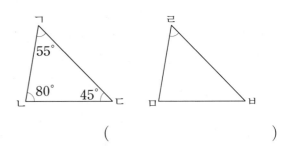

( )

08 두 도형은 서로 합동입니다. 각 ㅁㅂㅅ의 크기는 몇 도입니까?

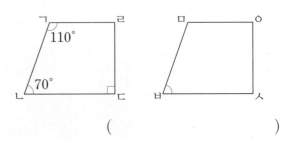

( )

[09~14] 선대칭도형을 보고 ☐ 안에 알맞은 기호를 써넣으시오.

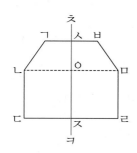

09 점 ㄱ의 대응점은 점 ☐ 입니다.

10 점 ㄴ의 대응점은 점 ☐ 입니다.

11 점 ㄷ의 대응점은 점 ☐ 입니다.

12 변 ㄴㄷ의 대응변은 변 ☐ 입니다.

13 각 ㄱㄴㄷ의 대응각은 각 ☐ 입니다.

14 선분 ㄴㅇ과 길이가 같은 선분은 선분 ☐ 입니다.

[15~20] 점대칭도형을 보고 ☐ 안에 알맞은 기호를 써넣으시오.

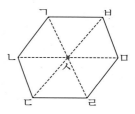

15 점 ㄱ의 대응점은 점 ☐ 입니다.

16 점 ㄴ의 대응점은 점 ☐ 입니다.

17 점 ㄷ의 대응점은 점 ☐ 입니다.

18 변 ㄱㅂ의 대응변은 변 ☐ 입니다.

19 각 ㅂㄱㄴ의 대응각은 각 ☐ 입니다.

20 선분 ㄷㅅ과 길이가 같은 선분은 선분 ☐ 입니다.

2단계 기본유형

> **핵심 내용** 모양과 크기가 같은지 확인하고 바로 포개거나 뒤집어 포개었을 때 완전히 겹치는 도형을 찾음

유형 01 도형의 합동

01 나머지 셋과 합동이 <u>아닌</u> 도형을 찾아 기호를 쓰시오.

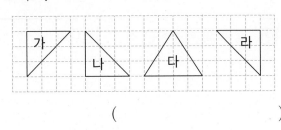

( )

02 직사각형 모양의 종이를 점선을 따라 모두 잘랐을 때 잘린 조각이 서로 합동인 도형을 모두 찾아 기호를 쓰시오.

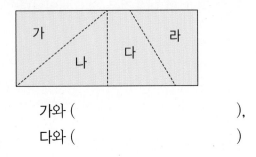

가와 ( ),

다와 ( )

03 서로 합동인 도형을 모두 찾아 기호를 쓰시오.

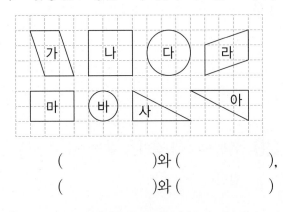

( )와 ( ),

( )와 ( )

> **핵심 내용** 대응점, 대응변, 대응각의 위치를 찾음

유형 02 합동인 두 도형의 대응점, 대응변, 대응각

04 두 삼각형은 서로 합동입니다. 각 점의 대응점을 찾아 쓰시오.

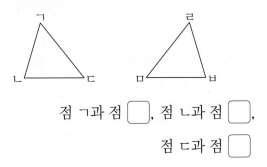

점 ㄱ과 점 ☐, 점 ㄴ과 점 ☐,

점 ㄷ과 점 ☐

05 두 사각형은 서로 합동입니다. 대응각끼리 선으로 이으시오.

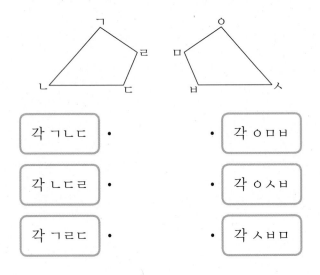

각 ㄱㄴㄷ •	• 각 ㅇㅁㅂ
각 ㄴㄷㄹ •	• 각 ㅇㅅㅂ
각 ㄱㄹㄷ •	• 각 ㅅㅂㅁ

06 두 사각형은 서로 합동입니다. 각 변의 대응변을 찾아 쓰시오.

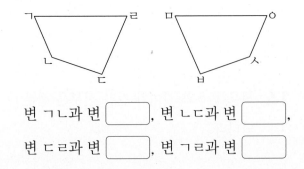

변 ㄱㄴ과 변 ☐, 변 ㄴㄷ과 변 ☐,

변 ㄷㄹ과 변 ☐, 변 ㄱㄹ과 변 ☐

→ 핵심 내용 대응변의 길이는 같음

유형 **03** 합동인 도형의 성질 (1) – 대응변의 길이

[07~08] 두 도형은 서로 합동입니다. 물음에 답하시오.

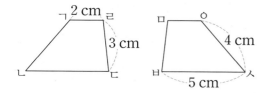

07 변 ㄱㄴ의 길이는 몇 cm입니까?

(　　　　　　　　　)

08 변 ㅁㅂ의 길이는 몇 cm입니까?

(　　　　　　　　　)

09 두 삼각형은 서로 합동입니다. 삼각형 ㄹㅁㅂ의 둘레는 몇 cm입니까?

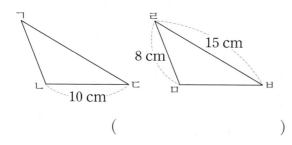

(　　　　　　　　　)

→ 핵심 내용 대응각의 크기는 같음

유형 **04** 합동인 도형의 성질 (2) – 대응각의 크기

[10~11] 두 도형은 서로 합동입니다. 물음에 답하시오.

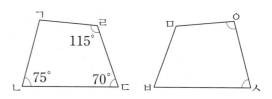

10 각 ㅇㅅㅂ의 크기는 몇 도입니까?

(　　　　　　　　　)

11 각 ㅅㅇㅁ의 크기는 몇 도입니까?

(　　　　　　　　　)

12 두 삼각형은 서로 합동입니다. 각 ㄴㄱㄷ의 크기는 몇 도입니까?

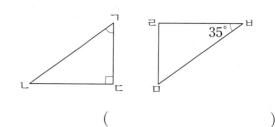

(　　　　　　　　　)

핵심 내용 ▸ 대칭축이 있어야 함

유형 05 선대칭도형

13 선대칭인 것을 모두 찾아 기호를 쓰시오.

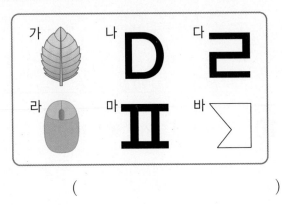

(   )

14 다음 도형은 선대칭도형입니다. 대칭축을 모두 그려 보시오.

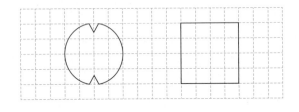

15 다음 도형은 선대칭도형입니다. 대칭축의 수를 모두 더하면 몇 개입니까?

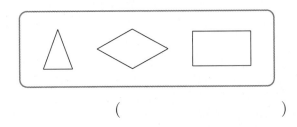

(   )

핵심 내용 ▸ 대응점, 대응변, 대응각의 위치를 찾음

유형 06 선대칭도형의 대응점, 대응변, 대응각

16 선대칭도형을 보고 ☐ 안에 알맞은 기호를 써넣으시오.

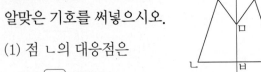

(1) 점 ㄴ의 대응점은

　　점 ☐ 입니다.

(2) 변 ㄱㅁ의 대응변은

　　변 ☐ 입니다.

(3) 각 ㄴㄱㅁ의 대응각은 각 ☐ 입니다.

[17~18] 선대칭도형을 보고 물음에 답하시오.

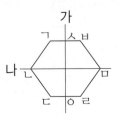

17 직선 가가 대칭축일 때 다음을 구하시오.

(1) 점 ㄴ의 대응점을 찾아 쓰시오.

(   )

(2) 변 ㄱㄴ의 대응변을 찾아 쓰시오.

(   )

(3) 각 ㄴㄷㅇ의 대응각을 찾아 쓰시오.

(   )

18 직선 나가 대칭축일 때 빈칸에 알맞게 써넣으시오.

대응점	점 ㄷ	
대응변	변 ㄷㄹ	
대응각	각 ㄷㄹㅁ	

→ 핵심 내용 대응변의 길이는 같고 대응각의 크기도 같음

유형 **07** **선대칭도형의 성질**

→ 핵심 내용 대칭의 중심을 찾음

유형 **08** **점대칭도형**

19 직선 ㅅㅇ을 대칭축으로 하는 선대칭도형입니다. □ 안에 알맞은 수를 써넣으시오.

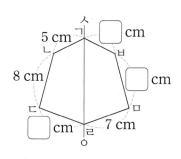

22 평행사변형을 점 ㄱ을 중심으로 몇 도 돌렸을 때 처음 평행사변형과 완전히 겹치게 됩니까?

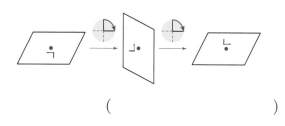

(   )

20 직선 ㅅㅇ을 대칭축으로 하는 선대칭도형입니다. □ 안에 알맞은 수를 써넣으시오.

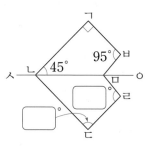

23 점대칭도형을 모두 찾아 ○표 하시오.

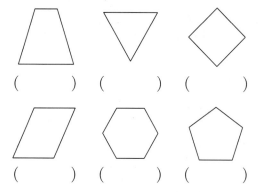

(   ) (   ) (   )

(   ) (   ) (   )

21 직선 ㅁㅂ을 대칭축으로 하는 선대칭도형입니다. 각 ㄱㄷㄹ과 각 ㄷㄱㄴ의 크기의 차는 몇 도입니까?

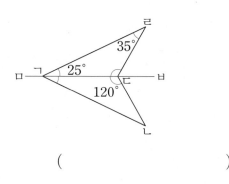

(   )

24 다음 도형은 점대칭도형입니다. 대칭의 중심을 찾아 •으로 표시하시오.

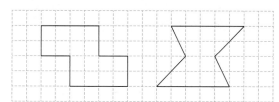

유형 **09** **점대칭도형의 대응점, 대응변, 대응각**

25 점대칭도형을 보고 물음에 답하시오.

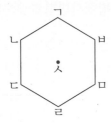

(1) 점 ㄴ의 대응점을 찾아 쓰시오.

(   )

(2) 변 ㄷㄹ의 대응변을 찾아 쓰시오.

(   )

(3) 각 ㄱㅂㅁ의 대응각을 찾아 쓰시오.

(   )

26 점대칭도형입니다. 대응점, 대응변, 대응각을 잘못 쓴 것은 어느 것입니까?········(   )

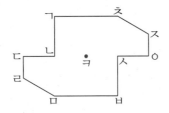

① 점 ㄴ의 대응점은 점 ㅅ입니다.
② 점 ㄹ의 대응점은 점 ㅈ입니다.
③ 변 ㅁㅂ의 대응변은 변 ㅊㄱ입니다.
④ 변 ㄱㄴ의 대응변은 변 ㅅㅇ입니다.
⑤ 각 ㄹㅁㅂ의 대응각은 각 ㅈㅊㄱ입니다.

유형 **10** **점대칭도형의 성질**

27 점대칭도형을 보고 물음에 답하시오.

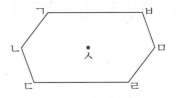

(1) 변 ㄴㄷ과 길이가 같은 변을 찾아 쓰시오.

(   )

(2) 각 ㄷㄹㅁ과 크기가 같은 각을 찾아 쓰시오.

(   )

[28~29] 점대칭도형입니다. ▢ 안에 알맞은 수를 써 넣으시오.

28

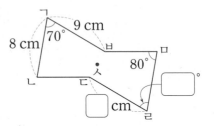

29

잘 틀리는 유형 11 선대칭도형 그리기

30 직선 ㄱㄴ을 대칭축으로 하는 선대칭도형을 완성하시오.

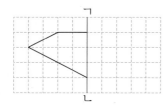

31 직선 ㄱㄴ을 대칭축으로 하는 선대칭도형을 완성하시오.

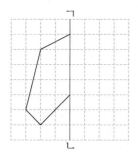

잘 틀리는 유형 12 점대칭도형 그리기

33 점 ㅇ을 대칭의 중심으로 하는 점대칭도형을 완성하시오.

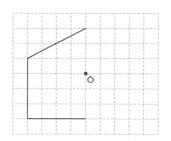

34 점 ㅇ을 대칭의 중심으로 하는 점대칭도형을 완성하시오.

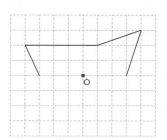

합성 유형 32 직선 가를 대칭축으로 하는 선대칭도형을 그린 다음 완성된 도형으로 다시 직선 나를 대칭축으로 하는 선대칭도형을 그려 보시오.

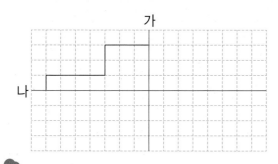

KEY 선대칭도형을 2번 그리면 돼.

합성 유형 35 점 ㅇ을 대칭의 중심으로 하는 점대칭도형을 완성하고, 완성된 다각형의 이름을 쓰시오.

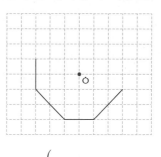

(   )

KEY 변이 ■개인 다각형의 이름은 ■각형이야.

3 합동과 대칭

1-1

서로 합동인 도형은 모두 몇 쌍인지 풀이 과정을 완성하고 답을 구하시오.

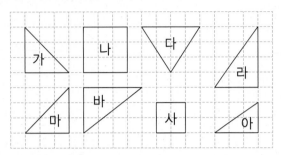

풀이 서로 합동인 도형은 가와 ☐, 라와 ☐입니다.

따라서 서로 합동인 도형은 모두 ☐쌍입니다.

답 ☐쌍

2-1

5개의 숫자 중 선대칭인 숫자를 한 번씩 모두 사용하여 세 자리 수를 만들려고 합니다. 만들 수 있는 수 중 가장 큰 수는 얼마인지 풀이 과정을 완성하고 답을 구하시오.

풀이 선대칭인 숫자는 3, ☐, ☐입니다.

선대칭인 숫자를 한 번씩 모두 사용하여 가장 큰 세 자리 수를 만들면 ☐입니다.

답 ☐

1-2

서로 합동인 도형은 모두 몇 쌍인지 풀이 과정을 쓰고 답을 구하시오.

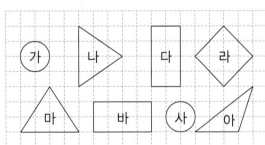

풀이

답 _____

2-2

5개의 숫자 중 선대칭인 숫자를 한 번씩 모두 사용하여 세 자리 수를 만들려고 합니다. 만들 수 있는 수 중 가장 작은 수는 얼마인지 풀이 과정을 쓰고 답을 구하시오.

풀이

답 _____

정답 및 풀이 **19**쪽

3-1

한글 자음자에서 점대칭인 것은 모두 몇 개인지 풀이 과정을 완성하고 답을 구하시오.

ㄱ ㄴ ㄷ ㄹ ㅁ ㅂ ㅅ
ㅇ ㅈ ㅊ ㅋ ㅌ ㅍ ㅎ

풀이 어떤 점을 중심으로 $180°$ 돌렸을 때 처음 자음자와 완전히 겹치는 것은 ☐, ☐, ☐, ☐으로 모두 ☐개입니다.

답 ☐개

3-2

영어 알파벳에서 점대칭인 것은 모두 몇 개인지 풀이 과정을 쓰고 답을 구하시오.

A B C D E F G
H I J K L M N
O P Q R S T U
V W X Y Z

풀이

답 _____

4-1

삼각형 ㄱㄴㄷ과 삼각형 ㄹㄷㄴ은 서로 합동입니다. 각 ㄱㄷㄴ의 크기는 몇 도인지 풀이 과정을 완성하고 답을 구하시오.

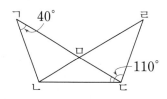

풀이 서로 합동인 두 도형에서

(각 ㄱㄴㄷ)=(각 ☐☐☐)=☐° 입니다.

⇨ (각 ㄱㄷㄴ)=$180°-40°-$☐°

=☐°

답 ☐°

4-2

삼각형 ㄱㄴㄷ과 삼각형 ㄹㄷㄴ은 서로 합동입니다. 각 ㄹㄴㄷ의 크기는 몇 도인지 풀이 과정을 쓰고 답을 구하시오.

풀이

답 _____

3

합동과 대칭

01 도형 가와 서로 합동인 도형을 찾아 기호를 쓰시오.

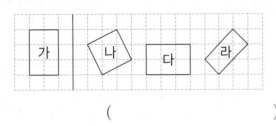

( )

02 두 삼각형은 서로 합동입니다. 대응각끼리 선으로 이으시오.

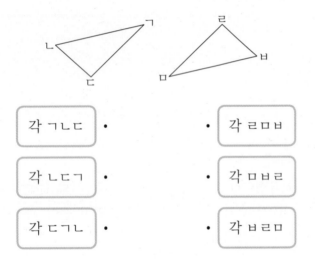

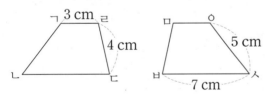

각 ㄱㄴㄷ • • 각 ㄹㅁㅂ

각 ㄴㄷㄱ • • 각 ㅁㅂㄹ

각 ㄷㄱㄴ • • 각 ㅂㄹㅁ

[03~04] 두 도형은 서로 합동입니다. 물음에 답하시오.

03 변 ㄱㄴ의 길이는 몇 cm입니까?

( )

04 변 ㅁㅂ의 길이는 몇 cm입니까?

( )

[05~06] 두 도형은 서로 합동입니다. 물음에 답하시오.

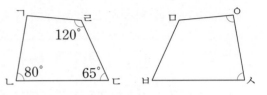

05 각 ㅇㅅㅂ의 크기는 몇 도입니까?

( )

06 각 ㅅㅇㅁ의 크기는 몇 도입니까?

( )

07 오른쪽 선대칭도형의 대칭축을 모두 그려 보시오.

08 오른쪽 원의 대칭축은 몇 개입니까?

( )

[09~10] 선대칭도형을 보고 물음에 답하시오.

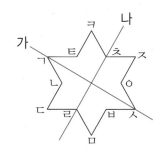

09 직선 가가 대칭축일 때 빈칸에 알맞게 써넣으시오.

대응점	점 ㅌ	
대응변	변 ㅌㅋ	
대응각	각 ㅌㅋㅊ	

10 직선 나가 대칭축일 때 빈칸에 알맞게 써넣으시오.

대응점	점 ㅌ	
대응변	변 ㅌㄱ	
대응각	각 ㅌㄱㄴ	

11 직선 ㅁㅂ을 대칭축으로 하는 선대칭도형입니다. 각 ㄴㄷㄹ과 각 ㄴㄹㄷ의 크기의 차는 몇 도입니까?

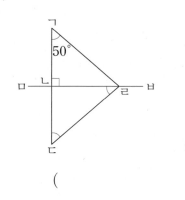

( )

12 다음 도형은 점대칭도형입니다. 대칭의 중심을 찾아 •으로 표시하시오.

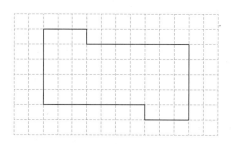

13 점대칭도형입니다. 대응점, 대응변, 대응각을 <u>잘못</u> 쓴 것은 어느 것입니까?········( )

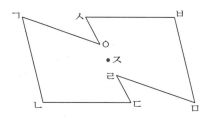

① 점 ㄴ의 대응점은 점 ㅂ입니다.
② 점 ㅅ의 대응점은 점 ㄷ입니다.
③ 변 ㄱㅇ의 대응변은 변 ㅂㅁ입니다.
④ 변 ㄴㄷ의 대응변은 변 ㅂㅅ입니다.
⑤ 각 ㄴㄱㅇ의 대응각은 각 ㅂㅁㄹ입니다.

14 점대칭도형입니다. ☐ 안에 알맞은 수를 써넣으시오.

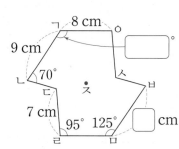

15 직선 ㄱㄴ을 대칭축으로 하는 선대칭도형을 완성하시오.

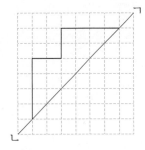

16 점 ㅇ을 대칭의 중심으로 하는 점대칭도형을 완성하시오.

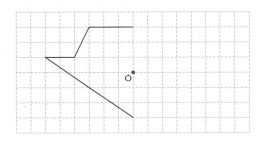

17 직선 가를 대칭축으로 하는 선대칭도형을 그린 다음 완성된 도형으로 다시 직선 나를 대칭축으로 하는 선대칭도형을 그려 보시오.

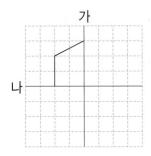

18 점 ㅇ을 대칭의 중심으로 하는 점대칭도형을 완성하고, 완성된 다각형의 이름을 쓰시오.

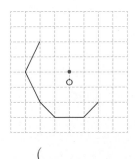

( )

19 6개의 숫자 중 선대칭인 숫자를 한 번씩 모두 사용하여 네 자리 수를 만들려고 합니다. 만들 수 있는 수 중 둘째로 작은 수는 얼마인지 풀이 과정을 쓰고 답을 구하시오.

풀이

답

20 삼각형 ㄱㄴㄹ과 삼각형 ㄹㄷㄱ은 서로 합동입니다. 각 ㄱㄹㄴ의 크기는 몇 도인지 풀이 과정을 쓰고 답을 구하시오.

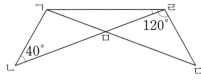

풀이

답

01 도형 가와 서로 합동인 도형을 찾아 기호를 쓰시오.

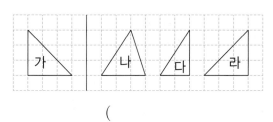

(　　　　)

[02~04] 두 삼각형은 서로 합동입니다. ☐ 안에 알맞은 기호를 써넣으시오.

02 점 ㄴ의 대응점은 점 ☐입니다.

03 변 ㄱㄷ의 대응변은 변 ☐입니다.

04 각 ㄴㄷㄱ의 대응각은 각 ☐입니다.

05 선대칭도형은 모두 몇 개입니까?

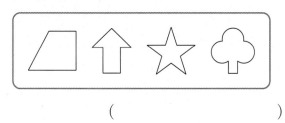

(　　　　)

06 주어진 도형과 서로 합동인 도형을 그려 보시오.

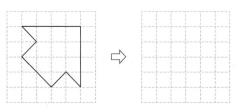

[07~11] 두 사각형은 서로 합동입니다. 물음에 답하시오.

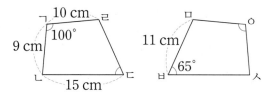

07 변 ㅁㅇ의 길이는 몇 cm입니까?

(　　　　)

08 변 ㄷㄹ의 길이는 몇 cm입니까?

(　　　　)

09 사각형 ㄱㄴㄷㄹ의 둘레는 몇 cm입니까?

(　　　　)

10 각 ㅁㅇㅅ의 크기는 몇 도입니까?

(　　　　)

11 각 ㄴㄷㄹ의 크기와 각 ㅁㅇㅅ의 크기의 차는 몇 도입니까?

(　　　　)

12 선분 ㄱㄹ을 대칭축으로 하는 선대칭도형입니다. 변 ㄷㄹ의 길이는 몇 cm입니까?

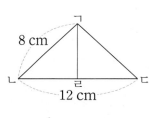

(　　　　)

단원 평가 기본   3. 합동과 대칭

13 점대칭도형에서 대칭의 중심을 찾아 ·으로 표시하시오.

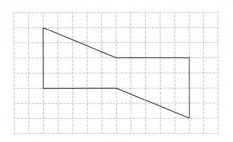

14 오른쪽 원을 각 점선을 따라 잘랐을 때 잘린 두 도형이 서로 합동이 되는 점선을 모두 찾아 기호를 쓰시오.

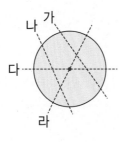

( )

15 직선 ㄱㄴ을 대칭축으로 하는 선대칭도형을 완성하시오.

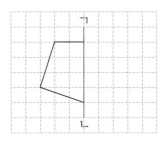

16 점 ㅇ을 대칭의 중심으로 하는 점대칭도형을 완성하시오.

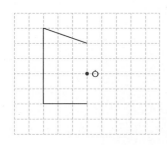

17 정사각형 모양의 색종이를 잘라서 서로 합동인 삼각형 8개로 만들어 보시오.

18 삼각형 ㄱㄴㄷ은 선대칭도형입니다. 각 ㄴㄱㄷ의 크기는 몇 도입니까?

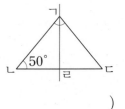

( )

19 점대칭도형입니다. 각 ㄱㄴㄷ과 각 ㄷㄹㅁ의 크기의 합은 몇 도입니까?

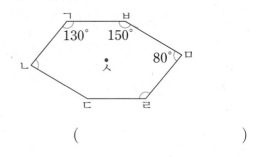

( )

20 삼각형 ㄱㄴㄹ과 삼각형 ㄷㄹㄴ은 서로 합동입니다. 각 ㄱㄹㄷ의 크기는 몇 도입니까?

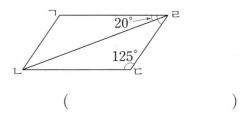

( )

QR 코드를 찍어 **단원 평가** 를 더 풀어 보세요.

4

소수의 곱셈

4. 소수의 곱셈

핵심 개념

1단계

개념에 대한 **자세한 동영상 강의를** 시청하세요.

개념❶ (소수)×(자연수), (자연수)×(소수)

• 1.2×3의 계산

$$
\begin{array}{r} 1\,2 \\ \times\ \ 3 \\ \hline 3\,6 \end{array}
\quad\Rightarrow\quad
\begin{array}{r} 1.2 \\ \times\ \ 3 \\ \hline 3.6 \end{array}
$$

• 3×1.2의 계산

$$
\begin{array}{r} 3 \\ \times\,1\,2 \\ \hline 3\,6 \end{array}
\quad\Rightarrow\quad
\begin{array}{r} 3 \\ \times\,1.2 \\ \hline 3.6 \end{array}
$$

1.2×3과 3×1.2의 계산 결과는 같습니다.

핵심 곱의 소수점 위치

• (소수)×(자연수)는 곱해지는 수의 소수점 위치에 맞추어 ❶ ☐☐☐ 을/를 찍습니다.

• (자연수)×(소수)는 곱하는 수의 소수점 위치에 맞추어 ❷ ☐☐☐ 을/를 찍습니다.

[전에 배운 내용]

• 소수의 덧셈

• (분수)×(자연수)

분수와 자연수의 곱은 분자와 자연수를 곱합니다.

• (자연수)×(분수)

자연수와 분수의 곱은 자연수와 분자를 곱합니다.

[앞으로 배울 내용]

• (소수)÷(자연수)

$$
\begin{array}{r}
6.1 \\
8\,\overline{)\,48.8} \\
\underline{48} \\
8 \\
\underline{8} \\
0
\end{array}
$$

• (자연수)÷(자연수)

개념❷ (소수)×(소수)

• 0.3×0.5의 계산

$$
\underset{\frac{1}{10}\text{배}}{3} \times \underset{\frac{1}{10}\text{배}}{5} = \underset{\frac{1}{100}\text{배}}{15}
$$

$$
0.3 \times 0.5 = 0.15
$$

• 소수끼리의 곱셈에서 곱의 소수점 위치

곱하는 두 수의 소수점 아래 자리 수를 더한 것만큼 소수점을 왼쪽으로 옮깁니다.

핵심 곱의 소수점 위치

• 곱하는 수의 0이 하나씩 늘어날 때마다 곱의 소수점을 ❸ ☐☐☐ (으)로 한 칸씩 옮깁니다.

• 곱하는 소수의 소수점 아래 자리 수가 하나씩 늘어날 때마다 곱의 소수점을 ❹ ☐☐ (으)로 한 칸씩 옮깁니다.

[전에 배운 내용]

• (분수)×(분수)

분모는 분모끼리, 분자는 분자끼리 곱합니다.

[앞으로 배울 내용]

• (자연수)÷(소수)

$$
3.2\,\overline{)\,4\,8} \quad\Rightarrow\quad
\begin{array}{r}
1\,5 \\
32\,\overline{)\,4\,8\,0} \\
\underline{3\,2} \\
1\,6\,0 \\
\underline{1\,6\,0} \\
0
\end{array}
$$

• (소수)÷(소수)

$$
1.6\,\overline{)\,6.4} \quad\Rightarrow\quad
\begin{array}{r}
4 \\
16\,\overline{)\,6\,4} \\
\underline{6\,4} \\
0
\end{array}
$$

정답 ❶ 소수점 ❷ 소수점 ❸ 오른쪽 ❹ 왼쪽

체크

1-1 0.7×5를 다양한 방법으로 계산하려고 합니다. ☐ 안에 알맞은 수를 써넣으시오.

(1) 0.7×5＝0.7＋0.7＋0.7＋0.7＋0.7
＝☐

(2) 0.7×5＝$\dfrac{☐}{10}$×5＝$\dfrac{☐×5}{10}$

＝$\dfrac{☐}{10}$＝☐

(3) 0.7은 0.1이 7개인 수이므로
0.7×5＝0.1×7×5입니다.
0.1이 모두 ☐개이므로
0.7×5＝☐입니다.

1-2 1.34×4를 다양한 방법으로 계산하려고 합니다. ☐ 안에 알맞은 수를 써넣으시오.

(1) 1.34×4＝1.34＋1.34＋1.34＋1.34
＝☐

(2) 1.34×4＝$\dfrac{☐}{100}$×4＝$\dfrac{☐×4}{100}$

＝$\dfrac{☐}{100}$＝☐

(3) 1.34는 0.01이 134개인 수이므로
1.34×4＝0.01×134×4입니다.
0.01이 모두 ☐개이므로
1.34×4＝☐입니다.

체크

2-1 0.6×0.3을 다양한 방법으로 계산하려고 합니다. ☐ 안에 알맞은 수를 써넣으시오.

(1) 0.6×0.3＝$\dfrac{6}{10}$×$\dfrac{3}{10}$

＝$\dfrac{18}{☐}$＝☐

(2)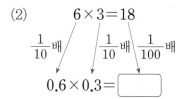

$6×3＝18$

$\dfrac{1}{10}$배 $\dfrac{1}{10}$배 $\dfrac{1}{100}$배

0.6×0.3＝☐

(3)
```
   0.6
×  0.3
```

2-2 1.45×1.3을 다양한 방법으로 계산하려고 합니다. ☐ 안에 알맞은 수를 써넣으시오.

(1) 1.45×1.3＝$\dfrac{145}{100}$×$\dfrac{13}{10}$

＝$\dfrac{1885}{☐}$＝☐

(2)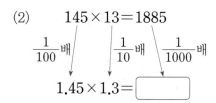

$145×13＝1885$

$\dfrac{1}{100}$배 $\dfrac{1}{10}$배 $\dfrac{1}{1000}$배

1.45×1.3＝☐

(3)
```
   1.4 5
×    1.3
```

기본 문제

[01~06] ☐ 안에 알맞은 수를 써넣으시오.

01 $0.2 \times 4 = 0.2 + 0.2 + 0.2 + \boxed{}$
$= \boxed{}$

02 $1.2 \times 3 = 1.2 + 1.2 + \boxed{}$
$= \boxed{}$

03 $0.9 \times 8 = \dfrac{\boxed{}}{10} \times 8$
$= \dfrac{\boxed{}}{10} = \boxed{}$

04 $2.76 \times 2 = \dfrac{\boxed{}}{100} \times 2$
$= \dfrac{\boxed{}}{100} = \boxed{}$

05 0.6은 0.1이 6개인 수이므로
$0.6 \times 3 = 0.1 \times \boxed{} \times 3$입니다.
0.1이 모두 $\boxed{}$개이므로
$0.6 \times 3 = \boxed{}$입니다.

06 1.3은 0.1이 13개인 수이므로
$1.3 \times 4 = 0.1 \times \boxed{} \times 4$입니다.
0.1이 모두 $\boxed{}$개이므로
$1.3 \times 4 = \boxed{}$입니다.

[07~12] ☐ 안에 알맞은 수를 써넣으시오.

07 $9 \times 0.5 = 9 \times \dfrac{\boxed{}}{10}$
$= \dfrac{\boxed{}}{10} = \boxed{}$

08 $3 \times 1.4 = 3 \times \dfrac{\boxed{}}{10}$
$= \dfrac{\boxed{}}{10} = \boxed{}$

09 $4 \times 3.12 = 4 \times \dfrac{\boxed{}}{100}$
$= \dfrac{\boxed{}}{100} = \boxed{}$

10 $2 \times 9 = \boxed{}$
$\dfrac{1}{10}$배 $\qquad$ $\dfrac{1}{10}$배
$2 \times 0.9 = \boxed{}$

11 $7 \times 12 = \boxed{}$
$\dfrac{1}{10}$배 $\qquad$ $\dfrac{1}{10}$배
$7 \times 1.2 = \boxed{}$

12 $2 \times 326 = \boxed{}$
$\dfrac{1}{100}$배 $\qquad$ $\dfrac{1}{100}$배
$2 \times 3.26 = \boxed{}$

[13~18] ☐ 안에 알맞은 수를 써넣으시오.

13 $0.2 \times 0.9 = \dfrac{2}{10} \times \dfrac{\boxed{}}{10}$

$= \dfrac{\boxed{}}{100} = \boxed{}$

14 $0.09 \times 0.6 = \dfrac{9}{\boxed{}} \times \dfrac{6}{10}$

$= \dfrac{\boxed{}}{1000} = \boxed{}$

15 $1.2 \times 1.3 = \dfrac{12}{10} \times \dfrac{\boxed{}}{10}$

$= \dfrac{\boxed{}}{100} = \boxed{}$

16

$2 \times 8 = 16$

$\frac{1}{10}$배 $\frac{1}{10}$배 $\boxed{}$배

$0.2 \times 0.8 = \boxed{}$

17

$36 \times 23 = 828$

$\frac{1}{10}$배 $\frac{1}{10}$배 $\boxed{}$배

$3.6 \times 2.3 = \boxed{}$

18

$45 \times 153 = 6885$

$\frac{1}{10}$배 $\frac{1}{100}$배 $\boxed{}$배

$4.5 \times 1.53 = \boxed{}$

[19~20] ☐ 안에 알맞은 수를 써넣으시오.

19 (1) $3.478 \times 1 = \boxed{}$

(2) $3.478 \times 10 = \boxed{}$

(3) $3.478 \times 100 = \boxed{}$

(4) $3.478 \times 1000 = \boxed{}$

20 (1) $800 \times 1 = \boxed{}$

(2) $800 \times 0.1 = \boxed{}$

(3) $800 \times 0.01 = \boxed{}$

(4) $800 \times 0.001 = \boxed{}$

21 $7 \times 4 = 28$을 이용하여 ☐ 안에 알맞은 수를 써넣으시오.

(1) $0.7 \times 0.4 = \boxed{}$

(2) $0.7 \times 0.04 = \boxed{}$

22 $6 \times 9 = 54$를 이용하여 ☐ 안에 알맞은 수를 써넣으시오.

(1) $0.6 \times 0.9 = \boxed{}$

(2) $0.06 \times 0.9 = \boxed{}$

4

소수의 곱셈

2단계 기본유형

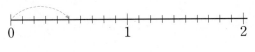

유형 01 (1보다 작은 소수) × (자연수)

01 0.5×3을 수직선에 나타내고 ☐ 안에 알맞은 수를 써넣으시오.

```
├─────┼─────┼─────┤
0           1           2
```

0.5씩 ☐ 번 나타내면 ☐ 입니다.

02 0.3×6을 여러 가지 방법으로 계산하려고 합니다. ☐ 안에 알맞은 수를 써넣으시오.

(1) 0.3은 0.1이 ☐ 개이고,

0.3×6은 0.1이 ☐ 개입니다.

⇨ 0.3×6= ☐

(2) $0.3 \times 6 = \dfrac{\square}{10} \times 6 = \dfrac{\square}{10} = \square$

03 보기 와 같이 분수의 곱셈으로 계산하시오.

보기
$$0.7 \times 2 = \frac{7}{10} \times 2 = \frac{7 \times 2}{10} = \frac{14}{10} = 1.4$$

(1) 0.6×4=

(2) 0.9×8=

04 계산을 하시오.

(1) 0.2×7

(2) 0.4×13

(3)
```
  0. 3 6
×     2
```

(4)
```
  0. 8 5
×     3
```

05 ☐ 안에 알맞은 수를 써넣으시오.

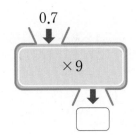

06 계산 결과를 찾아 선으로 이으시오.

0.9×3 ·	· 2.5
0.5×5 ·	· 2.7
0.3×8 ·	· 2.4

07 계산 결과의 크기를 비교하여 ◯ 안에 >, =, <를 알맞게 써넣으시오.

0.34×6 ◯ 0.52×4

→ 핵심 내용 곱해지는 수의 소수점에 맞춤

유형 **02** (1보다 큰 소수)×(자연수)

08 1.6×2를 수 막대로 알아보려고 합니다. ☐ 안에 알맞은 수를 써넣으시오.

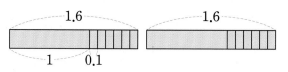

> 1.6×2를 수 막대로 그려 보면
> 1이 2개, 0.1이 12개입니다.
> 0.1이 12개이면 ☐이므로
> 1.6×2=2+☐=☐입니다.

09 계산을 하시오.

(1)   1.7
      ×   4

(2)   3.6
      ×   8

10 소수의 덧셈으로 계산하시오.

2.3×5=

11 분수의 곱셈으로 계산하시오.

1.54×3=

→ 핵심 내용 곱하는 수의 소수점에 맞춤

유형 **03** (자연수)×(1보다 작은 소수)

12 ☐ 안에 알맞은 수를 써넣으시오.

3×5=15 ⇨ 3×0.5=☐

13 계산을 하시오.

(1) 7×0.8

(2) 16×0.2

14 분수의 곱셈으로 계산하시오.

(1) 4×0.8=

(2) 6×0.06=

15 빈칸에 알맞은 수를 써넣으시오.

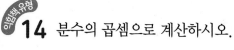

	×0.15	
3		
5		

2단계 **기본유형**

→ 핵심 내용 곱하는 수의 소수점에 맞춤

→ 핵심 내용 곱해지는 수와 곱하는 수의 소수점 아래 자리 수를 더함

유형 **04** (자연수)×(1보다 큰 소수)

16 □ 안에 알맞은 수를 써넣으시오.

$$\begin{array}{r} 3 \\ \times\ 4\ 0\ 5 \\ \hline 1\ 2\ 1\ 5 \end{array} \Rightarrow \begin{array}{r} 3 \\ \times\ 4.0\ 5 \\ \hline \boxed{} \end{array}$$

17 계산을 하시오.

(1) 2×4.8

(2) 5×1.67

18 분수의 곱셈으로 계산하시오.

$6 \times 2.7 =$

19 빈 곳에 두 수의 곱을 써넣으시오.

42	3.18

유형 **05** (1보다 작은 소수)×(1보다 작은 소수)

20 0.6×0.4를 구하려고 합니다. □ 안에 알맞은 수를 써넣으시오.

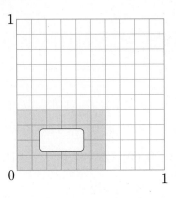

21 계산을 하시오.

(1) 0.5×0.7

(2) 0.8×0.9

22 계산을 하시오.

(1)
$$\begin{array}{r} 0.1\ 9 \\ \times\quad 0.4 \\ \hline \end{array}$$

(2)
$$\begin{array}{r} 0.6 \\ \times\ 0.3\ 7 \\ \hline \end{array}$$

23 계산에서 잘못된 곳을 찾아 바르게 계산하시오.

$$0.12 \times 0.6 = \frac{12}{10} \times \frac{6}{10} = \frac{72}{100} = 0.72$$

$0.12 \times 0.6 =$

핵심 내용 곱해지는 수와 곱하는 수의 소수점 아래 자리 수를 더함

24 계산 결과를 찾아 선으로 이으시오.

| 0.8×0.6 | • | • | 0.49 |

| 0.7×0.7 | • | • | 0.48 |

| 0.6×0.7 | • | • | 0.42 |

유형 **06** (1보다 큰 소수)×(1보다 큰 소수)

교과서유형 **27** 21×22의 값을 이용하여 2.1×2.2의 값을 구하는 방법입니다. ☐ 안에 알맞은 수를 써넣으시오.

21×22=462입니다.

2.1은 21의 $\frac{1}{10}$배, 2.2는 22의 $\frac{1}{\boxed{}}$배

이므로 2.1×2.2는 462의 $\frac{1}{\boxed{}}$배인

$\boxed{}$입니다.

25 사다리를 따라서 만나는 빈 곳에 계산 결과를 써넣으시오.

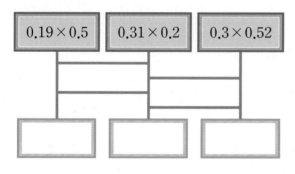

| 0.19×0.5 | 0.31×0.2 | 0.3×0.52 |

28 계산을 하시오.

(1)
$$\begin{array}{r} 2.8 \\ \times\ 1.3 \\ \hline \end{array}$$

(2)
$$\begin{array}{r} 1.6\ 4 \\ \times\ \ \ 5.2 \\ \hline \end{array}$$

29 분수의 곱셈으로 계산하시오.

1.3×3.4=

26 가장 큰 수와 가장 작은 수의 곱을 구하시오.

| 0.5 0.3 0.6 0.9 |

( )

30 빈 곳에 알맞은 수를 써넣으시오.

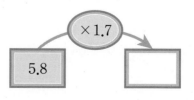

×1.7

5.8

2단계 기본 유형

핵심 내용 자연수의 곱셈을 이용하여 곱의 소수점 위치를 정함

유형 07 곱의 소수점 위치

[31~32] 계산을 하시오.

31 (1) 5.085×10

(2) 0.741×100

(3) 6.203×1000

32 (1) 326×0.1

(2) 720×0.01

(3) 458×0.001

[33~34] ☐ 안에 알맞은 수를 써넣으시오.

33 $0.71 \times \boxed{} = 710$

34 $264 \times \boxed{} = 2.64$

[35~37] 보기 를 이용하여 계산을 하시오.

35
> 보기
> $5.2 \times 8 = 41.6$

(1) 5.2×80

(2) 5.2×800

(3) 5.2×8000

36
> 보기
> $24 \times 37 = 888$

(1) 2.4×37

(2) 0.24×37

(3) 0.024×37

37
> 보기
> $18 \times 37 = 666$

(1) 1.8×3.7

(2) 0.18×3.7

(3) 1.8×0.37

공부한 날 ○ 월 ○ 일

잘 틀리는 유형 08 도형의 넓이 구하기

38 직사각형의 넓이는 몇 m²인지 구하시오.

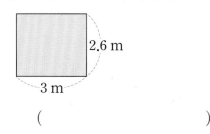

2.6 m

3 m

( )

39 정사각형의 넓이는 몇 m²인지 구하시오.

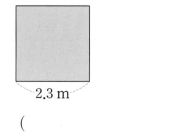

2.3 m

( )

합정유형 40 정사각형과 직사각형을 겹치지 않게 이어 붙인 모양입니다. 색칠한 부분의 넓이는 몇 m²인지 구하시오.

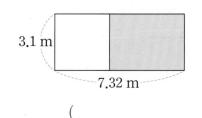

3.1 m

7.32 m

( )

KEY 직사각형의 가로를 구해 넓이를 구합니다.

잘 틀리는 유형 09 곱하는 수 구하기

41 $24 \times 196 = 4704$입니다. ☐ 안에 알맞은 수는 어느 것입니까? .... ( )

$$0.24 \times \boxed{} = 4.704$$

① 196   ② 19.6   ③ 1.96
④ 0.196   ⑤ 0.0196

42 $18 \times 214 = 3852$입니다. ☐ 안에 알맞은 수를 구하시오.

$$18 \times \boxed{} = 38.52$$

( )

합정유형 43 $26 \times 32 = 832$입니다. ☐ 안에 알맞은 수를 구하시오.

$$260 \times \boxed{} = 83.2$$

( )

KEY 곱해지는 수와 곱의 소수점을 어떻게 옮겼는지 살펴봅니다.

4 소수의 곱셈

1-1

다음을 두 가지 방법으로 계산하려고 합니다. 풀이 과정을 완성하고 답을 구하시오.

$$7 \times 0.5$$

(풀이) [방법 1] 분수의 곱셈으로 계산하기

$$7 \times 0.5 = 7 \times \frac{\boxed{}}{10} = \frac{7 \times \boxed{}}{10} = \frac{\boxed{}}{10}$$
$$= \boxed{}$$

[방법 2] 자연수의 곱셈으로 계산하기
$7 \times 5 = 35$이므로 7×0.5는 7×5의

$\boxed{}$ 배인 $\boxed{}$입니다.

(답) $\boxed{}$

2-1

간장이 한 병에 1.8 L씩 들어 있습니다. 6병에 들어 있는 간장은 모두 몇 L인지 풀이 과정을 완성하고 답을 구하시오.

(풀이) (6병에 들어 있는 간장)
$= $(한 병에 들어 있는 간장)$\times \boxed{}$
$= 1.8 \times \boxed{} = \boxed{}$ (L)

(답) $\boxed{}$ L

1-2

다음을 두 가지 방법으로 계산하려고 합니다. 풀이 과정을 쓰고 답을 구하시오.

$$9 \times 0.4$$

[방법 1]

[방법 2]

(답) _____

2-2

우유가 한 병에 1.45 L씩 들어 있습니다. 8병에 들어 있는 우유는 모두 몇 L인지 풀이 과정을 쓰고 답을 구하시오.

(풀이)

(답) _____

3-1

㉮는 ㉯의 몇 배인지 풀이 과정을 완성하고 답을 구하시오.

> ㉮ 3.4×2.6 　　㉯ 0.34×2.6

풀이　3.4×2.6은 34×26의 $\dfrac{1}{\boxed{}}$ 배이고,

0.34×2.6은 34×26의 $\dfrac{1}{\boxed{}}$ 배입니다.

따라서 ㉮는 ㉯의 $\boxed{}$ 배입니다.

답　$\boxed{}$ 배

4-1

가로가 $12\,\text{m}$, 세로가 $3.5\,\text{m}$인 직사각형 모양의 밭이 있습니다. 이 밭의 0.7에 감자를 심었다면 감자를 심은 밭의 넓이는 몇 m^2인지 풀이 과정을 완성하고 답을 구하시오.

풀이　$(\text{전체 밭의 넓이}) = 12 \times \boxed{}$

$= \boxed{}\ (\text{m}^2)$

$(\text{감자를 심은 밭의 넓이}) = \boxed{} \times 0.7$

$= \boxed{}\ (\text{m}^2)$

답　$\boxed{}$ m^2

3-2

㉮는 ㉯의 몇 배인지 풀이 과정을 쓰고 답을 구하시오.

> ㉮ 7.8×2.1 　　㉯ 7.8×0.21

풀이

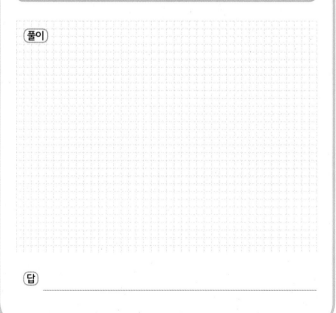

답　＿＿＿＿＿＿＿＿＿＿

4-2

가로가 $25\,\text{m}$, 세로가 $0.6\,\text{m}$인 직사각형 모양의 밭이 있습니다. 이 밭의 0.5에 고구마를 심었다면 고구마를 심은 밭의 넓이는 몇 m^2인지 풀이 과정을 쓰고 답을 구하시오.

풀이

답　＿＿＿＿＿＿＿＿＿＿

3 단계 **유형 평가**

점수

01 0.9×2를 수직선에 나타내고 ☐ 안에 알맞은 수를 써넣으시오.

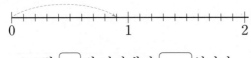

0.9씩 ☐ 번 나타내면 ☐ 입니다.

02 ☐ 안에 알맞은 수를 써넣으시오.

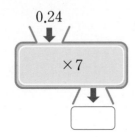

03 계산 결과를 찾아 선으로 이으시오.

0.6×7 •   • 3.6

0.4×9 •   • 4.4

1.1×4 •   • 4.2

04 계산을 하시오.

(1)   1.4
    ×   3

(2)   2.8
    ×   4

05 ☐ 안에 알맞은 수를 써넣으시오.

2×42=84 ⇨ 2×0.42= ☐

06 빈칸에 알맞은 수를 써넣으시오.

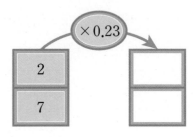

07 ☐ 안에 알맞은 수를 써넣으시오.

        8
  × 1 2 6   ⇨
  1 0 0 8

        8
  × 1.2 6
  ☐

08 빈 곳에 두 수의 곱을 써넣으시오.

19	3.14

09 계산을 하시오.

(1) 0.9×0.6

(2) 0.48×0.3

10 가장 큰 수와 가장 작은 수의 곱을 구하시오.

0.2	0.16	0.45	0.6

(   )

11 분수의 곱셈으로 계산하시오.

$2.8 \times 1.03 =$

12 빈 곳에 알맞은 수를 써넣으시오.

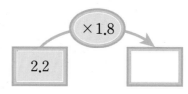

13 ☐ 안에 알맞은 수를 써넣으시오.

$9.729 \times \boxed{} = 972.9$

14 보기 를 이용하여 계산을 하시오.

보기
$$2.37 \times 5 = 11.85$$

(1) 2.37×50

(2) 2.37×500

(3) 2.37×5000

4

소수의 곱셈

15 직사각형의 넓이는 몇 m²인지 구하시오.

1.4 m
6 m

(   )

16 22×356=7832입니다. ☐ 안에 알맞은 수를 구하시오.

$$22 \times \boxed{} = 78.32$$

(   )

17 정사각형과 직사각형을 겹치지 않게 이어 붙인 모양입니다. 색칠한 부분의 넓이는 몇 m²인지 구하시오.

2.7 m
5.86 m

(   )

18 17×55=935입니다. ☐ 안에 알맞은 수를 구하시오.

$$170 \times \boxed{} = 9.35$$

(   )

서술형

19 주스가 한 병에 1.25 L씩 들어 있습니다. 5병에 들어 있는 주스는 모두 몇 L인지 풀이 과정을 쓰고 답을 구하시오.

풀이

답

서술형

20 ㉮는 ㉯의 몇 배인지 풀이 과정을 쓰고 답을 구하시오.

| ㉮ 4×3.3 | ㉯ 0.4×0.33 |

풀이

답

4 소수의 곱셈

01 수직선을 보고 ☐ 안에 알맞은 수를 써넣으시오.

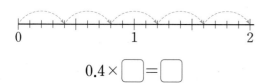

$$0.4 \times \boxed{} = \boxed{}$$

02 ☐ 안에 알맞은 수를 써넣으시오.

$$
\begin{array}{r}
1\;2\;4 \\
\times \qquad 3 \\
\hline
\boxed{}
\end{array}
\Rightarrow
\begin{array}{r}
1.2\;4 \\
\times \qquad 3 \\
\hline
\boxed{}
\end{array}
$$

03 계산을 하시오.

(1)
$$
\begin{array}{r}
2.2 \\
\times \quad 6 \\
\hline
\end{array}
$$

(2)
$$
\begin{array}{r}
0.2\,7 \\
\times \quad 0.3 \\
\hline
\end{array}
$$

04 잘못 계산한 것은 어느 것입니까?··(   )

① $0.2 \times 0.7 = 0.14$ ② $0.9 \times 0.4 = 0.36$

③ $0.5 \times 0.5 = 0.025$ ④ $0.8 \times 0.04 = 0.032$

⑤ $6 \times 0.4 = 2.4$

05 계산을 하시오.

(1) 0.8×0.3

(2) 0.12×0.4

06 보기 와 같이 분수의 곱셈으로 계산하시오.

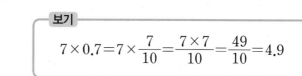

보기

$$7 \times 0.7 = 7 \times \frac{7}{10} = \frac{7 \times 7}{10} = \frac{49}{10} = 4.9$$

$$6 \times 0.9 =$$

[07~08] 1.43×0.6을 주어진 방법으로 계산하시오.

07 분수의 곱셈으로 계산하기

08 자연수의 곱셈으로 계산하기

09 $57 \times 4 = 228$을 이용하여 ☐ 안에 알맞은 수를 써넣으시오.

(1) $57 \times 0.4 = \boxed{}$

(2) $57 \times 0.04 = \boxed{}$

(3) $57 \times 0.004 = \boxed{}$

10 $16 \times 3.8 = 60.8$을 이용하여 계산을 하시오.

(1) 1600×3.8

(2) 16×0.038

단원 평가 기본   4. 소수의 곱셈

11 빈 곳에 알맞은 수를 써넣으시오.

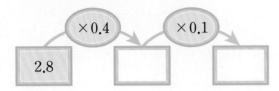

12 가장 큰 수와 가장 작은 수의 곱을 구하시오.

| 12.5 | 37.4 | 0.86 | 0.25 |

( )

13 계산 결과가 <u>다른</u> 하나를 찾아 ○표 하시오.

1.58×100   (   )
1580×0.01   (   )
158×0.1   (   )

14 어림하여 계산 결과가 3보다 큰 것을 찾아 기호를 쓰시오.

㉠ 0.6×4   ㉡ 0.76×3   ㉢ 0.82×4

( )

15 <u>잘못</u> 계산한 것입니다. 바르게 계산하시오.

$$\begin{array}{r} 4.3\,2 \\ \times\quad\ 8 \\ \hline 3\,4\,5.6 \end{array}$$ ⇨

16 계산 결과의 크기를 비교하여 ○ 안에 >, =, <를 알맞게 써넣으시오.

1.38×9 ◯ 4.16×3

17 은영이는 매일 물을 1.2 L씩 마십니다. 은영이가 6일 동안 마시는 물은 몇 L입니까?

( )

18 평행사변형의 넓이는 몇 cm²입니까?

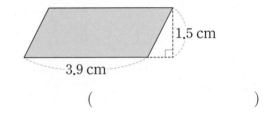

1.5 cm
3.9 cm

( )

19 27×53=1431을 이용하여 ☐ 안에 알맞은 수를 써넣으시오.

2.7×☐=1.431

20 직사각형의 넓이는 몇 m²인지 식을 쓰고 답을 구하시오.

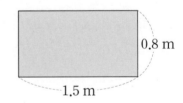

0.8 m
1.5 m

식 _____

답 _____

QR 코드를 찍어 단원 평가 를 더 풀어 보세요.

5 직육면체

핵심 개념

개념에 대한 **자세한 동영상 강의**를 시청하세요.

개념 ❶ 직육면체, 정육면체

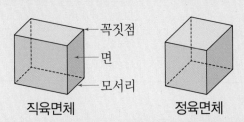

직육면체   정육면체

	면의 수(개)	모서리의 수(개)	꼭짓점의 수(개)
직육면체	6	12	8
정육면체	6	12	8

핵심 둘러싼 사각형

• 직육면체는 ❶ ☐ 사각형 6개로 둘러싸여 있습니다.

• 정육면체는 ❷ ☐ 사각형 6개로 둘러싸여 있습니다.

[전에 배운 내용]

• 직사각형: 네 각이 직각인 사각형

• 정사각형: 네 각이 직각이고 네 변의 길이가 모두 같은 사각형

직사각형   정사각형

• 선분: 두 점을 이은 곧은 선

[앞으로 배울 내용]

• 각기둥: , 등과 같은 도형

• 각뿔: , 등과 같은 도형

개념 ❷ 직육면체의 겨냥도, 전개도

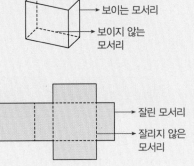

보이는 모서리

보이지 않는 모서리

잘린 모서리

잘리지 않은 모서리

핵심 점선과 실선이 나타내는 것

• 직육면체의 겨냥도에서 보이는 모서리는 ❸ ☐☐, 보이지 않는 모서리는 점선으로 그립니다.

• 직육면체의 전개도에서 잘린 모서리는 ❹ ☐☐, 잘리지 않은 모서리는 점선으로 그립니다.

[전에 배운 내용]

• 수직: 만나서 이루는 각이 직각인 두 직선은 수직

• 평행선: 서로 만나지 않는 두 직선

[앞으로 배울 내용]

• 각기둥의 겨냥도

• 각기둥의 전개도

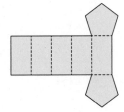

정답 ❶ 직 ❷ 정 ❸ 실선 ❹ 실선

체크

1-1 직육면체를 찾아 ○표 하시오.

(1)

   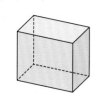

(   )   (   )

(2)

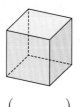   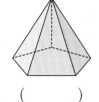

(   )   (   )

1-2 정육면체를 찾아 ○표 하시오.

(1)

   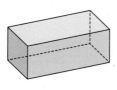

(   )   (   )

(2)

(   )   (   )

5

직육면체

체크

2-1 직육면체의 겨냥도를 바르게 그린 것을 찾아 ○표 하시오.

(1)

(   )   (   )

(2)

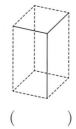   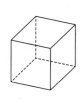

(   )   (   )

2-2 직육면체의 전개도를 찾아 ○표 하시오.

(1)

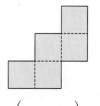   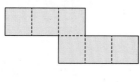

(   )   (   )

(2)

   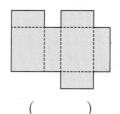

(   )   (   )

[01~03] 그림을 보고 ☐ 안에 알맞은 수를 써넣으시오.

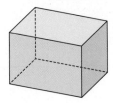

01 직육면체의 면의 수는 ☐ 개입니다.

02 직육면체의 모서리의 수는 ☐ 개입니다.

03 직육면체의 꼭짓점의 수는 ☐ 개입니다.

[04~06] 그림을 보고 ☐ 안에 알맞은 수를 써넣으시오.

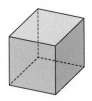

04 정육면체의 면의 수는 ☐ 개입니다.

05 정육면체의 모서리의 수는 ☐ 개입니다.

06 정육면체의 꼭짓점의 수는 ☐ 개입니다.

[07~12] 직육면체를 보고 알맞은 말에 ○표 하시오.

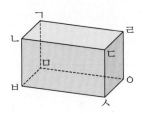

07 면 ㄱㄴㄷㄹ과 면 ㅁㅂㅅㅇ은 서로
(평행합니다 , 수직입니다).

08 면 ㄱㄴㄷㄹ과 면 ㄴㅂㅅㄷ은 서로
(평행합니다 , 수직입니다).

09 면 ㄱㄴㅂㅁ과 면 ㅁㅂㅅㅇ은 서로
(평행합니다 , 수직입니다).

10 면 ㄱㄴㅂㅁ과 면 ㄹㄷㅅㅇ은 서로
(평행합니다 , 수직입니다).

11 면 ㄱㅁㅇㄹ과 면 ㄴㅂㅅㄷ은 서로
(평행합니다 , 수직입니다).

12 면 ㄱㅁㅇㄹ과 면 ㄹㄷㅅㅇ은 서로
(평행합니다 , 수직입니다).

[13~16] 직육면체의 겨냥도를 그린 것입니다. 빠진 부분을 그려 넣어 겨냥도를 완성하시오.

13

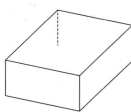

14

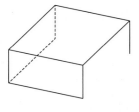

15

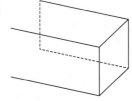

16

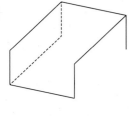

[17~20] 직육면체의 전개도를 완성하시오.

17

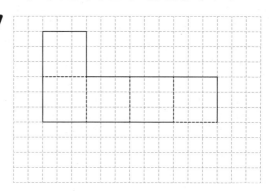

18

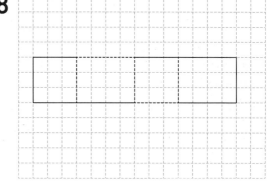

19

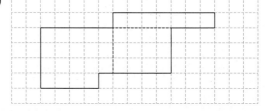

20

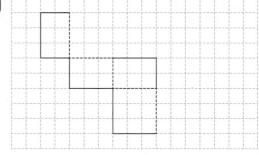

5

직육면체

→ 핵심 내용 · 직사각형 6개로 둘러싸여 있음

유형 **01** **직육면체 알아보기**

01 직육면체의 색칠한 부분을 종이 위에 놓고 본을 뜨면 어떤 도형이 나옵니까?

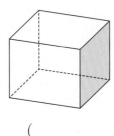

( )

02 직육면체 모양의 물건을 찾아 이름을 쓰시오.

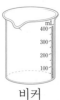

비커 사전 고깔모자

( )

03 ☐ 안에 알맞은 말을 써넣으시오.

직육면체에서 선분으로 둘러싸인 부분을 ☐, 면과 면이 만나는 선분을 ☐, 모서리와 모서리가 만나는 점을 ☐ (이)라고 합니다.

04 직육면체의 각 부분의 이름을 ☐ 안에 알맞게 써넣으시오.

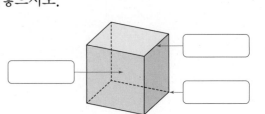

05 직육면체에서 보이는 면은 모두 몇 개입니까?

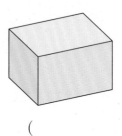

( )

06 그림을 보고 보이는 모서리를 모두 찾아 ── 으로 표시하고, 보이는 꼭짓점을 모두 찾아 • 으로 표시하시오.

(1)

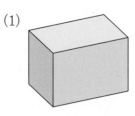

(2)

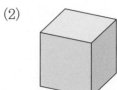

→ 핵심 내용 ▶ 정사각형 6개로 둘러싸여 있음

유형 **02** 정육면체 알아보기

→ 핵심 내용 ▶ 평행한 두 면: 밑면
밑면과 수직인 면: 옆면

유형 **03** 직육면체의 성질

07 정육면체를 ↓로 표시한 방향에서 보면 어떤 모양으로 보입니까?

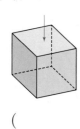

( )

10 직육면체에서 색칠한 면과 평행한 면을 찾아 색칠하시오.

(1) 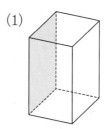   (2)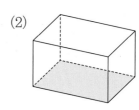

08 정육면체에서 모서리 ㉠과 길이가 같은 모서리는 ㉠을 포함하여 모두 몇 개입니까?

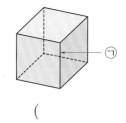

( )

11 오른쪽 직육면체에서 색칠한 두 면이 만나 이루는 각의 크기는 몇 도입니까?······ ( )

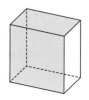

① 135°   ② 50°

③ 60°   ④ 90°

⑤ 알 수 없습니다.

09 정육면체에 대한 설명으로 옳은 것은 어느 것입니까?······························· ( )

① 모서리는 8개입니다.

② 꼭짓점은 6개입니다.

③ 모서리의 길이가 모두 다른 도형입니다.

④ 모든 면이 정사각형입니다.

⑤ 정사각형 8개로 둘러싸여 있습니다.

12 직육면체에서 서로 평행한 면을 찾아 쓰시오.

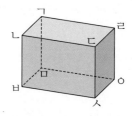

(1) 면 ㄱㅁㅇㄹ과 ( )

(2) 면 ㄱㄴㄷㄹ과 ( )

(3) 면 ㄴㅂㅁㄱ과 ( )

2단계 **기본 유형**

[13~15] 직육면체를 보고 물음에 답하시오.

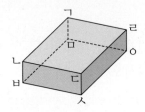

13 면 ㄴㅂㅅㄷ과 평행한 면을 쓰시오.

(   )

14 면 ㄴㅂㅅㄷ과 수직인 면을 모두 쓰시오.

(   )

15 면 ㄷㅅㅇㄹ이 밑면일 때 다른 밑면을 쓰시오.

(   )

교과서 유형
16 직육면체에서 서로 평행한 면은 모두 몇 쌍입니까?

(   )

유형 **04**   **직육면체의 겨냥도**

17 알맞은 말에 ○표 하시오.

> 직육면체의 겨냥도는 직육면체 모양을 잘 알
> 수 있도록 보이는 모서리는 (실선 , 점선)으
> 로, 보이지 않는 모서리는 (실선 , 점선)으
> 로 그린 그림입니다.

교과서 유형
18 직육면체의 겨냥도를 바르게 그린 것을 찾아 기호를 쓰시오.

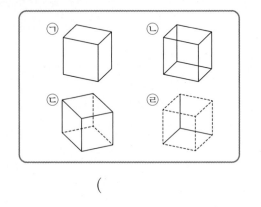

(   )

익힘책 유형
19 직육면체의 겨냥도를 완성하시오.

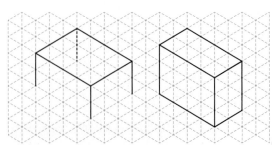

핵심 내용 잘린 모서리는 실선,
잘리지 않은 모서리는 점선

20 직육면체에서 길이가 8 cm인 모서리는 모두 몇 개입니까?

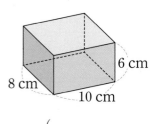

(   )

유형 **05** 정육면체의 전개도

[23~25] 전개도를 보고 물음에 답하시오.

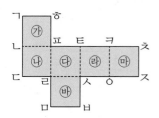

익힘책 유형
23 전개도를 접었을 때 점 ㅂ과 만나는 점을 찾아 쓰시오.

(   )

[21~22] 직육면체를 보고 ☐ 안에 알맞은 수를 써넣으시오.

교과서 유형
21

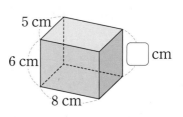

익힘책 유형
24 전개도를 접었을 때 선분 ㄴㄷ과 겹치는 선분을 찾아 쓰시오.

(   )

교과서 유형
22

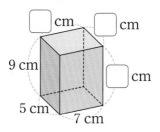

익힘책 유형
25 전개도를 접어서 면 ㉤를 밑면이라고 할 때, 옆면을 모두 쓰시오.

(   )

2단계 기본유형

핵심 내용 ▸ 잘린 모서리는 실선,
잘리지 않은 모서리는 점선

유형 06 **직육면체의 전개도**

26 직육면체의 전개도로 알맞은 것을 모두 찾아 기호를 쓰시오.

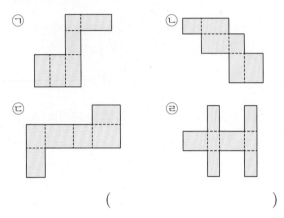

( )

27 전개도를 접었을 때 선분 가와 겹치는 선분에 ○표 하시오.

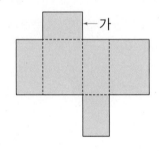

28 직육면체의 전개도를 그린 것입니다. ☐ 안에 알맞은 수를 써넣으시오.

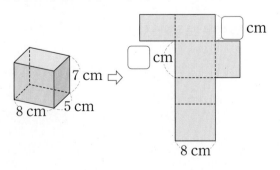

29 직육면체의 전개도를 완성하시오.

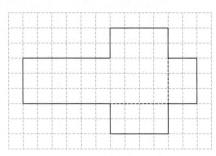

30 직육면체의 전개도를 접었을 때 면 ㉮와 수직 인 모든 면을 색칠하시오.

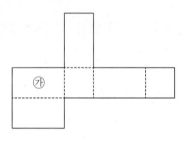

31 오른쪽 직육면체 모양의 사 탕 상자의 전개도를 그려 보 시오.

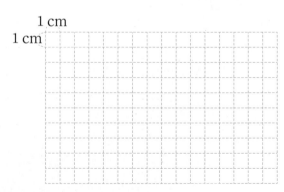

공부한 날 ( ) 월 ( ) 일

잘 틀리는 유형 07 직육면체와 정육면체의 수

32 직육면체는 모두 몇 개입니까?

( )

33 정육면체는 모두 몇 개입니까?

( )

34 정육면체의 수를 ㉠, 직육면체의 수를 ㉡이라고 할 때 ㉠+㉡의 값을 구하시오.

( )

KEY 정사각형은 직사각형입니다.

잘 틀리는 유형 08 모서리 길이의 합

35 직육면체의 모든 모서리 길이의 합은 몇 cm입니까?

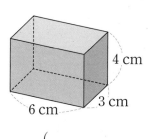

( )

36 정육면체의 모든 모서리 길이의 합은 몇 cm입니까?

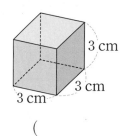

( )

37 직육면체에서 빨간색으로 표시한 길이의 합은 몇 cm입니까?

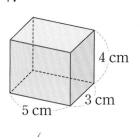

( )

KEY 평행한 모서리가 몇 개씩인지 구합니다.

2단계 서술형 유형

1-1

다음 도형이 직육면체가 <u>아닌</u> 이유를 완성하시오.

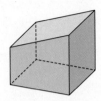

이유 직육면체는 직사각형 ☐개로 둘러싸여 있어야 하는데 ▭이/가 아닌 면이 있습니다.

2-1

한 모서리의 길이가 10 cm인 정육면체가 있습니다. 이 정육면체의 모든 모서리 길이의 합은 몇 cm인지 풀이 과정을 완성하고 답을 구하시오.

풀이 정육면체의 모서리는 모두 ☐개이므로 모든 모서리 길이의 합은

$10 \times$ ☐ $=$ ▭ (cm)입니다.

답 ☐ cm

1-2

다음 도형이 직육면체가 <u>아닌</u> 이유를 설명하시오.

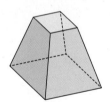

이유

2-2

한 모서리의 길이가 9 cm인 정육면체가 있습니다. 이 정육면체의 모든 모서리 길이의 합은 몇 cm 인지 풀이 과정을 쓰고 답을 구하시오.

풀이

답 _____

3-1

직육면체의 모든 모서리 길이의 합은 몇 cm인지 풀이 과정을 완성하고 답을 구하시오.

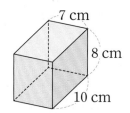

풀이 직육면체에는 길이가 같은 모서리가 각각 ▢개씩 있으므로 직육면체의 모든 모서리 길이의 합은

$(10+8+7) \times$ ▢ $=$ ▢ (cm)입니다.

답 ▢ cm

4-1

직육면체의 전개도입니다. 선분 ㅇㅊ의 길이는 몇 cm인지 풀이 과정을 완성하고 답을 구하시오.

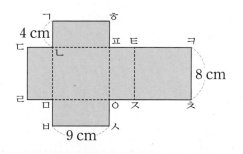

풀이 전개도를 접었을 때 겹치는 선분의 길이는 서로 같습니다.

(선분 ㅇㅊ)=(선분 ㅇㅈ)+(선분 ▢)

= ▢ + ▢ = ▢ (cm)

답 ▢ cm

3-2

직육면체의 모든 모서리 길이의 합은 몇 cm인지 풀이 과정을 완성하고 답을 구하시오.

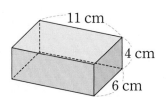

풀이

답 _____

4-2

직육면체의 전개도입니다. 선분 ㄱㅌ의 길이는 몇 cm인지 풀이 과정을 쓰고 답을 구하시오.

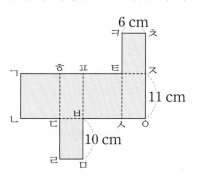

풀이

답 _____

01 직육면체 모양의 물건을 찾아 이름을 쓰시오.

주사위   동전   윷

(   )

02 직육면체의 각 부분의 이름을 ☐ 안에 알맞게 써넣으시오.

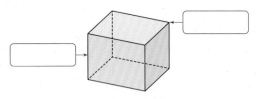

03 정육면체에서 크기가 같은 면은 모두 몇 개입니까?

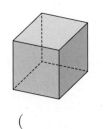

(   )

04 직육면체에서 색칠한 면과 평행한 면을 찾아 색칠하시오.

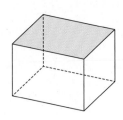

[05~06] 직육면체를 보고 물음에 답하시오.

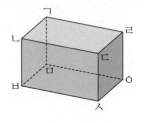

05 면 ㄷㅅㅇㄹ과 평행한 면을 쓰시오.

(   )

06 면 ㅁㅂㅅㅇ과 수직인 면을 모두 쓰시오.

(   )

07 직육면체에서 어떤 한 면과 수직인 면은 몇 개입니까?

(   )

08 직육면체의 겨냥도를 바르게 그린 것을 찾아 기호를 쓰시오.

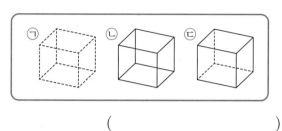

( )

09 직육면체의 겨냥도를 완성하시오.

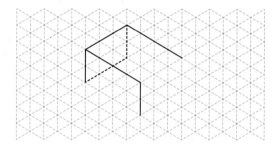

10 □ 안에 알맞은 수를 써넣으시오.

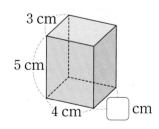

[11~12] 전개도를 보고 물음에 답하시오.

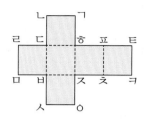

11 전개도를 접었을 때 점 ㄴ과 만나는 점을 모두 쓰시오.

( )

12 전개도를 접었을 때 선분 ㄱㄴ과 겹치는 선분을 찾아 쓰시오.

( )

13 직육면체의 전개도를 그린 것입니다. □ 안에 알맞은 수를 써넣으시오.

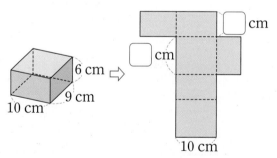

14 정육면체의 전개도를 완성하시오.

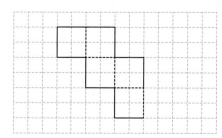

15 직육면체는 모두 몇 개입니까?

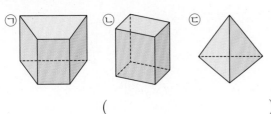

(   )

16 정육면체의 모든 모서리 길이의 합은 몇 cm입니까?

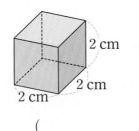

2 cm
2 cm
2 cm

(   )

17 정육면체의 수를 ㉠, 직육면체의 수를 ㉡이라고 할 때 ㉠+㉡의 값을 구하시오.

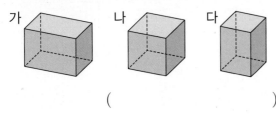

가   나   다

(   )

18 직육면체에서 빨간색으로 표시한 길이의 합은 몇 cm입니까?

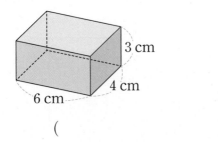

3 cm
4 cm
6 cm

(   )

서술형
19 다음 도형이 정육면체가 <u>아닌</u> 이유를 설명하시오.

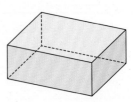

이유

_____

_____

_____

_____

서술형
20 직육면체의 전개도입니다. 선분 ㄹㅂ의 길이는 몇 cm인지 풀이 과정을 완성하고 답을 구하시오.

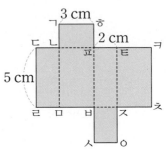

3 cm
2 cm
5 cm

풀이

_____

_____

_____

_____

답 _____

01 직육면체는 어느 것입니까?·········(   )

①   ②   ③

02 오른쪽 그림을 보고 ▢ 안에 알맞은 말을 써넣으시오.

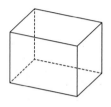

그림과 같이 직육면체의 모양을 잘 알 수 있도록 하기 위하여 점선과 실선으로 그린 그림을 직육면체의 ▢▢▢▢ (이)라고 합니다.

03 정육면체를 보고 ▢ 안에 알맞은 수를 써넣으시오.

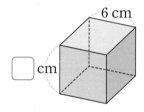

04 직육면체에서 색칠한 면과 평행한 면을 찾아 색칠하시오.

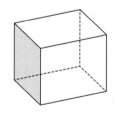

05 직육면체의 겨냥도를 완성하시오.

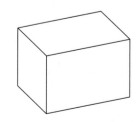

06 직육면체에서 면 ㄱㄴㄷㄹ과 면 ㄱㅁㅂㄴ이 만나서 이루는 각의 크기는 몇 도입니까?

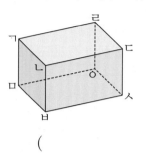

(   )

[07~08] 오른쪽 정육면체를 보고 물음에 답하시오.

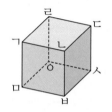

07 면 ㄱㅁㅇㄹ과 수직인 면은 모두 몇 개입니까?

(   )

08 면 ㄹㅇㅅㄷ과 수직인 면을 모두 찾아 쓰시오.

(   )

[09~10] 직육면체를 보고 물음에 답하시오.

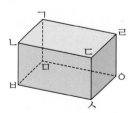

09 면 ㄴㅂㅅㄷ과 평행한 면을 찾아 쓰시오.

(   )

10 면 ㄴㅂㅁㄱ과 수직인 면을 모두 찾아 쓰시오.

(   )

5

직육면체

11 정육면체에서 서로 평행한 면은 모두 몇 쌍 찾을 수 있습니까?

(　　　　　　)

[12~13] 직육면체의 전개도를 보고 물음에 답하시오.

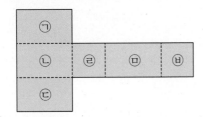

12 전개도를 접었을 때 면 ㉡과 평행한 면을 찾아 쓰시오.

(　　　　　　)

13 전개도를 접었을 때 면 ㉠과 수직인 면을 모두 찾아 쓰시오.

(　　　　　　)

[14~15] 직육면체를 보고 물음에 답하시오.

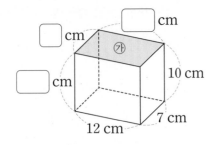

14 □ 안에 알맞은 수를 써넣으시오.

15 면 ㉮의 모서리 길이의 합은 몇 cm입니까?

(　　　　　　)

16 직육면체의 전개도입니다. □ 안에 알맞은 수를 써넣으시오.

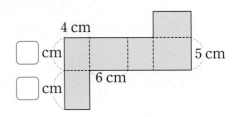

[17~18] 설명이 맞으면 ○표, 틀리면 ×표 하시오.

17 직육면체와 정육면체의 면의 수는 같습니다.

(　　　　)

18 직육면체에서 모든 모서리의 길이는 같습니다.

(　　　　)

19 직육면체와 정육면체의 차이점을 찾아 기호를 쓰시오.

| ㉠ 모서리의 수　　　㉡ 면의 모양 |

(　　　　　　)

20 한 모서리의 길이가 5 cm인 정육면체가 있습니다. 정육면체에서 모든 모서리 길이의 합은 몇 cm입니까?

(　　　　　　)

QR 코드를 찍어 **단원 평가** 를 더 풀어 보세요.

평균과 가능성

6

1단계 핵심 개념

개념에 대한 **자세한 동영상 강의**를 시청하세요.

개념 동영상

개념 ❶ 평균

연우네 모둠이 넣은 화살 수

이름	연우	은서	경호
화살 수(개)	2	4	6

(연우네 모둠이 넣은 화살 수의 평균)
$= (2+4+6) \div 3$
$= 12 \div 3 = 4$(개)

> **(평균)=(자료의 값을 모두 더한 수)
> ÷(자료의 수)**

핵심 자료를 대표하는 값

자료의 값을 모두 더해 자료의 수로 나눈 것을
❶ [ ][ ](이)라고 합니다.

[전에 배운 내용]

• ( )가 있는 자연수의 혼합 계산
  ( )가 있는 경우에는 ( ) 안을 먼저 계산합니다.

$$(3+7) \div 2 = 10 \div 2$$
$$\underset{②}{\underline{\underset{①}{\underline{}}}} = 5$$

• 자료와 그림그래프
• 막대그래프
• 꺾은선그래프

[앞으로 배울 내용]

• 띠그래프: 전체에 대한 각 부분의 비율을 띠 모양에 나타낸 그래프
• 원그래프: 전체에 대한 각 부분의 비율을 원 모양에 나타낸 그래프

개념 ❷ 일이 일어날 가능성

• 일이 일어날 가능성을 말로 표현하기

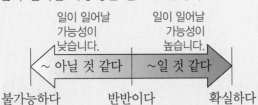

일이 일어날 가능성이 낮습니다.　일이 일어날 가능성이 높습니다.

~ 아닐 것 같다　~일 것 같다

불가능하다　반반이다　확실하다

• 일이 일어날 가능성을 수로 표현하기

불가능하다　반반이다　확실하다
0　　$\frac{1}{2}$　　1

핵심 가능성을 말이나 수로 표현하기

어떠한 상황에서 특정한 일이 일어나길 기대할 수 있는 정도를 ❷ [ ][ ][ ](이)라고 합니다.

[전에 배운 내용]

• 분수만큼은 얼마인지 알아보기

  전체를 똑같이 ■로 나눈 것 중의 ▲만큼은 $\frac{▲}{■}$입니다.

[앞으로 배울 내용]

• 비율
  기준량에 대한 비교하는 양의 크기를 비율이라고 합니다.

$$(비율)=(비교하는 양) \div (기준량) = \frac{(비교하는 양)}{(기준량)}$$

• 경우의 수
• 확률

$$(확률) = \frac{(특정한 일이 일어나는 경우의 수)}{(모든 경우의 수)}$$

체크

1-1 진아의 국어, 수학, 사회, 과학 성적을 나타낸 표입니다. 물음에 답하시오.

진아의 성적

과목	국어	수학	사회	과학
점수(점)	84	88	85	87

(1) 진아의 성적의 합계는 얼마입니까?

□+□+□+□

=□(점)

(2) 진아의 성적의 평균은 얼마입니까?

□÷□=□(점)

1-2 진호가 4일 동안 운동한 시간을 나타낸 표입니다. 물음에 답하시오.

진호가 운동한 시간

요일	월	화	수	목
운동 시간(분)	30	40	50	40

(1) 진호가 운동한 시간은 모두 몇 분입니까?

□+□+□+□

=□(분)

(2) 진호가 운동한 시간의 평균은 몇 분입니까?

□÷□=□(분)

체크

2-1 회전판을 돌렸을 때 일이 일어날 가능성을 수로 표현할 때 알맞은 기호를 쓰시오.

| ㉠ 0 | ㉡ $\frac{1}{2}$ | ㉢ 1 |

(1) 화살이 파란색에 멈출 가능성

( )

(2) 화살이 빨간색에 멈출 가능성

( )

2-2 회전판을 돌렸을 때 일이 일어날 가능성을 수로 표현할 때 알맞은 기호를 쓰시오.

| ㉠ 0 | ㉡ $\frac{1}{2}$ | ㉢ 1 |

(1) 화살이 파란색에 멈출 가능성

( )

(2) 화살이 빨간색에 멈출 가능성

( )

1단계 기본 문제

[01~04] ☐ 안에 알맞은 수를 써넣으시오.

01
> 27, 28, 26을 고르게 하면 27, 27, 27이므로
> 평균은 ☐입니다.

02
> 30, 20, 25를 고르게 하면 25, 25, 25이므로
> 평균은 ☐입니다.

03
> 6, 4, 5의 평균은
> $(6+4+5) \div$ ☐ $=$ ☐입니다.

04
> 12, 10, 11의 평균은
> $(12+10+11) \div$ ☐ $=$ ☐입니다.

[05~08] 점수의 평균이 5점이 되도록 만들려고 합니다. ☐ 안에 알맞은 수를 써넣으시오.

05
> 4점   ☐점

06
> 2점   ☐점

07
> 3점   7점   ☐점

08
> 6점   5점   ☐점

정답 및 풀이 35쪽

[09~12] 일이 일어날 가능성을 말로 표현하려고 합니다. 보기 에서 기호를 찾아 쓰시오.

> 보기
> ㉠ 불가능하다   ㉡ ~ 아닐 것 같다
> ㉢ 반반이다   ㉣ ~일 것 같다
> ㉤ 확실하다

09 500원짜리 동전을 던지면 그림면이 나올 것입니다.

(   )

10 주사위를 굴리면 6보다 작은 수가 나올 것입니다.

(   )

11 내일 아침에 해가 서쪽에서 뜰 것입니다.

(   )

12 1월 2일 다음 날은 1월 3일입니다.

(   )

[13~14] 주머니 속에 검은색 바둑돌 2개가 있습니다. 주머니에서 바둑돌 1개를 꺼낼 때 일이 일어날 가능성을 수로 표현하시오.

13 꺼낸 바둑돌이 흰색일 가능성

(   )

14 꺼낸 바둑돌이 검은색일 가능성

(   )

[15~16] 주머니 속에 검은색 바둑돌 1개, 흰색 바둑돌 1개가 있습니다. 주머니에서 바둑돌 1개를 꺼낼 때 일이 일어날 가능성을 수로 표현하시오.

15 꺼낸 바둑돌이 흰색일 가능성

(   )

16 꺼낸 바둑돌이 검은색일 가능성

(   )

2단계 기본유형

6. 평균과 가능성

핵심 내용 (평균)=(자료 값의 합)÷(자료의 수)

유형 01 평균 알아보기

01 자료의 값을 모두 더해 자료의 수로 나눈 값을 무엇이라고 합니까?

( )

[02~03] 은주네 학교 5학년 학급별 학생 수를 나타낸 표입니다. 물음에 답하시오.

학급별 학생 수

학급(반)	1	2	3	4
학생 수(명)	25	26	24	25

02 한 학급당 학생 수를 대표적으로 정하는 올바른 방법은 어느 것인지 기호를 쓰시오.

> ㉠ 각 학급의 학생 수 25, 26, 24, 25 중 가장 큰 수인 26으로 정합니다.
> ㉡ 각 학급의 학생 수 25, 26, 24, 25 중 가장 작은 수인 24로 정합니다.
> ㉢ 각 학급의 학생 수 25, 26, 24, 25를 고르게 하면 25, 25, 25, 25이므로 25로 정합니다.

( )

03 은주네 학교 5학년 한 학급에는 평균 몇 명의 학생이 있습니까?

( )

핵심 내용 자료의 값을 고르게 하여 평균을 구함

유형 02 평균 구하기(1)

[04~06] 다음 4개의 수의 평균을 구하려고 합니다. 물음에 답하시오.

> 3 5 2 2

04 4개의 수를 순서대로 연결큐브에 색칠해 보시오.

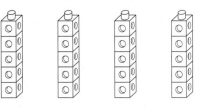

05 위 04번의 수를 고르게 한 것을 연결큐브에 색칠해 보시오.

06 3, 5, 2, 2의 평균은 얼마입니까?

( )

[07~09] 길이가 각각 22 cm, 18 cm, 29 cm인 색 테이프 길이의 평균을 구하려고 합니다. 물음에 답하시오.

22 cm

18 cm

29 cm

교과서유형
07 보라색, 분홍색, 노란색 테이프를 겹치지 않게 이어 붙인 것입니다. ☐ 안에 알맞은 수를 써 넣으시오.

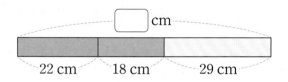

cm

22 cm 18 cm 29 cm

교과서유형
08 보라색, 분홍색, 노란색 테이프를 겹치지 않게 이어 붙인 것을 3등분으로 접은 것입니다. ☐ 안에 알맞은 수를 써넣으시오.

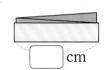

cm

교과서유형
09 색 테이프 길이의 평균은 몇 cm입니까?

( )

핵심 내용 ▶ 자료의 값을 모두 더해 자료의 수로 나눔

유형 **03** 평균 구하기(2)

[10~12] 세영이네 모둠 학생들의 몸무게를 나타낸 표입니다. 물음에 답하시오.

학생들의 몸무게

이름	세영	지원	유찬	현우	성진
몸무게(kg)	40	35	35	50	45

익힘책유형
10 세영이네 모둠 학생들의 몸무게의 합은 몇 kg 입니까?

( )

익힘책유형
11 모둠 학생은 모두 몇 명입니까?

( )

익힘책유형
12 세영이네 모둠 학생들의 몸무게의 평균은 몇 kg 입니까?

( )

13 어느 지역의 밀물과 썰물의 물의 높이의 차를 나타낸 표입니다. 이 지역의 밀물과 썰물의 물의 높이의 차는 평균 몇 cm입니까?

밀물과 썰물의 물의 높이의 차

요일	월	화	수	목
높이의 차(cm)	67	50	54	57

( )

6

평균과 가능성

핵심 내용 ► (모르는 자료의 값)=(평균)×(자료의 수)
　　　　　　－(나머지 자료 값의 합)

[14~16] 준형이와 지욱이의 제기차기 기록을 나타낸 표입니다. 물음에 답하시오.

준형이의 제기차기 기록

회	1회	2회	3회	4회
찬 개수(개)	4	6	3	7

지욱이의 제기차기 기록

회	1회	2회	3회	4회
찬 개수(개)	6	5	7	6

교과서 유형
14 준형이의 제기차기 기록의 합계와 평균을 각각 구하시오.

합계 (　　　　　　　)
평균 (　　　　　　　)

교과서 유형
15 지욱이의 제기차기 기록의 합계와 평균을 각각 구하시오.

합계 (　　　　　　　)
평균 (　　　　　　　)

교과서 유형
16 준형이와 지욱이 중 누가 더 제기차기를 잘했다고 볼 수 있는지 이름을 쓰시오.

(　　　　　　　)

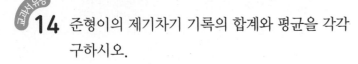

유형 **04** 평균 이용하기

[17~18] 세진이의 성적을 나타낸 표입니다. 물음에 답하시오.

세진이의 성적

과목	국어	수학	사회	과학	영어	평균
점수(점)	100	98	84	92		88

익힘책 유형
17 세진이의 성적의 합계는 몇 점입니까?

(　　　　　　　)

익힘책 유형
18 세진이의 영어 점수는 몇 점입니까?

(　　　　　　　)

[19~20] 범길이네 모둠 학생들의 키를 나타낸 표입니다. 물음에 답하시오.

학생들의 키

이름	범길	민아	주영	상준	준하
키(cm)	152	130	142	128	

19 준하를 제외한 네 명의 키의 평균은 몇 cm입니까?

(　　　　　　　)

20 범길이네 모둠 학생들의 키의 평균은 준하를 제외한 4명의 키의 평균보다 1 cm 큽니다. ☐ 안에 알맞은 수를 써넣으시오.

(범길이네 모둠 학생들의 키의 평균)

$=$ ☐ $+1=$ ☐ (cm)

(준하의 키)

$=$ ☐ $×5-$ ☐ $×4$

$=$ ☐ (cm)

공부한 날 　월 　일

유형 05 일이 일어날 가능성을 말로 표현하기

[21~22] 일이 일어날 가능성에 대하여 알맞은 말에
○표 하시오.

21

> 1년은 400일입니다.

(불가능하다 , 반반이다 , 확실하다)

22

> 태어나는 아기가 여자일 것입니다.

(불가능하다 , 반반이다 , 확실하다)

23 다음 일이 일어날 가능성을 생각하여 알맞게
선으로 이으시오.

주사위를 굴리면 주사위 눈의 수는 5가 나올 것입니다.		·		확실하다
10원짜리 동전을 던지면 그림 면이나 숫자 면이 나옵니다.		·		~ 아닐 것 같다
				불가능하다

유형 06 일이 일어날 가능성 비교하기

[24~26] 친구들의 대화를 읽고 물음에 답하시오.

> 지수: 오늘은 수요일이니까 내일은 목요일이야.
> 연호: 사람들이 겨울에는 반팔을 입을 거야.
> 민지: 지금은 오후 4시니깐 1시간 후에는 6시가 될 거야.
> 기준: ○× 문제를 맞힐 가능성은 얼마일까?

24 일이 일어날 가능성이 '불가능하다'인 경우를
말한 친구는 누구입니까?

(　　　　　　　　)

25 친구들이 말하는 일이 일어날 가능성을 판단
하여 □ 안에 이름을 써넣으시오.

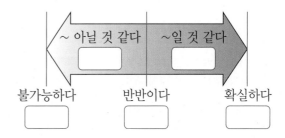

26 위 **24**와 같은 상황에서 일이 일어날 가능성이
'확실하다'가 되도록 친구의 말을 바꿔 쓰시오.

_____

_____

6

평균과 가능성

핵심 내용 가능성을 0, $\frac{1}{2}$, 1로 표현함

[27~29] 파란색과 빨간색으로 만들어진 회전판을 보고 물음에 답하시오.

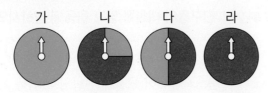

가   나   다   라

27 화살이 파란색에 멈추는 것이 불가능한 회전판을 찾아 기호를 쓰시오.

(   )

28 화살이 빨간색에 멈추는 것이 불가능한 회전판을 찾아 기호를 쓰시오.

(   )

29 화살이 빨간색에 멈출 가능성과 파란색에 멈출 가능성이 비슷한 회전판을 찾아 기호를 쓰시오.

(   )

30 화살이 파란색에 멈출 가능성이 높은 회전판부터 순서대로 기호를 쓰시오.

(   )

유형 **07** 일이 일어날 가능성을 수로 표현하기

31 다음 네 가지 색깔의 크레파스를 사용하여 오른쪽과 같이 태극기를 그리려고 합니다. 초록색 크레파스를 사용할 가능성을 ↓로 나타내어 보시오.

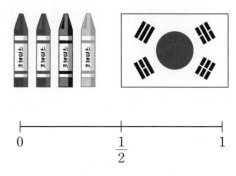

$\begin{array}{c} | \qquad\qquad | \qquad\qquad | \\ 0 \qquad\qquad \frac{1}{2} \qquad\qquad 1 \end{array}$

[32~33] 다음과 같은 4장의 수 카드를 수가 보이지 않게 뒤집어 놓았습니다. 물음에 답하시오.

| 1 | 2 | 3 | 4 |

32 수가 보이게 카드를 한 장 뒤집었을 때 뒤집은 카드의 수가 홀수일 가능성을 수로 표현하시오.

(   )

33 수가 보이게 카드를 한 장 뒤집었을 때 뒤집은 카드의 수가 1보다 작을 가능성을 수로 표현하시오.

(   )

잘 틀리는 유형 08 평균 비교하기

34 형우와 은호의 제기차기 기록입니다. 누가 더 제기차기를 잘했는지 이름을 쓰시오.

제기차기 기록

회	1회	2회	3회
형우의 기록	8개	9개	13개
은호의 기록	6개	11개	10개

(   )

35 준서와 은지의 시험 점수입니다. 누가 시험을 더 잘 봤는지 이름을 쓰시오.

시험 점수

과목	국어	수학	과학
준서의 점수	90점	85점	83점
은지의 점수	88점	92점	81점

(   )

36 영우와 선미의 시험 점수입니다. 국어 점수를 제외하고 누가 시험을 더 잘 봤는지 구하시오.

시험 점수

과목	국어	수학	과학
영우의 점수	97점	91점	85점
선미의 점수	86점	88점	90점

(   )

KEY 수학과 과학 점수의 평균을 구합니다.

잘 틀리는 유형 09 일이 일어나지 않을 가능성

37 지민이가 한 팔을 들어 올렸을 때 들어 올린 팔이 오른팔이 아닐 가능성을 수로 표현하시오.

(   )

38 100원짜리 동전만 저금한 저금통에서 동전을 1개 꺼낼 때 100원짜리 동전이 아닐 가능성을 수로 표현하시오.

(   )

39 주머니 속에 흰색 구슬 1개, 검은색 구슬 2개, 파란색 구슬 1개가 있습니다. 주머니에서 구슬 1개를 꺼낼 때 꺼낸 구슬이 검은색이 아닐 가능성을 수로 표현하시오.

(   )

KEY 전체 구슬의 수 중에서 검은색이 아닌 구슬을 꺼낼 가능성을 구합니다.

6

평균과 가능성

1-1

정수네 모둠의 수학 점수를 조사하여 나타낸 표입니다. 정수네 모둠의 수학 점수의 평균은 몇 점인지 식을 완성하고 답을 구하시오.

학생들의 수학 점수

이름	정수	미진	호준	혜원
점수(점)	80	85	90	65

식 $(80 + \boxed{} + \boxed{} + \boxed{}) \div \boxed{}$

$= \boxed{}$

답 $\boxed{}$점

2-1

진형이네 모둠 7명의 영어 점수의 합이 504점입니다. 진형이의 영어 점수가 75점일 때 진형이는 7명의 영어 점수의 평균보다 몇 점 더 높은지 풀이 과정을 완성하고 답을 구하시오.

풀이 7명의 영어 점수의 평균은

$\boxed{} \div \boxed{} = \boxed{}$(점)이므로

진형이의 영어 점수가 7명의 영어 점수의 평균보다 $75 - \boxed{} = \boxed{}$(점) 더 높습니다.

답 $\boxed{}$점

1-2

규정이네 모둠의 키를 조사하여 나타낸 표입니다. 규정이네 모둠의 키의 평균은 몇 cm인지 식을 쓰고 답을 구하시오.

학생들의 키

이름	규정	상호	준철	지원	진아
키(cm)	145	156	144	145	150

식

답

2-2

희주네 모둠 11명의 사회 점수의 합이 957점입니다. 희주의 사회 점수가 88점일 때 희주는 11명의 사회 점수의 평균보다 몇 점 더 높은지 풀이 과정을 쓰고 답을 구하시오.

풀이

답

3-1

검은색 구슬 4개가 들어 있는 주머니에서 1개의 구슬을 꺼냈을 때 파란색 구슬일 가능성을 말로 표현하는 풀이 과정을 완성하고 답을 구하시오.

풀이 구슬을 꺼낼 때 나올 수 있는 구슬의 색은 [ ]색입니다. 따라서 1개의 구슬을 꺼냈을 때 파란색 구슬일 가능성은 '[   ]'입니다.

답 [   ]

4-1

주머니 속에 빨간색 공 1개, 노란색 공 1개가 있습니다. 주머니에서 공을 한 개 꺼냈을 때 노란색 공일 가능성을 수로 표현하려고 합니다. 풀이 과정을 완성하고 답을 구하시오.

풀이 빨간색 공 1개와 노란색 공 1개가 들어 있는 주머니에서 꺼낸 공이 노란색일 가능성은 '[   ]'이므로 수로 표현하면 $\dfrac{\Box}{\Box}$ 입니다.

답 $\dfrac{\Box}{\Box}$

3-2

검은색 구슬 10개가 들어 있는 주머니에서 1개의 구슬을 꺼냈을 때 검은색 구슬일 가능성을 말로 표현하는 풀이 과정을 쓰고 답을 구하시오.

풀이

답 _____

4-2

100원짜리 동전 한 개를 던질 때 그림면이 나올 가능성을 수로 표현하려고 합니다. 풀이 과정을 쓰고 답을 구하시오.

풀이

답 _____

01 5학년 한 학급에는 평균 몇 명의 학생이 있습니까?

5학년 학생 수

학급(반)	1	2	3	4
학생 수(명)	20	22	21	21

(   )

[02~04] 다음 4개의 수의 평균을 구하려고 합니다. 물음에 답하시오.

| 1 | 3 | 4 | 4 |

02 4개의 수를 순서대로 연결큐브에 색칠해 보시오.

03 위 **02**번의 수를 고르게 한 것을 연결큐브에 색칠해 보시오.

04 1, 3, 4, 4의 평균은 얼마입니까?

(   )

[05~07] 세영이네 모둠 학생들의 몸무게를 나타낸 표입니다. 물음에 답하시오.

학생들의 몸무게

이름	세영	지원	유찬	현우	성진
몸무게(kg)	35	37	43	41	44

05 세영이네 모둠 학생들의 몸무게의 합은 몇 kg입니까?

(   )

06 모둠 학생은 모두 몇 명입니까?

(   )

07 세영이네 모둠 학생들의 몸무게의 평균은 몇 kg입니까?

(   )

정답 및 풀이 **38**쪽

[08~09] 진우의 성적을 나타낸 표입니다. 물음에 답하시오.

진우의 성적

과목	국어	수학	사회	과학	영어	평균
점수(점)	82	96	90		80	86

08 진우의 성적의 합계는 몇 점입니까?

(　　　　　　)

09 진우의 과학 점수는 몇 점입니까?

(　　　　　　)

10 다음 일이 일어날 가능성을 생각하여 알맞게 선으로 이으시오.

4월의 다음 달은 2월입니다.	・	・	~일 것 같다
검은공 9개, 흰공 1개가 들어있는 주머니에서 공 1개를 꺼내면 검은색입니다.	・	・	반반이다
		・	불가능하다

[11~12] 친구들의 대화를 읽고 물음에 답하시오.

> 강인: 오후 6시에서 1시간 후는 7시야.
> 수경: 동전 3개를 동시에 던지면 모두 그림면 만 나올 거야.
> 지훈: 주사위를 던지면 눈의 수가 홀수일 거야.

11 일이 일어날 가능성이 '확실하다'인 경우를 말한 친구는 누구입니까?

(　　　　　　)

12 친구들이 말하는 일이 일어날 가능성을 판단하여 □ 안에 이름을 써넣으시오.

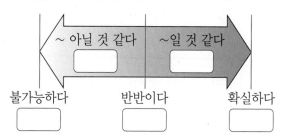

[13~14] 다음과 같은 4장의 수 카드를 수가 보이지 않게 뒤집어 놓았습니다. 물음에 답하시오.

1　3　5　7

13 수가 보이게 카드를 한 장 뒤집었을 때 뒤집은 카드의 수가 홀수일 가능성을 수로 표현하시오.

(　　　　　　)

14 수가 보이게 카드를 한 장 뒤집었을 때 뒤집은 카드의 수가 9보다 작을 가능성을 수로 표현하시오.

(　　　　　　)

15 여희와 경수의 제기차기 기록입니다. 누가 더 제기차기를 잘했는지 이름을 쓰시오.

제기차기 기록

회	1회	2회	3회
여희의 기록	6개	7개	11개
경수의 기록	8개	5개	8개

( )

16 주사위 1개를 던졌을 때 나온 눈의 수가 7이 아닐 가능성을 수로 표현하시오.

( )

17 현우와 준수의 시험 점수입니다. 수학 점수를 제외하고 누가 시험을 더 잘 봤는지 구하시오.

시험 점수

과목	국어	수학	과학
현우의 점수	75점	83점	85점
준수의 점수	82점	88점	76점

( )

18 주머니 속에 흰색 구슬 2개, 파란색 구슬 2개, 빨간색 구슬 4개가 있습니다. 주머니에서 구슬 1개를 꺼냈을 때 꺼낸 구슬이 빨간색이 아닐 가능성을 수로 표현하시오.

( )

19 준규네 모둠의 수학 점수를 조사하여 나타낸 표입니다. 준규네 모둠의 수학 점수의 평균은 몇 점인지 식을 쓰고 답을 구하시오.

학생들의 수학 점수

이름	준규	지수	은혜	정수
점수(점)	70	93	85	88

식 _____

답 _____

20 파란색 구슬 10개가 들어 있는 주머니에서 1개의 구슬을 꺼냈을 때 빨간색 구슬일 가능성을 말로 표현하는 풀이 과정을 쓰고 답을 구하시오.

풀이 _____

답 _____

[01~03] 세경이네 가족의 몸무게를 조사하여 나타낸 표입니다. 물음에 답하시오.

세경이네 가족의 몸무게

가족	아버지	어머니	언니	오빠	세경
몸무게(kg)	81	63	53	68	30

01 세경이네 가족의 몸무게의 평균은 몇 kg입니까?

( )

02 몸무게가 평균보다 가벼운 사람을 모두 쓰시오.

( )

03 몸무게가 평균보다 무거운 사람은 모두 몇 명입니까?

( )

[04~05] 선영이가 7월부터 10월까지 학교 도서관에서 빌린 책 수입니다. 물음에 답하시오.

월별 빌린 책 수

월	7	8	9	10
책 수(권)	3	2	1	2

04 선영이가 빌린 책 수만큼 ○를 그려 나타냈습니다. 책 수를 고르게 하시오.

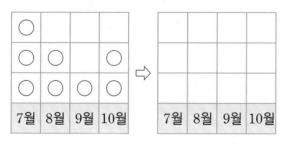

05 선영이가 7월부터 10월까지 도서관에서 빌린 책의 평균은 몇 권입니까?

( )

06 100원짜리 동전을 1개 던질 때 그림면이 나올 가능성을 수로 표현하시오.

( )

[07~08] 일이 일어날 가능성을 찾아 기호를 쓰시오.

> ㉠ 불가능하다   ㉡ ~ 아닐 것 같다
> ㉢ 반반이다   ㉣ 확실하다

07 2와 3을 곱하면 5일 것입니다.

( )

08 내년에는 5월이 6월보다 빨리 올 것입니다.

( )

09 다음 수들의 평균을 구하시오.

28	62	37	43	50

( )

10 흰색 바둑돌만 4개 들어 있는 주머니가 있습니다. 주머니에서 바둑돌을 1개 꺼낼 때 꺼낸 바둑돌이 검은색일 가능성을 수로 표현하시오.

( )

단원 평가 기본   6. 평균과 가능성

[11~13] 지영이네 모둠이 회전판 돌리기를 하고 있습니다. 물음에 답하시오.

 가   나   다

11 가 회전판을 돌릴 때 화살이 초록색에 멈출 가능성을 수로 표현하시오.

(   )

12 나 회전판을 돌릴 때 화살이 빨간색에 멈출 가능성을 수로 표현하시오.

(   )

13 다 회전판을 돌릴 때 화살이 노란색에 멈출 가능성을 수로 표현하시오.

(   )

[14~15] 경수네 모둠 학생들의 몸무게를 조사하여 나타낸 표입니다. 물음에 답하시오.

학생들의 몸무게

이름	경수	연진	수영	은혁
몸무게(kg)	42	38	41	47

14 경수네 모둠 학생들의 몸무게의 평균은 몇 kg 인지 하나의 식을 쓰고 답을 구하시오.

식

답

15 수영이는 평균에 비하여 무거운 편입니까, 가벼운 편입니까?

(   )

16 다음 카드 중에서 한 장을 뽑을 때 ♥ 카드를 뽑을 가능성을 수로 표현해 보시오.

(   )

[17~18] 당첨 제비만 7장 들어 있는 제비뽑기 상자에서 제비 1개를 뽑았습니다. 물음에 답하시오.

17 당첨 제비를 뽑을 가능성을 말로 표현해 보시오.

(   )

18 뽑은 제비가 당첨 제비가 아닐 가능성을 수로 표현해 보시오.

(   )

[19~20] 현민이네 모둠 학생들의 제자리멀리뛰기 기록을 조사한 것입니다. 물음에 답하시오.

제자리멀리뛰기 기록

168 cm	172 cm	159 cm	171 cm
153 cm	147 cm	165 cm	177 cm

19 현민이네 모둠의 제자리멀리뛰기 기록의 평균은 몇 cm입니까?

(   )

20 평균보다 기록이 낮은 학생은 몇 명입니까?

(   )

QR 코드를 찍어 **단원 평가** 를 더 풀어 보세요.

book.chunjae.co.kr

교재 내용 문의 ·························· 교재 홈페이지 ▸ 초등 ▸ 교재상담

교재 내용 외 문의 ·················· 교재 홈페이지 ▸ 고객센터 ▸ 1:1문의

발간 후 발견되는 오류 ·········· 교재 홈페이지 ▸ 초등 ▸ 학습지원 ▸ 학습자료실

My name~

	초등학교
학년 반 번	
이름	

오답노트 앱 사용가능
틀린 문제 저장&출력
오답노트 앱을 다운받으세요 (안드로이드만 가능)

기본부터 실력까지 한 권에 다 담은 유형서

동영상 강의 제공

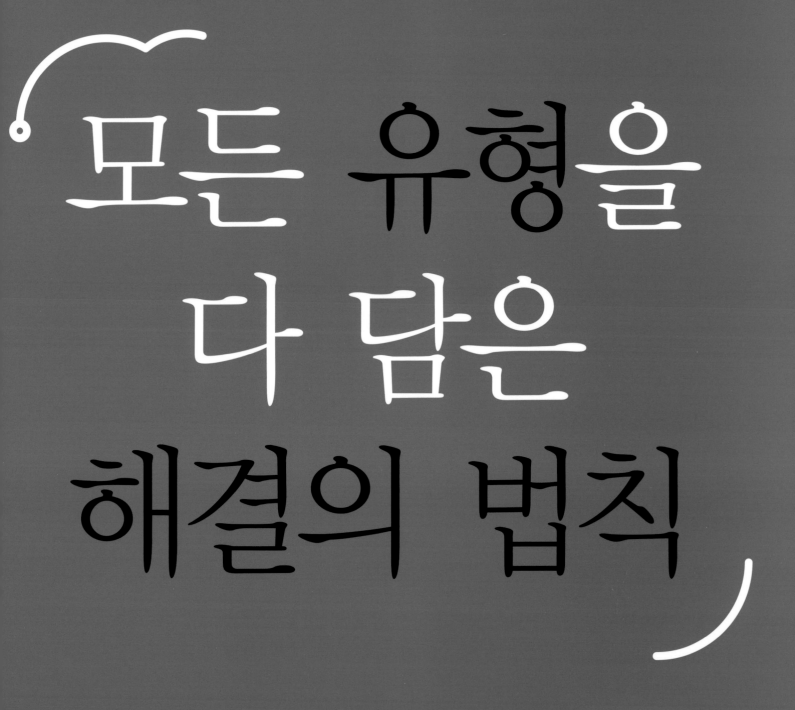

모든 유형을
다 담은
해결의 법칙

BOOK 2

실력

모바일 코칭
시스템

수학

5·2

천재교육

모든 유형을
다 담은
해결의 법칙

유형 해결의 법칙 BOOK 2 QR 활용안내

오답 노트

오답노트 저장! 출력!

학습을 마칠 때에는 **오답노트**에 어떤 문제를 틀렸는지 표시해.
나중에 틀린 문제만 모아서 다시 풀면 **실력도 쑥쑥** 늘겠지?

① 오답노트 앱을 설치 후 로그인
② 책 표지의 QR 코드를 스캔하여 내 교재 등록
③ 오답 노트를 작성할 교재 아래에 있는 ⑭ 를 터치하여 문항 번호를 선택하기

문항번호 선택

날짜별 또는 단원별 보기

인쇄 가능

틀린 문제는 모르는 채 넘어 가지 말자구!

모든 문제의 풀이 동영상 강의 제공

문제 풀이 동영상 강의

잘 틀리는 **실력 유형**

1. 수의 범위와 어림하기

QR 코드를 찍어 **동영상 특강**을 보세요.

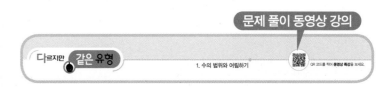

문제 풀이 동영상 강의

다르지만 **같은 유형**

1. 수의 범위와 어림하기

QR 코드를 찍어 **동영상 특강**을 보세요.

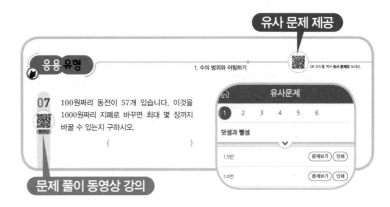

유사 문제 제공

응용 유형

1. 수의 범위와 어림하기

QR 코드를 찍어 **유사 문제**를 보세요.

07 100원짜리 동전이 57개 있습니다. 이것을 1000원짜리 지폐로 바꾸면 최대 몇 장까지 바꿀 수 있는지 구하시오.

( )

유사문제
1 2 3 4 5 6
덧셈과 뺄셈

13번	문제보기	인쇄
14번	문제보기	인쇄

문제 풀이 동영상 강의

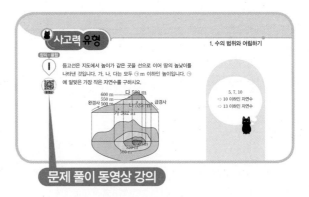

사고력 유형

1. 수의 범위와 어림하기

창의·융합

Ⅰ 등고선은 지도에서 높이가 같은 곳을 선으로 이어 땅의 높낮이를 나타낸 것입니다. 가, 나, 다는 모두 ⓐ m 이하인 높이입니다. ⓐ 에 알맞은 가장 작은 자연수를 구하시오.

5, 7, 10
ⓐ 10 이하인 자연수
ⓑ 13 이하인 자연수

문제 풀이 동영상 강의

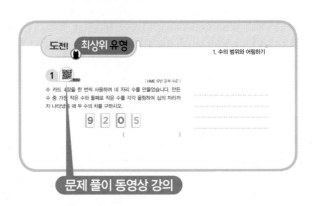

도전! **최상위 유형**

1. 수의 범위와 어림하기

| HME 17번 동제 수준 |

1 수 카드 4장을 한 번씩 사용하여 네 자리 수를 만들었습니다. 만든 수 중 가장 작은 수와 둘째로 작은 수를 각각 올림하여 십의 자리까지 나타냈을 때 두 수의 차를 구하시오.

9 2 0 5

( )

문제 풀이 동영상 강의

구성과 특징

Book² **실력** 난이도 중, 상과 최상위 문제로 구성하였습니다.

연습
잘 틀리는 실력 유형
다르지만 같은 유형

완성
응용 유형

도전
사고력 유형
최상위 유형

잘 틀리는 실력 유형

잘 틀리는 실력 유형으로 오답을 피할 수
있도록 연습하고 새 교과서에 나온 활동
유형으로 다른 교과서에 나오는
잘 틀리는 문제를 연습합니다.

▶ 동영상 강의 제공

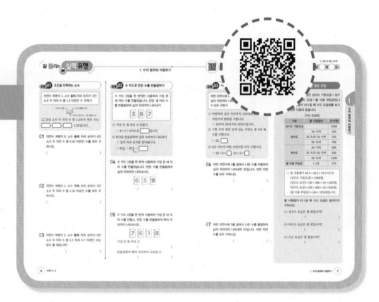

다르지만 같은 유형

다르지만 같은 유형으로 어려운 문제도
결국 같은 유형이라는 것을 안다면 쉽게
해결할 수 있습니다.

▶ 동영상 강의 제공

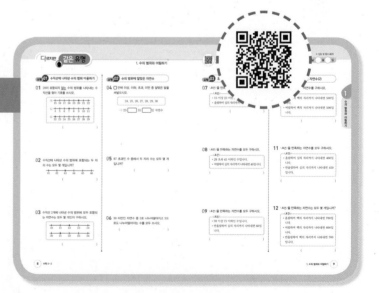

응용 유형

응용 유형 문제를 풀면서 어려운 문제도
풀 수 있는 힘을 키워 보세요.

 동영상 강의 제공

유사 문제 제공

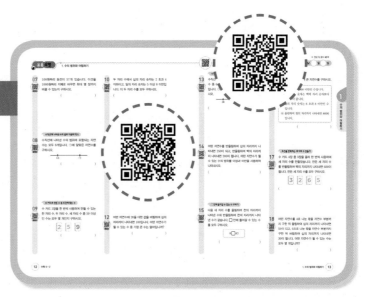

사고력 유형

평소 쉽게 접하지 않은 사고력 유형도
연습할 수 있습니다.

동영상 강의 제공

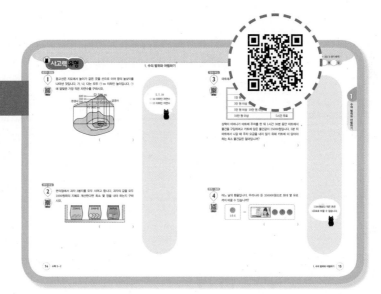

도전! 최상위 유형

도전! 최상위 유형~ 가장 어려운 최상위
문제를 풀려고 도전해 보세요.

동영상 강의 제공

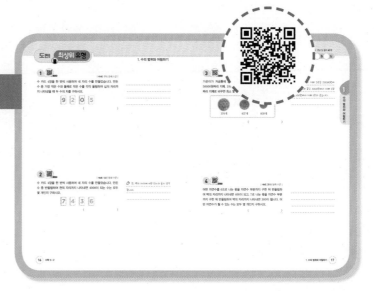

Book2

차례

1

수의 범위와 어림하기

학습 계획표

계획표대로 공부했으면 ○표, 못했으면 △표 하세요.

유형 01 조건을 만족하는 소수

자연수 부분이 1, 소수 둘째 자리 숫자가 3인 소수 두 자리 수 중 1.4 미만인 수 구하기

자연수 부분 ─┐ ┌─ 소수 둘째 자리
1.□3
└─ 모르는 숫자는 □로 놓습니다.

1.□3인 소수 두 자리 수 중 1.4보다 작은 수는

[   ], [   ], [   ], 1.33입니다.

01 자연수 부분이 8, 소수 둘째 자리 숫자가 6인 소수 두 자리 수 중 8.46 미만인 수를 모두 구하시오.

(   )

02 자연수 부분이 4, 소수 첫째 자리 숫자가 3인 소수 두 자리 수 중 4.36 이상인 수를 모두 구하시오.

(   )

03 자연수 부분이 5, 소수 둘째 자리 숫자가 9인 소수 두 자리 수 중 5.2 초과 5.7 이하인 수는 모두 몇 개입니까?

(   )

유형 02 수 카드로 만든 수를 반올림하기

수 카드 3장을 한 번씩만 사용하여 가장 큰 세 자리 수를 만들었습니다. 만든 세 자리 수를 반올림하여 십의 자리까지 나타내기

3   8   7

① 가장 큰 세 자리 수 만들기

⇨ 8>7>3이므로 [   ]입니다.

② 873을 반올림하여 십의 자리까지 나타내기

⇨ 일의 자리 숫자를 알아봅니다.

⇨ 873 ⇨ 873 ⇨ [   ]
        └→ 0

04 수 카드 3장을 한 번씩 사용하여 가장 큰 세 자리 수를 만들었습니다. 만든 수를 반올림하여 십의 자리까지 나타내시오.

6   5   9

(   )

05 수 카드 4장을 한 번씩 사용하여 가장 큰 네 자리 수를 만들고, 만든 수를 반올림하여 백의 자리까지 나타내시오.

7   6   1   8

가장 큰 네 자리 수

(   )

반올림하여 백의 자리까지 나타낸 수

(   )

QR 코드를 찍어 **동영상 특강**을 보세요.

유형 **03** 어떤 자연수 구하기

어떤 자연수에 5를 곱해서 나온 수를 버림하여 십의 자리까지 나타내면 20입니다. 어떤 자연수 모두 구하기

① 버림하여 십의 자리까지 나타내면 20이 되는 자연수의 범위를 구합니다.
  ⇨ 20부터 29까지의 자연수입니다.
② 구한 수의 범위 안에 있는 자연수 중 5의 배수를 구합니다.
  ⇨ 20, ☐
③ 5로 나누어 어떤 자연수를 모두 구합니다.
  ⇨ 20÷5=☐, 25÷5=☐

06 어떤 자연수에 4를 곱해서 나온 수를 버림하여 십의 자리까지 나타내면 30입니다. 어떤 자연수를 모두 구하시오.

( )

07 어떤 자연수에 3을 곱해서 나온 수를 올림하여 십의 자리까지 나타내면 50입니다. 어떤 자연수를 모두 구하시오.

( )

유형 **04** 새 교과서에 나온 활동 유형

08 우리나라 수도 요금은 상수도 기본요금＋상수도 요금＋하수도 요금＋물 이용 부담금입니다. 물 사용량이 40 t일 때 수도 요금표를 보고 계산하면 다음과 같습니다.

[수도 요금표]

구분	물 사용량(t)	단가(원)
상수도 기본요금		1080
상수도	30 이하	360
	30 초과 50 이하	550
	50 초과	790
하수도	30 이하	400
	30 초과 50 이하	930
	50 초과	1420
물 이용 부담금	1 t당	170

⇨ 물 사용량이 40 t=30 t＋10 t이므로
 (상수도 기본요금)=1080원,
 (상수도 요금)=(30×360＋10×550)원,
 (하수도 요금)=(30×400＋10×930)원,
 (물 이용 부담금)=(40×170)원입니다.

물 사용량이 65 t일 때 수도 요금은 얼마인지 구하시오.

(1) 상수도 요금은 몇 원입니까?
( )

(2) 하수도 요금은 몇 원입니까?
( )

(3) 수도 요금은 몇 원입니까?
( )

유형 01 수직선에 나타낸 수의 범위 이용하기

01 20이 포함되지 <u>않는</u> 수의 범위를 나타내는 수직선을 찾아 기호를 쓰시오.

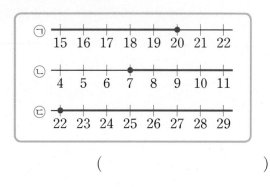

( )

02 수직선에 나타낸 수의 범위에 포함되는 두 자리 수는 모두 몇 개입니까?

41   42   43   44   45   46

( )

03 수직선 2개에 나타낸 수의 범위에 모두 포함되는 자연수는 모두 몇 개인지 구하시오.

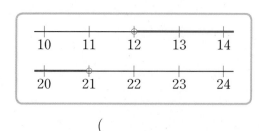

( )

유형 02 수의 범위에 알맞은 자연수

04 ☐ 안에 이상, 이하, 초과, 미만 중 알맞은 말을 써넣으시오.

24, 25, 26, 27, 28, 29, 30

⇨ 23 ☐ 31 ☐ 인 자연수

05 87 초과인 수 중에서 두 자리 수는 모두 몇 개입니까?

( )

06 30 미만인 자연수 중 2로 나누어떨어지고 3으로도 나누어떨어지는 수를 모두 쓰시오.

( )

QR 코드를 찍어 **동영상 특강**을 보세요.

1

수의 범위와 어림하기

유형 03 조건을 만족하는 자연수(1)

07 \조건/을 만족하는 자연수를 모두 구하시오.

> \조건/
> • 15 이상 23 미만인 수입니다.
> • 올림하여 십의 자리까지 나타내면 30입니다.

(　　　　　　)

08 \조건/을 만족하는 자연수를 모두 구하시오.

> \조건/
> • 29 초과 45 이하인 수입니다.
> • 버림하여 십의 자리까지 나타내면 40입니다.

(　　　　　　)

09 \조건/을 만족하는 자연수를 모두 구하시오.

> \조건/
> • 59 이상 75 이하인 수입니다.
> • 반올림하여 십의 자리까지 나타내면 60입니다.

(　　　　　　)

유형 04 조건을 만족하는 자연수(2)

10 \조건/을 만족하는 자연수를 구하시오.

> \조건/
> • 올림하여 백의 자리까지 나타내면 500입니다.
> • 버림하여 백의 자리까지 나타내면 500입니다.

(　　　　　　)

11 \조건/을 만족하는 자연수를 모두 구하시오.

> \조건/
> • 올림하여 십의 자리까지 나타내면 460입니다.
> • 반올림하여 십의 자리까지 나타내면 450입니다.

(　　　　　　)

12 \조건/을 만족하는 자연수는 모두 몇 개입니까?

> \조건/
> • 올림하여 백의 자리까지 나타내면 700입니다.
> • 버림하여 백의 자리까지 나타내면 600입니다.
> • 반올림하여 백의 자리까지 나타내면 700입니다.

(　　　　　　)

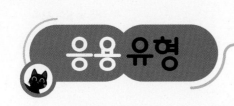
수직선에 나타낸 수의 범위 이용하기(1)

01 ❶수직선에 나타낸 수의 범위에 / ❷포함되는 자연수는 모두 5개입니다. / ❸㉠에 알맞은 자연수를 구하시오.

(   )

❶ 수직선에 나타낸 수의 범위를 구합니다.
❷ ❶에서 구한 수의 범위에 들어가는 자연수 5개를 작은 수부터 차례로 씁니다.
❸ ㉠에 알맞은 자연수를 구합니다.

수 카드로 만든 수 중 조건에 맞는 수

02 ❶수 카드 3장을 한 번씩 사용하여 만들 수 있는 한 자리 수, 두 자리 수, 세 자리 수 중 / ❷18 이상인 수는 모두 몇 개인지 구하시오.

(   )

❶ 수 카드 1장, 2장, 3장을 각각 한 번씩 사용하여 만들 수 있는 한 자리 수, 두 자리 수, 세 자리 수를 각각 구합니다.
❷ ❶에서 구한 수 중 18 이상인 수를 알아봅니다.

수의 범위에 알맞은 자연수 구하기

03 ❶\조건/을 만족하는 자연수 / ❷㉮와 ㉯의 합을 구하시오.

❶
\조건/
• 25 초과 ㉮ 이하인 자연수는 7개입니다.
• 25 이상 ㉯ 미만인 자연수는 5개입니다.

(   )

❶ 조건을 만족하는 자연수 ㉮와 ㉯를 각각 구합니다.
❷ ❶에서 구한 ㉮와 ㉯의 합을 구합니다.

수직선에 나타낸 수의 범위 이용하기(2)

04 ①수직선에 나타낸 수의 범위에 포함되는 자연수 중 / ②4로 나누어떨어지는 수는 모두 4개입니다. / ③㉠이 될 수 있는 자연수를 모두 구하시오.

(　　　　　　　　)

① 수직선에 나타낸 수의 범위를 구합니다.
② ①에서 구한 수의 범위에 들어가는 수 중 4로 나누어떨어지는 수 4개를 작은 수부터 차례로 씁니다.
③ ㉠에 알맞은 자연수를 모두 구합니다.

□ 안에 들어갈 수 있는 수 구하기

05 ①다음 네 자리 수를 올림하여 백의 자리까지 나타낸 수와 / ②반올림하여 백의 자리까지 나타낸 수가 같습니다. / ③□ 안에 들어갈 수 있는 수를 모두 구하시오.

(　　　　　　　　)

① 올림하여 백의 자리까지 나타낸 수를 구하여 □ 안에 들어갈 수 있는 수를 구합니다.
② 반올림하여 백의 자리까지 나타낸 수와 ①에서 구한 수가 같도록 □ 안에 들어갈 수 있는 수를 구합니다.
③ ①과 ②의 □ 안에 공통으로 들어갈 수 있는 수를 구합니다.

조건을 만족하는 세 자리 수 만들기

06 ②수 카드 4장 중 3장을 골라 한 번씩 사용하여 세 자리 수를 만들었습니다. / 만든 세 자리 수를 ①반올림하여 백의 자리까지 나타내면 500이 됩니다. / ②만든 세 자리 수를 모두 구하시오.

(　　　　　　　　)

① 반올림하여 백의 자리까지 나타내면 500이 되는 수의 범위를 구합니다.
② 수 카드 4장 중 3장을 골라 한 번씩 사용하여 만들 수 있는 세 자리 수가 ①에서 구한 수의 범위 안에 들어갈 수 있는 경우만 알아봅니다.

07 100원짜리 동전이 57개 있습니다. 이것을 1000원짜리 지폐로 바꾸면 최대 몇 장까지 바꿀 수 있는지 구하시오.

(   )

수직선에 나타낸 수의 범위 이용하기(1)

08 수직선에 나타낸 수의 범위에 포함되는 자연수는 모두 8개입니다. ㉠에 알맞은 자연수를 구하시오.

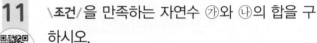

    13   ㉠

(   )

수 카드로 만든 수 중 조건에 맞는 수

09 수 카드 3장을 한 번씩 사용하여 만들 수 있는 한 자리 수, 두 자리 수, 세 자리 수 중 59 이상인 수는 모두 몇 개인지 구하시오.

(   )

10 두 자리 수에서 십의 자리 숫자는 2 초과 4 이하이고, 일의 자리 숫자는 5 이상 8 미만입니다. 이 두 자리 수를 모두 구하시오.

(   )

수의 범위에 알맞은 자연수 구하기

11 조건을 만족하는 자연수 ㉮와 ㉯의 합을 구하시오.

┌ **조건** ┐
• 25 초과 ㉮ 미만인 자연수는 10개입니다.
• 30 이상 ㉯ 이하인 자연수는 6개입니다.

(   )

12 어떤 자연수에 20을 더한 값을 버림하여 십의 자리까지 나타내면 100입니다. 어떤 자연수가 될 수 있는 수 중 가장 큰 수는 얼마입니까?

(   )

수직선에 나타낸 수의 범위 이용하기(2)

13 수직선에 나타낸 수의 범위에 포함되는 자연수 중 6으로 나누어떨어지는 수는 모두 7개입니다. ㉠이 될 수 있는 자연수를 모두 구하시오.

36 ㉠

(   )

14 어떤 자연수를 반올림하여 십의 자리까지 나타내면 250이 되고, 반올림하여 백의 자리까지 나타내면 200이 됩니다. 어떤 자연수가 될 수 있는 수의 범위를 이상과 미만을 사용하여 나타내시오.

(   )

□ 안에 들어갈 수 있는 수 구하기

15 다음 네 자리 수를 올림하여 천의 자리까지 나타낸 수와 반올림하여 천의 자리까지 나타낸 수가 같습니다. □ 안에 들어갈 수 있는 수를 모두 구하시오.

8 □ 43

(   )

16 \조건/을 만족하는 가장 큰 자연수를 구하시오.

\조건/
㉠ 6000 이상 8000 미만인 수입니다.
㉡ 천의 자리 숫자는 백의 자리 숫자보다 3만큼 더 큽니다.
㉢ 십의 자리 숫자는 6 초과 8 미만인 수입니다.
㉣ 올림하여 천의 자리까지 나타내면 8000입니다.

(   )

조건을 만족하는 세 자리 수 만들기

17 수 카드 4장 중 3장을 골라 한 번씩 사용하여 세 자리 수를 만들었습니다. 만든 세 자리 수를 반올림하여 백의 자리까지 나타내면 600이 됩니다. 만든 세 자리 수를 모두 구하시오.

(   )

18 어떤 자연수를 4로 나눈 몫을 자연수 부분까지 구한 뒤 올림하여 십의 자리까지 나타내면 50이 되고, 6으로 나눈 몫을 자연수 부분까지 구한 뒤 버림하여 십의 자리까지 나타내면 30이 됩니다. 어떤 자연수가 될 수 있는 수는 모두 몇 개입니까?

(   )

1
수의 범위와 어림하기

사고력 유형

1 등고선은 지도에서 높이가 같은 곳을 선으로 이어 땅의 높낮이를 나타낸 것입니다. 가, 나, 다는 모두 ㉠ m 이하인 높이입니다. ㉠ 에 알맞은 가장 작은 자연수를 구하시오.

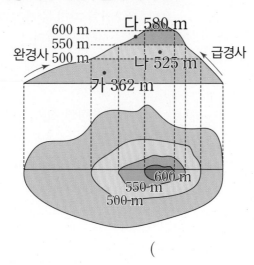

5, 7, 10
⇨ 10 이하인 자연수
⇨ 13 이하인 자연수

(   )

2 편의점에서 과자 3봉지를 모두 사려고 합니다. 과자의 값을 모두 1000원짜리 지폐로 계산한다면 최소 몇 장을 내야 하는지 구하 시오.

2500원   1800원   3000원

(   )

문제 해결

3

마트에서 물건을 구입한 금액에 따른 주차 요금표입니다.

[주차 요금표]

최초 30분 무료 (초과시 10분에 500원)	
1만 원 이상 3만 원 미만	1시간 무료
3만 원 이상 5만 원 미만	2시간 무료
5만 원 이상 10만 원 미만	3시간 무료
10만 원 이상	5시간 무료

상혁이 어머니가 마트에 주차를 한 뒤 1시간 30분 동안 마트에서 물건을 구입하려고 카트에 담은 물건값이 25000원입니다. 5분 뒤 마트에서 나갈 때 주차 요금을 내지 않기 위해 카트에 더 담아야 하는 최소 물건값은 얼마입니까?

(   )

창의 · 융합

4

어느 날의 환율입니다. 우리나라 돈 350000원으로 최대 몇 유로 까지 바꿀 수 있습니까?

 =

1유로

(   )

1300원보다 적은 돈은 1유로로 바꿀 수 없습니다.

1

| HME 17번 문제 수준 |

수 카드 4장을 한 번씩 사용하여 네 자리 수를 만들었습니다. 만든 수 중 가장 작은 수와 둘째로 작은 수를 각각 올림하여 십의 자리까지 나타냈을 때 두 수의 차를 구하시오.

(   )

2

| HME 18번 문제 수준 |

수 카드 4장을 한 번씩 사용하여 네 자리 수를 만들었습니다. 만든 수 중 반올림하여 천의 자리까지 나타내면 4000이 되는 수는 모두 몇 개인지 구하시오.

| 7 | 4 | 3 | 6 |

(   )

◇ 천, 백의 자리에 어떤 숫자가 올지 생각합니다.

3

| HME 19번 문제 수준 |

가은이가 저금통에 모은 동전이 다음과 같습니다. 모은 동전을 50000원짜리 지폐, 10000원짜리 지폐, 5000원짜리 지폐, 1000원짜리 지폐로 바꾸면 최소 몇 장까지 바꿀 수 있는지 구하시오.

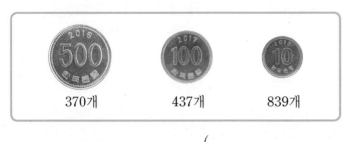

370개　　　　437개　　　　839개

(　　　　　　　　　)

 10000원짜리 지폐 5장은 50000원짜리 지폐 1장과 같고, 1000원짜리 지폐 5장은 5000원짜리 지폐 1장과 같습니다.

4

| HME 20번 문제 수준 |

어떤 자연수를 6으로 나눈 몫을 자연수 부분까지 구한 뒤 반올림하여 백의 자리까지 나타내면 400이 되고, 7로 나눈 몫을 자연수 부분까지 구한 뒤 반올림하여 백의 자리까지 나타내면 300이 됩니다. 어떤 자연수가 될 수 있는 수는 모두 몇 개인지 구하시오.

(　　　　　　　　　)

어림하기를 잘 못해 부른 사고들!

시민 안전 의식 부족이 승강기 사고 주원인

인원 초과 승강기 사고, 마지막 탑승자도 책임 있어.

최씨 등 10명은 지난 2005년 4월 건물 4층에서 승강기를 타고 1층으로 내려 가던 중 3층에서 사람들의 만류에도 불구하고 이씨가 조카를 업고 타 정원이 초과 됐다. 이 승강기는 1층으로 내려가다 추락 사고를 당했다. 그러나 당시 이 승강기는 정원 초과 비상벨이 울리지 않은 것으로 알려졌다.

재판부는 "승강기의 탑승 중량은 645 kg으로 적재 하중을 초과한 상태였는데도 비상벨이 울리지 않고 내려가는 바람에 사고가 났기 때문에 유지 보수 계약상의 의무 불이행 책임으로서 피고들은 원고들이 입은 손해를 배상할 책임이 있다."고 판결했다.

뿐만 아니라 "이씨가 조카를 업고 타려고 하자 정원 초과를 우려해 나머지 사람들이 만류했는데도 불구하고 무리하게 탑승해 사고를 발생, 확대한 책임이 이씨에게 있다."며 사고의 20 %의 책임을 지도록 했다.

위의 내용은 신문에서 가끔 볼 수 있는 승강기 사고에 대한 기사예요.
승강기의 탑승 인원이 제한되어 있는데도 불구하고 탑승 인원을 초과하여 사고를 부른 경우이지요. 수의 어림하기에서 버림을 잘 못해 벌어진 사고라고 할 수 있어요.
마지막에 탄 이씨가 버림을 잘했더라면 이런 사고는 일어나지 않았겠지요.

의외로 이런 사고는 아주 많아요. 승강기뿐만 아니라 자동차, 배 사고 중에도 무리하게 초과하여 탑승한 것이 화근이 되어 큰 사고를 만든 경우가 많지요.
이처럼 버림, 올림, 반올림은 우리 생활 안에서 안전을 유지하게 하기도 하고 편리성을 주기도 한답니다.

2

분수의 곱셈

유형 01 분수의 혼합 계산

계산 순서: (　　) ⇨ × ⇨ +, −

$$\frac{2}{3}\times\left(\frac{1}{2}+\frac{1}{4}\right)=\overset{1}{\underset{1}{\frac{2}{3}}}\times\overset{3}{\underset{2}{\frac{3}{4}}}=\frac{1}{\boxed{}}$$

01 계산을 하시오.

(1) $\dfrac{2}{7}\times\left(\dfrac{3}{8}+\dfrac{1}{2}\right)$

(2) $\left(\dfrac{7}{10}-\dfrac{1}{5}\right)\times\left(\dfrac{5}{6}+\dfrac{1}{2}\right)$

02 잘못 계산한 것을 찾아 바르게 계산하시오.

$$\frac{3}{8}-\frac{1}{4}\times\frac{2}{3}=\underset{4}{\frac{1}{8}}\times\overset{1}{\frac{2}{3}}=\frac{1}{12}$$

$$\frac{3}{8}-\frac{1}{4}\times\frac{2}{3}$$

03 색칠한 부분의 넓이는 몇 cm^2인지 하나의 식을 쓰고 답을 구하시오.

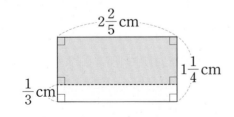

[식]

[답]

유형 02 ■와 ■×▲의 크기 비교

■×▲의 계산 결과는 ▲가 1보다 작으면 ■보다 작아지고, ▲가 1보다 크면 ■보다 커집니다.

▲ $<$ 1 ⇨ ■ × ▲ $<$ ■

▲ $>$ $\boxed{}$ ⇨ ■ × ▲ $\bigcirc$ ■

04 ○ 안에 >, =, <를 알맞게 써넣으시오.

(1) $1\dfrac{2}{3}$ $\bigcirc$ $1\dfrac{2}{3}\times\dfrac{5}{6}$

(2) $\dfrac{7}{8}\times3\dfrac{1}{2}$ $\bigcirc$ $\dfrac{7}{8}$

05 작은 것부터 차례로 기호를 쓰시오.

㉠ $7\dfrac{3}{5}\times2\dfrac{1}{4}$　㉡ $7\dfrac{3}{5}\times\dfrac{8}{9}$　㉢ $7\dfrac{3}{5}$

(　　　　　　　　　)

06 ○ 안에 >, =, <를 알맞게 써넣으시오.

$3\dfrac{1}{3}$ $\bigcirc$ $3\dfrac{1}{3}\times\dfrac{2}{3}\times\dfrac{1}{2}$

QR 코드를 찍어 **동영상 특강**을 보세요.

2

분수의 곱셈

유형 **03** 수 카드로 만든 분수의 곱 구하기

수 카드 **1** , **2** , **3** , **4** , **5** 중 4장을 골라 한 번씩 모두 사용하여 진분수를 2개 만들었을 때 만든 진분수의 가장 작은 곱 구하기

분자에 작은 수 2개 ← $\dfrac{1 \times 2}{5 \times \boxed{}} = \dfrac{1}{\boxed{}}$
분모에 큰 수 2개 ←

07 수 카드 4장을 한 번씩 모두 사용하여 진분수를 2개 만들었습니다. 만든 진분수의 가장 작은 곱은 얼마입니까?

1 **3** **4** **6**

( )

08 수 카드 5장 중 4장을 골라 한 번씩 모두 사용하여 진분수를 2개 만들었습니다. 만든 진분수의 가장 작은 곱은 얼마입니까?

5 **6** **7** **8** **9**

( )

09 수 카드 **2** , **4** , **5** 를 한 번씩 모두 사용하여 대분수를 만들었습니다. 만든 대분수 중 가장 큰 수와 가장 작은 수의 곱을 구하시오.

( )

유형 **04** 새 교과서에 나온 활동 유형

[10~11] 태양계 행성에서 물체를 당기는 힘은 행성마다 다르기 때문에 각 행성에서 우리의 몸무게는 달라집니다. 지구에서 물체를 당기는 힘을 1이라고 할 때 각 행성에서 물체를 당기는 힘은 다음과 같습니다. 물음에 답하시오.

수성	금성	지구	화성
$\dfrac{19}{50}$	$\dfrac{91}{100}$	1	$\dfrac{19}{50}$

목성	토성	천왕성	해왕성
$2\dfrac{37}{100}$	$\dfrac{47}{50}$	$\dfrac{89}{100}$	$1\dfrac{11}{100}$

10 지구에서 상혁이의 몸무게는 70 kg입니다. 수성에서 상혁이의 몸무게는 몇 kg입니까?

( )

11 지구에서 가은이의 몸무게는 45 kg입니다. 목성에서 가은이의 몸무게는 몇 kg입니까?

( )

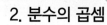

유형 01 길이의 분수만큼 구하기

01 ☐ 안에 알맞은 수를 써넣으시오.

(1) 2 cm의 $\frac{3}{5}$은 ☐ mm입니다.

(2) 3 cm의 $\frac{5}{6}$는 ☐ mm입니다.

02 ☐ 안에 알맞은 수를 써넣으시오.

(1) 2 m의 $\frac{7}{40}$은 ☐ cm입니다.

(2) 3 m의 $1\frac{19}{50}$는 ☐ cm입니다.

03 ☐ 안에 알맞은 수를 써넣으시오.

(1) 4 km의 $\frac{91}{250}$은 ☐ m입니다.

(2) 0.6 km의 $1\frac{47}{75}$은 ☐ m입니다.

유형 02 도형의 넓이 구하기

04 직사각형의 넓이는 몇 m²입니까?

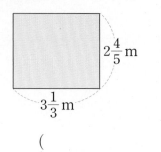

( )

05 평행사변형의 넓이는 몇 cm²입니까?

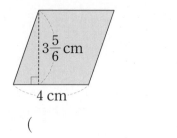

( )

06 색칠한 도형의 넓이는 몇 cm²입니까?

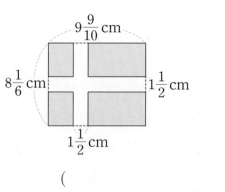

( )

QR 코드를 찍어 **동영상 특강**을 보세요.

유형 03 □ 안에 들어갈 수 있는 자연수

07 □ 안에 들어갈 수 있는 자연수는 모두 몇 개입니까?

$$\frac{5}{6} \times \frac{1}{3} < \frac{\square}{18} < \frac{11}{16} \times \frac{8}{9}$$

( )

08 □ 안에 들어갈 수 있는 자연수는 모두 몇 개인지 구하시오.

$$1\frac{7}{10} \times 15 < \square < 2\frac{13}{15} \times 12$$

( )

09 □ 안에 들어갈 수 있는 자연수를 모두 구하시오.

$$4\frac{3}{8} \times \frac{4}{15} < \square < \frac{14}{15} \times 6\frac{6}{7}$$

( )

유형 04 어떤 수의 분수만큼 구하기

10 어떤 수는 81의 $\frac{2}{9}$입니다. 어떤 수의 $2\frac{5}{6}$는 얼마입니까?

( )

11 어떤 수에 $\frac{5}{6}$를 곱해야 하는데 잘못하여 더했더니 $4\frac{1}{3}$이 되었습니다. 바르게 계산한 값을 구하시오.

( )

12 어떤 수에 $1\frac{1}{5}$을 곱해야 할 것을 잘못하여 뺐더니 $3\frac{7}{40}$이 되었습니다. 바르게 계산한 값을 구하시오.

( )

2

분수의 곱셈

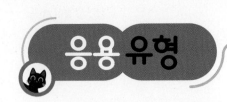

단위분수의 분모 구하기

01 ^❷▲는 같은 수를 나타냅니다. ▲에 알맞은 자연수를 모두 구하시오.

$$❶\frac{1}{4}\times\frac{1}{5}>\frac{1}{\blacktriangle}\times\frac{1}{\blacktriangle}>\frac{1}{6}\times\frac{1}{7}$$

(   )

❶ 단위분수끼리의 곱셈을 각각 계산합니다.
❷ 단위분수의 크기를 비교하여 분모의 범위를 알아봅니다.

1 L의 분수만큼 구하기

02 ^❶운동을 하고 마신 물의 양은 1 L의 $\frac{2}{5}$입니다. / ^❷마신 물은 몇 mL입니까?

(   )

❶ 1 L=1000 mL임을 이용합니다.
❷ 1000 mL의 $\frac{2}{5}$를 구합니다.

24시간의 분수만큼 구하기

03 ^❶영아는 하루 24시간 중 $\frac{1}{3}$을 학교와 학원에서 생활하며 / ^❷그중 $\frac{1}{2}$은 공부를 합니다. 영아가 하루에 학교와 학원에서 공부하는 시간은 몇 시간입니까?

(   )

❶ 하루 24시간의 $\frac{1}{3}$을 구합니다.
❷ ❶에서 구한 시간의 $\frac{1}{2}$을 구합니다.

전체의 진분수만큼 구하기

04 ❶민혁이는 물 한 통을 사서 산을 올라갈 때 전체의 $\frac{3}{5}$을 마시고, / ❷내려올 때는 올라갈 때 마시고 남은 것의 $\frac{1}{3}$을 마셨습니다. / ❸산을 내려올 때 마신 물은 전체의 몇 분의 몇입니까?

(   )

❶ 산을 올라갈 때 마신 물은 전체의 $\frac{3}{5}$입니다.

❷ 산을 올라갈 때 마시고 남은 물은 전체의 $1-\frac{3}{5}$이고 이것의 $\frac{1}{3}$은 산을 내려올 때 마셨습니다.

❸ 분수의 곱셈을 계산합니다.

세 분수의 곱셈으로 구하기

05 ❶미소네 밭의 $\frac{4}{9}$에는 뿌리채소를 심었고, 나머지 밭에는 잎줄기채소를 심었습니다. / ❷잎줄기채소를 심은 밭의 $\frac{1}{4}$에는 상추를 심었고, / ❸상추를 심은 밭의 $\frac{3}{5}$에서 상추를 뽑았다면 현재 상추가 심어져 있는 밭은 전체의 몇 분의 몇인지 하나의 곱셈식을 쓰고 답을 구하시오.

[식]

[답]

❶ (뿌리채소를 심은 밭)
　＝미소네 밭의 $\frac{4}{9}$
　(잎줄기채소를 심은 밭)
　＝미소네 밭의 $\left(1-\frac{4}{9}\right)$

❷ (상추를 심은 밭)
　＝잎줄기채소를 심은 밭의 $\frac{1}{4}$

❸ (현재 상추가 심어져 있는 밭)
　＝상추를 심은 밭의 $\left(1-\frac{3}{5}\right)$

전체의 대분수만큼 구하기

06 ❶지난달 윤주와 선호의 몸무게는 각각 $34\frac{5}{13}$ kg, / ❷$41\frac{1}{3}$ kg이었습니다. / ❶이번 달에 몸무게를 재어 보니 지난달보다 윤주는 $\frac{1}{12}$만큼 늘었고, / ❷선호는 $\frac{1}{10}$만큼 줄었습니다. / ❸이번 달에는 누가 더 무겁습니까?

(   )

❶ (이번 달 윤주의 몸무게)
　＝(지난달 윤주의 몸무게)$\times\left(1+\frac{1}{12}\right)$

❷ (이번 달 선호의 몸무게)
　＝(지난달 선호의 몸무게)$\times\left(1-\frac{1}{10}\right)$

❸ ❶과 ❷에서 구한 두 수 중 더 큰 수를 알아봅니다.

07 □ 안에 들어갈 수 있는 가장 작은 자연수는 얼마입니까?

$$4 \times 2\frac{3}{8} < \square \frac{1}{3}$$

(   )

단위분수의 분모 구하기

08 ●는 모두 같은 수입니다. ●에 알맞은 자연수를 모두 구하시오.

$$\frac{1}{5} \times \frac{1}{6} > \frac{1}{●} \times \frac{1}{●} > \frac{1}{8} \times \frac{1}{9}$$

(   )

1 L의 분수만큼 구하기

09 아침을 먹고 마신 보리차는 1 L의 $\frac{1}{4}$이고, 점심을 먹고 마신 보리차는 1 L의 $\frac{7}{25}$입니다. 아침과 점심에 마신 보리차는 모두 몇 mL입니까?

(   )

10 두 직사각형 ㉮와 ㉯ 중 넓이가 더 넓은 것은 어느 것입니까?

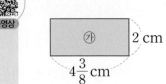

(   )

24시간의 분수만큼 구하기

11 상혁이는 하루 24시간 중 $\frac{1}{2}$을 놀며 그중 $\frac{5}{6}$는 게임을 합니다. 상혁이가 하루에 게임하는 시간은 몇 시간입니까?

(   )

12 □ 안에 들어갈 수 있는 자연수를 모두 구하시오.

$$1\frac{3}{5} \times 2\frac{5}{8} > \square\frac{2}{11}$$

(   )

QR 코드를 찍어 **유사 문제**를 보세요.

전체의 진분수만큼 구하기

13 정호는 가지고 있는 색종이의 $\frac{4}{7}$를 사용하여 카네이션을 만들고, 카네이션을 만들고 남은 색종이의 $\frac{5}{6}$를 사용하여 카드를 만들었습니다. 카드를 만드는 데 사용한 색종이는 처음 가지고 있던 색종이의 몇 분의 몇입니까?

(   )

14 기동이는 자전거로 한 시간에 $12\frac{3}{8}$ km를 달린다고 합니다. 같은 빠르기로 3시간 20분 동안 달리면 몇 km를 갈 수 있습니까?

(   )

15 그림은 어떤 직사각형의 $\frac{3}{5}$입니다. 크기가 $\frac{3}{5}$인 직사각형을 이용하여 크기가 1인 원래 직사각형을 그려 보시오.

$\Rightarrow$

세 분수의 곱셈으로 구하기

16 연주네 밭의 $\frac{3}{8}$에는 뿌리채소를 심었고, 나머지 밭에는 잎줄기채소를 심었습니다. 잎줄기채소를 심은 밭의 $\frac{1}{5}$에는 상추를 심었고, 상추를 심은 밭의 $\frac{5}{7}$에서 상추를 뽑았다면 현재 상추가 심어져 있는 밭은 전체의 몇 분의 몇인지 하나의 곱셈식을 쓰고 답을 구하시오.

[식]

    [답] _____

17 방앗간에서 인절미를 한 시간에 $20\frac{1}{5}$ kg씩 2시간 45분 동안 만들었고, 가래떡을 한 시간에 $15\frac{4}{9}$ kg씩 3시간 36분 동안 만들었습니다. 무엇을 더 많이 만들었습니까?

(   )

전체의 대분수만큼 구하기

18 지난달 정표와 원석이의 몸무게는 각각 $33\frac{1}{18}$ kg, $41\frac{1}{4}$ kg이었습니다. 이번 달에 몸무게를 재어 보니 지난달보다 정표는 $\frac{1}{14}$만큼 늘었고, 원석이는 $\frac{1}{9}$만큼 줄었습니다. 이번 달에는 누가 더 무겁습니까?

(   )

1 승준이는 다음과 같은 이벤트 기간 동안 42골드를 사용하려고 합니다. 승준이는 몇 골드를 되돌려받겠습니까?

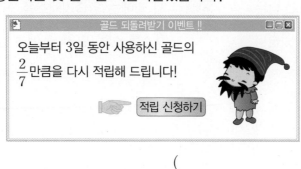

(   )

되돌려받는다.
⇨ 다시 적립해 준다.

2 시작에 $\frac{8}{9}$을 넣었을 때 끝에 나오는 수를 구하시오.

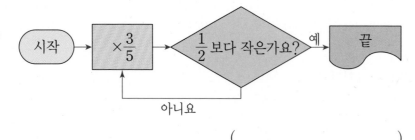

(   )

3

가족 신문을 만들려고 계획을 세우고 있습니다. 가족 신문에서 어머니 이야기는 전체의 몇 분의 몇입니까?

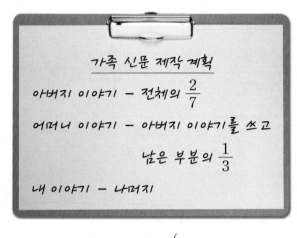

가족 신문 제작 계획

아버지 이야기 – 전체의 $\frac{2}{7}$

어머니 이야기 – 아버지 이야기를 쓰고 남은 부분의 $\frac{1}{3}$

내 이야기 – 나머지

(   )

아버지 이야기의 남은 부분은 전체의 $1-\frac{2}{7}$입니다.

2

분수의 곱셈

4

1 L의 휘발유로 $16\frac{1}{6}$ km를 가는 자동차가 있습니다. 이 자동차가 8 L의 휘발유로 갈 수 있는 거리는 몇 km인지 구하시오.

8 L

(   )

1

| HME 17번 문제 수준 |

한 변의 길이가 $7\frac{1}{5}$ cm인 정사각형에서 가로를 $1\frac{3}{4}$배로 늘이고, 세로를 $\frac{5}{8}$배로 줄였습니다. 처음 정사각형과 새로 만든 직사각형 중 어느 도형의 넓이가 몇 cm² 더 넓은지 차례로 구하시오.

$7\frac{1}{5}$ cm

(   ), (   )

▱ ■배로 늘이고 → × ■

▲배로 줄이고 → × ▲

2

| HME 18번 문제 수준 |

다음 식의 계산 결과가 자연수일 때 ㉠이 될 수 있는 두 자리 자연수를 모두 구하시오.

$$\frac{5}{6} \times \frac{4}{15} \times \frac{㉠}{8}$$

(   )

3

| HME 19번 문제 수준 |

그림은 시어핀스키 삼각형으로 정삼각형의 세 변을 모두 똑같이 둘로 나눈 점을 서로 연결하여 가운데 있는 작은 삼각형을 만들어 빼는 것을 반복하는 프랙털입니다. 첫 번째에서 삼각형의 넓이가 $32 \, \text{cm}^2$일 때 네 번째에서 색칠한 부분의 넓이는 몇 cm^2인지 구하시오.

　　　…

첫 번째　　　두 번째　　　세 번째

(　　　　　　　　)

◇ 프랙털이란 작은 구조가 전체 구조와 닮은 형태로 끝없이 되풀이되는 형태를 말합니다.

4

| HME 21번 문제 수준 |

규칙에 따라 수를 순서대로 나열한 것입니다. 6번째 수와 12번째 수의 곱을 구하시오.

$$2\frac{1}{12}, \ 2\frac{2}{3}, \ 3\frac{1}{4}, \ 3\frac{5}{6}, \ \ldots$$

(　　　　　　　　)

분수의 곱셈이 어려웠던 수학자 파치올리!

파치올리(Luca Pacioli)는 이탈리아의 지방에서 태어난 수학자예요. 그는 1445년에 태어나 1514년에 세상을 떠났으니 약 500년 전의 사람인 셈이에요. 그런데 수학자인 파치올리가 분수를 배울 때 분수의 곱셈 때문에 고생한 사실을 아세요?

파치올리는 분수의 곱셈을 배우는데 도저히 이해되지 않는 것이 있었어요. 곱셈을 하면 수가 커져야 하는데 분수의 곱셈은 답이 원래보다 작아지는 거예요.

내가 지은
산술, 기하, 비율 및 비례총람은
수학의 연금술과 같지.

$$\frac{3}{4} \times \frac{2}{3} = \frac{1}{2} \Rightarrow \frac{3}{4} > \frac{2}{3} > \frac{1}{2}$$

파치올리는 결국 화까지 내고 말았어요. 당시 수를 '곱하는 것'은 곧 수가 '커지는 것'이라고 생각했기 때문에 어떤 수도 예외일 수는 없다고 단정 지은 거예요.

친구들 중에는 '파치올리처럼 수학자가 설마 분수의 곱셈 원리를 몰랐다는 거야?'라고 생각할지도 모르겠어요. 그렇다면 파치올리는 죽을 때까지 분수의 곱셈 원리를 이해하지 못하고 만 걸까요?

아니에요. 더 끈질기게 분수의 곱셈 원리를 이해하기 위해 파고들었지요.

파치올리는 정사각형을 이용해 분수의 곱셈 원리를 찾아냈어요. 한 변의 길이가 원래 정사각형의 $\frac{1}{2}$인 정사각형을 만들어서 그 넓이가 원래 넓이의 $\frac{1}{4}$이 된다는 사실을 확인한 거예요. 분수의 곱셈은 답이 원래보다 작아지는 것을 알게 된 거죠.

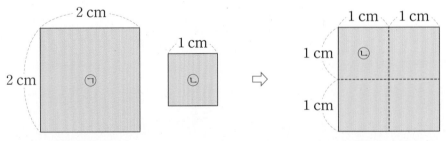

비로소 곱할수록 작아지는 분수의 곱셈 원리를 스스로 찾아내고 이해하게 되었대요.

3

합동과 대칭

유형 01 서로 합동인 도형 만들기

점선을 따라 잘라서 포개었을 때, 잘린 두 도형
이 완전히 겹치면 서로 ☐ 입니다.

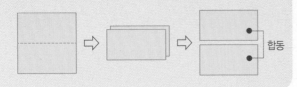

01 정사각형 모양의 색종이를 잘라서 서로 합동인
사각형 3개로 만들어 보시오.

02 직사각형 모양의 색종이를 잘라서 서로 합동인
사각형 4개로 만들어 보시오.

03 직사각형 모양의 색종이를 잘라서 서로 합동인
삼각형 4개로 만들어 보시오.

유형 02 선대칭도형의 둘레

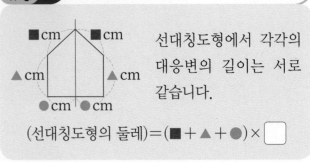

선대칭도형에서 각각의
대응변의 길이는 서로
같습니다.

(선대칭도형의 둘레)=(■＋▲＋●)×☐

[04~06] **직선 ㄱㄴ을 대칭축으로 하는 선대칭도형
입니다. 선대칭도형의 둘레는 몇 cm인지 구하
시오.**

04

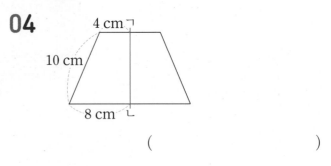

(   )

05

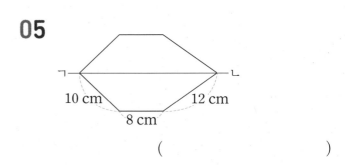

(   )

06

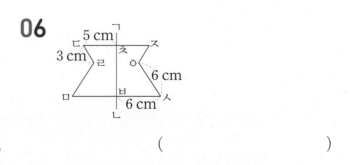

(   )

QR 코드를 찍어 **동영상 특강**을 보세요.

유형 03 점대칭도형의 둘레

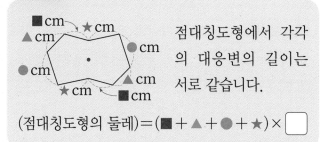

점대칭도형에서 각각의 대응변의 길이는 서로 같습니다.

(점대칭도형의 둘레)=(■+▲+●+★)×□

[07~09] 점 ○을 대칭의 중심으로 하는 점대칭도형입니다. 점대칭도형의 둘레는 몇 cm인지 구하시오.

07

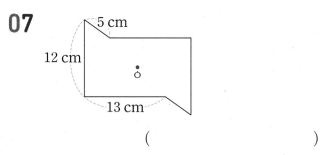

5 cm
12 cm
13 cm

(   )

08

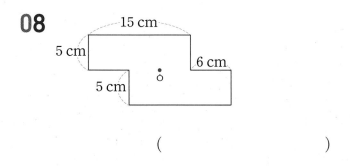

15 cm
5 cm
6 cm
5 cm

(   )

09

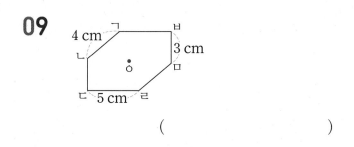

4 cm
3 cm
5 cm
ㄱ ㄴ ㄷ ㄹ ㅁ ㅂ

(   )

유형 04 새 교과서에 나온 활동 유형

[10~12] 휴대 전화에서 메시지를 보낼 때 예쁜 이모티콘(그림말) 눈웃음을 만들어 사용하기도 합니다. 여러 가지 이모티콘을 보고 물음에 답하시오.

1행	*^○^*	♡^_+♡	(●>_<●)
2행	(^+^)	=(^•^)=	♡^^♡
3행	♡^~^♡	(○^^○)	@^0^@
4행	(~>_<~)	@(*_*)@	(*^_^*)

10 1행부터 4행까지 중 모두 선대칭인 이모티콘이 있는 행은 몇 행입니까?

(   )

11 선대칭인 이모티콘은 모두 몇 개입니까?

(   )

12 선대칭이 아닌 이모티콘입니다. 선대칭이 되도록 다시 만들어 보시오.

♡^_+♡ ⇨ □

3 합동과 대칭

유형 01 합동인 도형에서 대응변과 길이

01 오른쪽 평행사변형에 대각선 ㄴㄹ을 그었더니 서로 합동인 삼각형 2개가 만들어졌습니다. 변 ㄱㄹ의 대응변을 찾아 쓰시오.

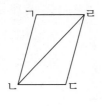

( )

02 두 직사각형은 서로 합동입니다. 직사각형 ㅁㅂㅅㅇ의 넓이는 몇 cm²입니까?

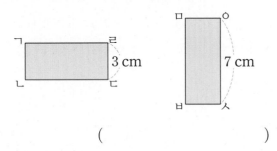

( )

03 두 이등변삼각형은 서로 합동입니다. 이등변삼각형 ㄱㄴㄷ의 둘레는 몇 cm입니까?

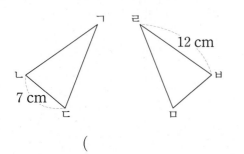

( )

유형 02 합동인 도형에서 대응각의 크기

04 삼각형 ㄱㄴㄷ과 삼각형 ㄹㄴㅁ은 서로 합동입니다. 각 ㅁㅂㄷ의 크기는 몇 도입니까?

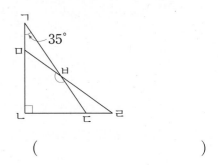

( )

05 직사각형 ㄱㄴㄷㄹ에서 삼각형 ㄱㄴㄹ과 삼각형 ㄴㄱㄷ은 서로 합동입니다. 각 ㄴㅁㄷ의 크기는 몇 도입니까?

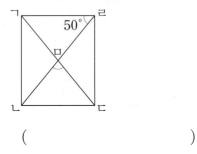

( )

06 직사각형 모양의 종이를 다음과 같이 접었습니다. ㉠의 크기는 몇 도입니까?

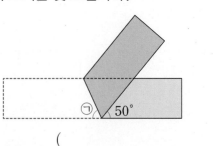

( )

유형 03 선대칭도형도 되고 점대칭도형도 되는 도형

07 선대칭도형도 되고 점대칭도형도 되는 도형을 찾아 기호를 쓰시오.

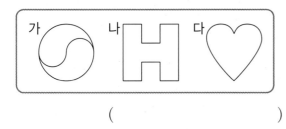

( )

08 선대칭도형도 되고 점대칭도형도 되는 도형을 모두 찾아 기호를 쓰시오.

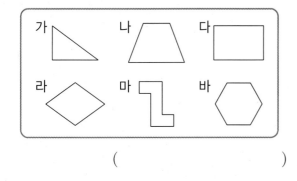

( )

09 선대칭도 되고 점대칭도 되는 숫자를 한 번씩 모두 사용하여 수를 만들려고 합니다. 만들 수 있는 수 중 가장 큰 수와 두 번째로 큰 수의 합을 구하시오.

( )

유형 04 점대칭도형의 활용

10 점 ㅁ을 대칭의 중심으로 하는 점대칭도형입니다. 두 대각선의 길이의 합이 16 cm일 때 선분 ㄱㅁ의 길이는 몇 cm입니까?

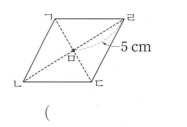

( )

11 점 ㅅ을 대칭의 중심으로 하는 점대칭도형입니다. 선분 ㄷㅁ의 길이는 몇 cm입니까?

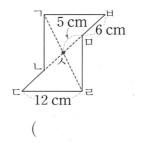

( )

12 정사각형 2개로 이루어진 점대칭도형의 넓이는 몇 cm²입니까?

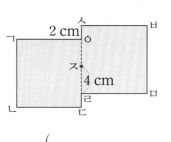

( )

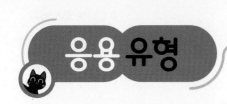

합동인 도형에서 각도 구하기

01 ❷서로 합동인 / ❶두 삼각형을 / ❸한 직선 위에 한 점이 맞닿게 그렸습니다. 각 ㄱㄷㅁ의 크기는 몇 도입니까?

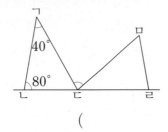

(   )

❶ 삼각형에서 세 각의 크기의 합은 180°입니다.
❷ 서로 합동인 두 도형에서 각각의 대응각의 크기가 서로 같습니다.
❸ 한 직선이 이루는 각은 180°입니다.

선대칭도형에서 각도 구하기

02 ❶삼각형 ㄱㄴㄷ은 선대칭도형 입니다. / ❷각 ㄹㄱㄴ의 크기는 몇 도입니까?

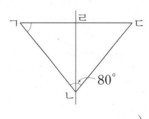

(   )

❶ 선대칭도형에서 각각의 대응각의 크기가 서로 같습니다.
❷ 삼각형에서 세 각의 크기의 합은 180°입니다.

점대칭도형의 넓이 구하기

03 ❶점 ㅈ을 대칭의 중심으로 하는 점대칭도형입니다. / ❷점대칭도형의 넓이는 몇 cm²입니까?

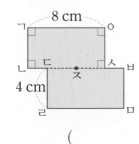

(   )

❶ 점대칭도형에서 각각의 대응변의 길이가 서로 같습니다.
❷ (점대칭도형의 넓이)
= (직사각형 ㄱㄴㅅㅇ의 넓이)×2

완성된 점대칭도형의 둘레 구하기

04 ❶점 ㅇ을 대칭의 중심으로 하는 점대칭도형의 일부분입니다. 점대칭도형을 완성했을 때 / ❷완성된 점대칭도형의 둘레는 몇 cm입니까?

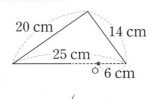

(   )

❶ 대칭의 중심에서 도형의 한 꼭짓점까지의 거리는 다른 대응하는 꼭짓점까지의 거리와 같습니다.
❷ 점대칭도형에서 각각의 대응변의 길이가 서로 같습니다.

완성된 선대칭도형에서 선분의 길이 구하기

05 ❶직선 ㄱㄴ을 대칭축으로 하는 선대칭도형의 일부분입니다. 선대칭도형을 완성했을 때 / ❷완성된 선대칭도형의 둘레가 70 cm였습니다. ◯ 안에 알맞은 수를 써넣으시오.

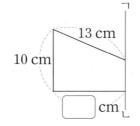

❶ 대응점끼리 이은 선분이 대칭축과 수직으로 만나고 각각의 대응점에서 대칭축까지의 거리가 서로 같습니다.
❷ 선대칭도형에서 각각의 대응변의 길이가 서로 같습니다.

합동인 도형을 찾아 각도 구하기

06 ❶정사각형 모양의 종이를 오른쪽과 같이 접었습니다. / ❷각 ㅁㅂㄷ의 크기는 몇 도입니까?

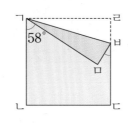

(   )

❶ 서로 합동인 두 도형에서 각각의 대응각의 크기가 서로 같습니다.
❷ 한 직선이 이루는 각은 180°입니다.

3

합동과 대칭

합동인 도형에서 각도 구하기

07 서로 합동인 두 삼각형을 한 직선 위에 한 점이 맞닿게 그렸습니다. 각 ㄱㄷㅁ의 크기는 몇 도입니까?

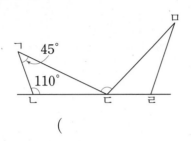

(   )

08 직사각형 모양의 종이를 대각선 ㄱㄷ을 따라 접으면 삼각형 ㄱㄴㅁ과 삼각형 ㄷㅂㅁ은 서로 합동입니다. 직사각형 ㄱㄴㄷㄹ의 둘레는 몇 cm입니까?

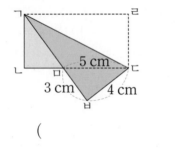

(   )

선대칭도형에서 각도 구하기

09 삼각형 ㄱㄴㄷ은 선대칭도형입니다. 각 ㄹㄱㄴ의 크기는 몇 도입니까?

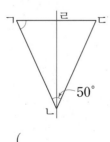

(   )

10 직사각형 모양의 종이를 대각선 ㄴㄹ을 따라 접었습니다. 직사각형 ㄱㄴㄷㄹ의 넓이는 몇 cm²입니까?

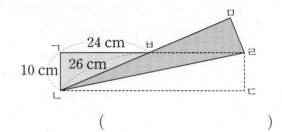

(   )

점대칭도형의 넓이 구하기

11 점 ㅅ을 대칭의 중심으로 하는 점대칭도형입니다. 점대칭도형의 넓이는 몇 cm²입니까?

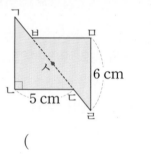

(   )

12 선분 ㄱㄹ을 대칭축으로 하는 선대칭도형입니다. 삼각형 ㄱㄴㄷ의 둘레가 32 cm일 때 선분 ㄴㄹ의 길이는 몇 cm입니까?

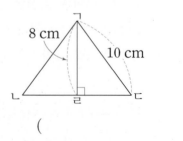

(   )

13 사각형 ㄱㄴㄷㄹ은 선대칭도형입니다. 각 ㅁㄹㄷ 의 크기는 몇 도입니까?

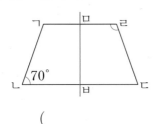

( )

완성된 점대칭도형의 둘레 구하기

14 점 ㅇ을 대칭의 중심으로 하는 점대칭도형의 일부분입니다. 점대칭도형을 완성했을 때 완성된 점대칭도형의 둘레는 몇 cm입니까?

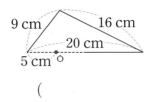

( )

15 점 ㅇ을 대칭의 중심으로 하는 점대칭도형을 완성했을 때 점 ㄱ의 대응점은 점 ㅁ, 점 ㄴ의 대응점은 점 ㄷ, 점 ㄹ의 대응점은 점 ㅂ입니다. 각 ㅂㅁㄹ의 크기는 몇 도입니까? (단, 선분 ㄱㄴ과 선분 ㄹㄷ은 서로 평행합니다.)

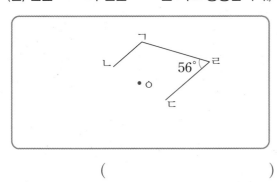

( )

완성된 선대칭도형에서 선분의 길이 구하기

16 직선 ㄱㄴ을 대칭축으로 하는 선대칭도형의 일부분입니다. 선대칭도형을 완성했을 때 완성된 선대칭도형의 둘레가 72 cm였습니다. ☐ 안에 알맞은 수를 써넣으시오.

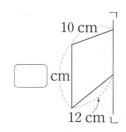

합동인 도형을 찾아 각도 구하기

17 정사각형 모양의 종이를 오른쪽과 같이 접었습니다. 각 ㅁㅂㄷ의 크기는 몇 도입니까?

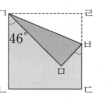

( )

18 6009는 점대칭이 되는 수입니다. 다음 숫자를 사용하여 8008보다 작고 점대칭이 되는 네 자리 수를 만들려고 합니다. 만들 수 있는 수는 모두 몇 개입니까? (단, 같은 숫자를 여러 번 사용할 수 있습니다.)

( )

3 합동과 대칭

1 점대칭도형의 일부분입니다. 점 ㅇ을 대칭의 중심으로 하는 점대칭도형을 완성하면 어떤 문자가 되는지 쓰시오.

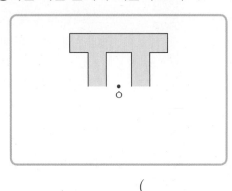

(   )

2 자연에서 찾은 선대칭입니다. 직선 ㅂㅅ이 대칭축일 때 선분 ㄷㄹ과 선분 ㄹㅁ의 길이의 합은 몇 cm입니까?

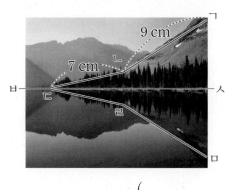

(   )

대응변의 길이는 각각 같습니다.

● 정답 및 풀이 **59**쪽

3

스웨덴 국기와 스위스 국기는 선대칭도형입니다. 두 나라 국기의 대칭축 수의 차는 몇 개입니까?

▲ 스웨덴 　　　　 ▲ 스위스

(　　　　　　　　)

4

별자리 모양에서 삼각형 ㄱㄴㄷ과 삼각형 ㅁㄷㄹ은 서로 합동입니다. 각 ㄱㄷㅁ의 크기는 몇 도입니까? (단, 점 ㄴ, 점 ㄷ, 점 ㄹ은 같은 직선 위에 있습니다.)

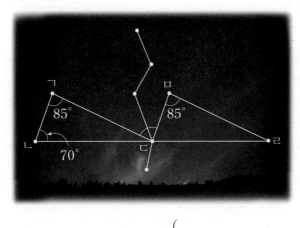

(　　　　　　　　)

3

합동과 대칭

대응각의 크기는 각각 같습니다.

1

| HME 18번 문제 수준 |

크기가 같은 정사각형 6개를 이용하여 만든 모양입니다. 만든 모양의 선을 따라 합동인 도형 2개로 나눌 수 있는 방법은 모두 몇 가지입니까?

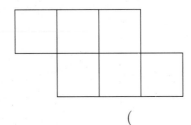

(   )

2

| HME 19번 문제 수준 |

점 ㅇ을 대칭의 중심으로 하는 점대칭도형의 일부입니다. 선분 ㄱㅇ의 길이가 2 cm일 때 완성된 점대칭도형의 둘레는 몇 cm입니까?

대응변의 길이는 각각 같습니다.

19 cm

11 cm

(   )

3

| HME 20번 문제 수준 |

삼각형 ㄱㄴㄷ은 선분 ㄱㄹ을 대칭축으로 하는 선대칭도형이고
삼각형 ㄱㅁㄷ은 선분 ㅁㅂ을 대칭축으로 하는 선대칭도형입니다.
각 ㄴㅁㄷ의 크기는 몇 도입니까?

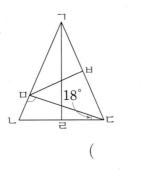

(　　　　　　　　　)

◇ 삼각형에서 세 각의 크기의 합은 180°입
니다.

4

| HME 21번 문제 수준 |

주어진 수 카드를 여러 번 사용하여 점대칭이 되는 수를 만들려고 합
니다. 만들 수 있는 점대칭이 되는 수 중 10000보다 작은 수는 모두
몇 개입니까? (단, 10을 010으로 생각하지 않습니다.)

0 1 2 3 4
5 6 7 8 9

(　　　　　　　　　)

도형의 이동

도형을 이동시키는 방법에는 여러 가지가 있지만 그중에서도 대표적인 것 세 가지를 알아보아요.

첫 번째는 평행 이동이에요.
평행 이동은 도형의 모든 점이 같은 방향, 같은 거리로 이동하는 걸 뜻해요. 같은 방향, 같은 거리로 이동하기 때문에 도형의 모양은 변하지 않고 위치만 바뀌게 되지요.
엘리베이터를 타고 이동한다고 생각하면 이해가 쉬울 거예요.

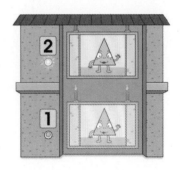

두 번째는 선대칭 이동이에요.
이것은 평평한 거울에 사물을 비출 때 일어나는 도형의 이동으로 평행 이동과 다른 점이 있다면 도형의 방향이 서로 반대가 된다는 점이지요.
거울 앞에 서서 손을 들어 보면 나는 왼손을 들었지만 거울 속의 나는 오른손을 들고 있는 모습을 확인할 수 있을 거예요.

마지막으로 세 번째는 점대칭 이동이에요.
점대칭 이동은 회전목마를 생각하면 이해가 쉬워요. 도형을 한 점을 기준으로 회전시키는 것이지요.

4

소수의 곱셈

유형 01 시간을 소수로 나타내어 계산하기

슬기는 매일 30분씩 운동을 합니다. 슬기가 5일 동안 운동하는 시간은 몇 시간인지 소수로 나타내기

① 30분=$\frac{30}{60}$시간=□시간입니다.

② (5일 동안 운동하는 시간)=□×5
=□(시간)

01 윤경이는 매일 45분씩 공부를 합니다. 윤경이가 3일 동안 공부하는 시간은 몇 시간인지 소수로 나타내시오.

( )

02 공원을 한 바퀴 산책하는 데 36분이 걸립니다. 같은 빠르기로 공원을 4바퀴 산책한다면 몇 시간이 걸리는지 소수로 나타내시오.

( )

03 해수는 매일 1시간 12분씩 수영을 합니다. 해수가 일주일 동안 수영을 하는 시간은 몇 시간인지 소수로 나타내시오.

( )

유형 02 늘린 도형의 넓이 구하기

직사각형의 가로와 세로를 각각 1.5배 늘려 만든 직사각형의 넓이 구하기

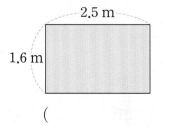

① (만든 직사각형의 가로)
=1.6×1.5=2.4 (m)

② (만든 직사각형의 세로)
=1.2×1.5=□ (m)

③ (만든 직사각형의 넓이)
=(가로)×(세로)
=2.4×□=□ (m²)

04 다음 직사각형의 가로와 세로를 각각 1.4배로 늘려 새로운 직사각형을 만들었습니다. 새로 만든 직사각형의 넓이는 몇 m²입니까?

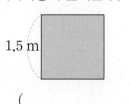

( )

05 다음 정사각형의 가로를 1.8배로 늘리고, 세로를 1.6배로 늘려 새로운 직사각형을 만들었습니다. 새로 만든 직사각형의 넓이는 몇 m²입니까?

1.5 m

( )

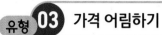

QR 코드를 찍어 **동영상 특강**을 보세요.

유형 **03** 가격 어림하기

1 g당 8.5원인 과자를 300 g 사려고 할 때 3000원으로 과자를 살 수 있는지 구하기

과자 1 g당 약 10원으로 어림하면 300 g의 가격은 $300 \times 10 = 3000$이므로 약 $\boxed{}$원입니다.

⇨ 1 g당 가격이 10원보다 낮으므로 3000원으로 과자를 살 수 (있습니다 , 없습니다).

06 1 g당 9.7원인 과자를 200 g 사려고 합니다. 2000원으로 과자를 살 수 있습니까, 살 수 없습니까?

( )

07 1 g당 10.2원인 과자를 400 g 사려고 합니다. 4000원으로 과자를 살 수 있습니까, 살 수 없습니까?

( )

08 1 mL당 38.7원인 참기름을 300 mL 사려고 합니다. 12000원으로 참기름을 살 수 있습니까, 살 수 없습니까?

( )

유형 **04** 새 교과서에 나온 활동 유형

09 소수의 곱셈을 계산하여 표의 빈칸에 알맞은 말을 써넣고 완성되는 단어를 쓰시오.

3×1.74	0.62×4	1.6×1.1	0.23×1.4	2.58×0.4

$2.48 \rightarrow$ 이 $1.032 \rightarrow$ 림 $1.76 \rightarrow$ 스
$5.22 \rightarrow$ 아 $0.322 \rightarrow$ 크

( )

10 주희가 매장에서 사과주스 0.3 L와 포도주스 0.5 L를 샀습니다. 빈칸에 알맞은 수를 써넣으시오.

사과주스
1 L당 8000원

포도주스
1 L당 9000원

상품	가격(원)
사과주스 0.3 L	
포도주스 0.5 L	
합계(원)	

소수의 곱셈

4

유형 01 계산 결과 비교하기

01 계산 결과가 더 큰 것에 ◯표 하시오.

| 1.42×2.7 | 2.84×1.7 |

(   )   (   )

02 다음 중 계산 결과가 가장 큰 것을 찾아 기호를 쓰시오.

㉠ 4.35×3 ㉡ 2.76×5 ㉢ 3.29×4

(   )

03 미라와 윤호가 각자 가지고 있는 컵에 물을 가 득 채워서 마신다면 하루에 물을 더 많이 마시 는 사람은 누구입니까?

	가지고 있는 컵의 들이	하루에 마시는 횟수
미라	0.24 L	7번
윤호	0.37 L	5번

(   )

유형 02 곱의 소수점 위치의 활용

04 $28 \times 67 = 1876$임을 이용하여 ㉠과 ㉡ 중 더 큰 수를 구하시오.

$2.8 \times ㉠ = 18.76$

$㉡ \times 6.7 = 1.876$

(   )

05 $362 \times 14 = 5068$입니다. ☐ 안에 알맞은 수가 가장 작은 것을 찾아 기호를 쓰시오.

㉠ $3.62 \times \boxed{} = 5.068$

㉡ $36.2 \times \boxed{} = 5.068$

㉢ $3.62 \times \boxed{} = 50.68$

(   )

서술형

06 ☐ 안에 알맞은 수는 얼마인지 풀이 과정을 쓰 고 답을 구하시오.

$1.84 \times 2.3 = \boxed{} \times 0.23$

[풀이]

[답]

4

소수의 곱셈

유형 03 **어떤 수 구하기**

07 ☐ 안에 알맞은 수를 구하시오.

$$☐ ÷ 0.8 = 0.6$$

( )

08 어떤 수를 4.5로 나누었더니 2.4가 되었습니다. 어떤 수는 얼마입니까?

( )

서술형

09 어떤 수에 0.75를 곱해야 할 것을 잘못하여 0.75로 나누었더니 0.8이 되었습니다. 바르게 계산하면 얼마인지 풀이 과정을 쓰고 답을 구하시오.

[풀이]

_____

_____

_____

_____

[답]

_____

유형 04 **굵기가 일정한 막대의 무게 구하기**

10 굵기가 일정한 막대 1 m의 무게가 1.4 kg입니다. 주어진 막대의 무게는 몇 kg입니까?

─── 2 m ───

( )

11 굵기가 일정한 철근 1 m의 무게가 3.6 kg입니다. 이 철근 3.84 m의 무게는 몇 kg입니까?

( )

서술형

12 굵기가 일정한 막대 1 m의 무게가 2 kg입니다. 이 막대 56 cm의 무게는 몇 kg인지 풀이 과정을 쓰고 답을 구하시오.

[풀이]

_____

_____

_____

_____

[답]

_____

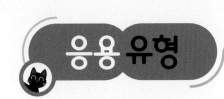

곱의 소수점 위치

01 ❶274×250=68500을 이용하여 / ❷㉠+㉡의 값을 구하시오.

❶ $\left(\begin{array}{l}㉠×2.5=68.5 \\ 27.4×㉡=6.85\end{array}\right.$

(   )

❶ 자연수의 곱셈을 이용하여 소수점을 왼쪽으로 몇 칸 옮겨야 하는지 구합니다.
❷ ❶에서 구한 두 수의 합을 구합니다.

계산 결과가 가장 큰 곱셈식 만들기

02 ❶오른쪽 곱셈식에 다음 3장의 수 카드를 한 번씩 모두 사용하여 계산 결과가 가장 큰 곱셈식을 만들었습니다. / ❷이때의 곱은 얼마입니까?

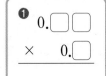

❶ ⎡2⎤ ⎡5⎤ ⎡7⎤

(   )

❶ (몇십몇)×(몇)의 곱셈에서 계산 결과가 가장 크려면 큰 수부터 차례로 오른쪽과 같이 씁니다.
❷ 자연수의 곱셈을 한 다음 곱에 소수점을 찍습니다.

튀어 오른 공의 높이 구하기

03 ❶어떤 공을 떨어뜨리면 떨어진 높이의 0.4만큼 튀어 오릅니다. / ❷이 공을 0.8 m 높이에서 떨어뜨렸을 때 / ❸두 번째로 튀어 오른 높이는 몇 m입니까?

(   )

❶ (공이 튀어 오른 높이)
　=(떨어진 높이)×0.4
❷ (공이 첫 번째로 튀어 오른 높이)
　=(처음 떨어진 높이)×0.4
❸ (공이 두 번째로 튀어 오른 높이)
　=(두 번째로 떨어진 높이)×0.4

4

소수의 곱셈

도형의 넓이의 차

04 ❶평행사변형과 / ❷마름모의 / ❸넓이의 차는 몇 cm²인지 구하시오.

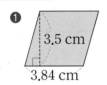
❶ 3.5 cm
3.84 cm

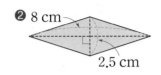
❷ 8 cm
2.5 cm

(   )

❶ (평행사변형의 넓이)
  =(밑변의 길이)×(높이)
❷ (마름모의 넓이)
  =(한 대각선의 길이)
    ×(다른 대각선의 길이)÷2
❸ 두 넓이의 차를 구합니다.

바르게 계산하기

05 ❷어떤 수에 0.8을 곱해야 할 것을 / ❶잘못하여 더했더니 1.43이 되었습니다. / ❸잘못 계산한 값과 바르게 계산한 값의 차를 구하시오.

(   )

❶ 잘못 계산한 식에서 어떤 수를 구합니다.
❷ 바르게 계산을 합니다.
❸ 잘못 계산한 값 1.43과 바르게 계산한 값의 차를 구합니다.

터널의 길이 구하기

06 ❷1분에 2.5 km를 가는 / ❶열차가 터널을 완전히 통과하는 데 / ❷1분 30초가 걸렸습니다. / ❸열차의 길이가 450 m라면 터널의 길이는 몇 km입니까?

(   )

❶ (터널을 완전히 통과할 때까지 열차가 움직인 거리)
  =(터널의 길이)+(열차의 길이)
❷ (열차가 움직인 거리)
  =(1분에 갈 수 있는 거리)×(걸린 시간)
❸ (터널의 길이)
  =(열차가 움직인 거리)−(열차의 길이)

07

곱의 소수점 위치

$540 \times 125 = 67500$을 이용하여 ㉠+㉡의 값을 구하시오.

$$5.4 \times ㉠ = 67.5$$
$$㉡ \times 1.25 = 6.75$$

(   )

08

계산 결과가 가장 큰 곱셈식 만들기

오른쪽 곱셈식에 다음 3장의 수 카드를 한 번씩 모두 사용하여 계산 결과가 가장 큰 곱셈식을 만들었습니다. 이때의 곱은 얼마입니까?

$$\begin{array}{r} 0.\square\square \\ \times\quad 0.\square \\ \hline \end{array}$$

5   6   8

(   )

09

정삼각형 가의 둘레와 정사각형 나의 한 변의 길이가 같습니다. 정사각형 나의 둘레는 몇 cm 입니까?

가   나

2.8 cm △

(   )

10

가로가 35 m, 세로가 0.8 m인 직사각형 모양의 밭이 있습니다. 이 밭의 0.7만큼 고추를 심었다면 고추를 심은 밭의 넓이는 몇 m²입니까?

(   )

11

튀어 오른 공의 높이 구하기

어떤 공을 떨어뜨리면 떨어진 높이의 0.6만큼 튀어 오릅니다. 이 공을 1.5 m 높이에서 떨어뜨렸을 때 두 번째로 튀어 오른 높이는 몇 m입니까?

(   )

12

미술 시간에 윤호는 0.9 m인 색 테이프의 0.4만큼 사용했고 재중이는 0.9 m인 색 테이프의 0.3만큼 사용했습니다. 윤호와 재중이가 사용한 색 테이프의 길이는 모두 몇 m입니까?

(   )

QR 코드를 찍어 **유사 문제**를 보세요.

4 소수의 곱셈

도형의 넓이의 차

13 정사각형과 삼각형의 넓이의 차는 몇 cm²인지 구하시오.

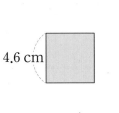

4.6 cm

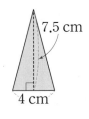

7.5 cm

4 cm

(   )

바르게 계산하기

14 어떤 수에 2.4를 곱해야 할 것을 잘못하여 빼었더니 2.25가 되었습니다. 잘못 계산한 값과 바르게 계산한 값의 차를 구하시오.

(   )

15 다음을 보고 0.2를 50번 곱했을 때 소수 50째 자리 숫자를 구하시오.

$$0.2 = 0.2$$
0.2를 2번 곱함.— $0.2 \times 0.2 = 0.04$
0.2를 3번 곱함.— $0.2 \times 0.2 \times 0.2 = 0.008$
$0.2 \times 0.2 \times 0.2 \times 0.2 = 0.0016$
$0.2 \times 0.2 \times 0.2 \times 0.2 \times 0.2 = 0.00032$
⋮   ⋮

(   )

터널의 길이 구하기

16 1분에 2.48 km를 가는 열차가 터널을 완전히 통과하는 데 1분 45초가 걸렸습니다. 열차의 길이가 370 m라면 터널의 길이는 몇 km입니까?

(   )

17 어머니의 몸무게는 은수 몸무게의 1.25배이고, 아버지의 몸무게는 어머니의 몸무게의 1.52배입니다. 은수의 몸무게가 40.2 kg이라면 아버지의 몸무게는 어머니의 몸무게보다 몇 kg 더 무겁습니까?

(   )

18 벽에 가로가 0.72 m, 세로가 0.48 m인 직사각형 모양의 도배지를 그림과 같이 가로와 세로를 각각 12 cm씩 겹쳐서 붙였습니다. 도배지를 가로로 4장씩 3줄을 붙였다면 도배지를 붙인 벽의 넓이는 몇 m²입니까?

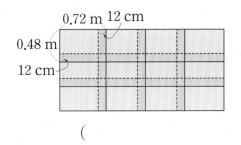

0.72 m 12 cm

0.48 m

12 cm

(   )

1 한국은행은 2007년 1월 22일에 새 만 원권을 발행하였습니다. 새 만 원권의 넓이는 이전의 만 원권의 넓이보다 몇 cm^2 줄어들었습니까? (단, 만 원권은 직사각형입니다.)

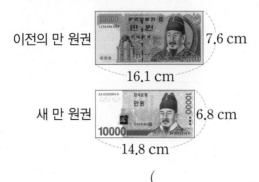

이전의 만 원권　7.6 cm

16.1 cm

새 만 원권　6.8 cm

14.8 cm

(　　　　　　　　)

2 규칙적인 곱셈식을 보고 여섯째에 알맞은 곱셈식의 계산 결과를 구하시오.

순서	곱셈식
첫째	$5 \times 1.9 = 9.5$
둘째	$5 \times 1.99 = 9.95$
셋째	$5 \times 1.999 = 9.995$
넷째	$5 \times 1.9999 = 9.9995$

(　　　　　　　　)

곱의 소수점 아래 9의 개수와 자리 수가 하나씩 늘어납니다.

창의·융합

3

계산기로 0.8×0.45를 계산하려고 두 수를 눌렀는데 수 하나의 소수점 위치를 잘못 눌러서 3.6이 되었습니다. 계산기에 누른 두 수를 쓰시오.

(　　　　　　　　　)

문제 해결

4

♡ 기호를 다음과 같이 약속할 때 계산해 보시오.

가♡나＝가×0.6＋나×0.4

1 　4♡8

(　　　　　　　　　)

2 　2.6♡3

(　　　　　　　　　)

곱셈과 덧셈이
섞여 있는 계산식은
곱셈을 먼저 계산합니다.

1

| HME 18번 문제 수준 |

굵기가 일정한 어떤 철근을 한 번 자르는 데 1분 24초가 걸립니다. 쉬지 않고 철근을 9도막으로 자르는데 걸리는 시간은 몇 분인지 소수로 나타내시오.

◇ (철근을 자르는 횟수)=(도막의 수)−1

(   )

2

| HME 19번 문제 수준 |

1 L의 페인트로 가로가 1.8 m, 세로가 0.9 m인 직사각형 모양의 벽을 칠할 수 있습니다. 1.4 L의 페인트로 넓이가 3 m²인 벽을 칠했을 때 칠하지 않은 벽의 넓이는 몇 m²입니까? (단, 같은 넓이에 칠하는 페인트의 양은 일정합니다.)

(   )

3

| HME 20번 문제 수준 |

직사각형 ㄱㄴㄷㄹ에서 색칠한 부분의 넓이는 몇 cm²입니까?

(단, 선분 ㄴㄹ은 직사각형의 대각선입니다.)

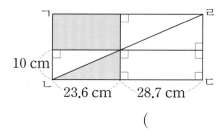

(   )

4

| HME 21번 문제 수준 |

다음 식에서 가, 나, 다는 서로 다른 한 자리 수입니다. 가＋나＋다의 값을 구하시오. (단, 가와 다는 0이 아닙니다.)

$$
\begin{array}{r}
4\,.\,가\ 나\ 다 \\
\times\qquad\qquad 6 \\
\hline
가\ 5\,.\,나\ 0\ 8
\end{array}
$$

(   )

◇ 다×6의 일의 자리 숫자가 8이 되도록 하는 다를 먼저 찾습니다.

하나의 이름에 두 개의 뜻을 가진 소수

소수가 일의 자리보다 작은 자릿값을 가진 수를 의미하는 것은 알고 있지요?

0.1, 0.2, 0.3, 0.4, …

위와 같이 소수점을 찍어 나타낸 수를 소수라고 하지요.

그런데 우리가 사용하는 소수는 이름은 하나인데 뜻은 두 개랍니다.

그래서 다른 뜻을 가진 두 가지 한자로 쓸 수 있어요.

첫 번째 한자는 작을 소(小), 셈 수(數)를 사용하여 소수(小數)라고 써요.

우리가 흔히 말하는 소수로 0과 1 사이의 값에 해당하는 작은 수를 의미하지요.

두 번째 한자는 본디 소(素), 셈 수(數)를 사용하여 소수(素數)라고 씁니다.

1과 자기 자신 이외의 수로는 나누어떨어지지 않는 수를 말하지요.

2, 3, 5, 7, 11, 13, …

위와 같이 1과 자신 이외의 약수를 갖지 않는 수를 소수(素數)라고 해요.

나중에 중학생이 되면 자세히 배우게 된답니다.

5

직육면체

학습 계획표

계획표대로 공부했으면 ○표, 못했으면 △표 하세요.

내용	쪽수	날짜		확인
잘 틀리는 실력 유형	62~63쪽	월	일	
다르지만 같은 유형	64~65쪽	월	일	
응용 유형	66~69쪽	월	일	
사고력 유형	70~71쪽	월	일	
최상위 유형	72~73쪽	월	일	

유형 01 보이는 모서리 길이의 합

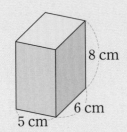

8 cm
6 cm
5 cm

보이는 모서리 길이는 5 cm, 6 cm, 8 cm가 각
각 ☐개씩입니다.

➡ (5+6+8)×☐=19×3=☐ (cm)

01 오른쪽 직육면체에서
보이는 모서리 길이의
합은 몇 cm입니까?

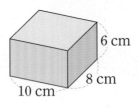

6 cm
8 cm
10 cm

( )

02 오른쪽 직육면체
에서 보이는 모서
리 길이의 합은
몇 cm입니까?

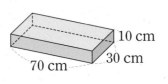

10 cm
30 cm
70 cm

( )

03 오른쪽 직육면체에서
보이는 모서리 길이의
합은 몇 cm입니까?

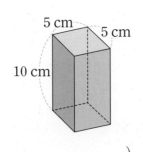

5 cm
5 cm
10 cm

( )

유형 02 정육면체의 전개도 고치기

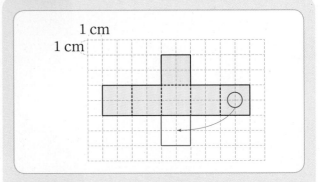

1 cm
1 cm

➡ 접었을 때 서로 겹치는 면이
(있도록 , 없도록) 면을 옮길 곳을 찾습니다.

[04~05] **잘못 그려진 정육면체의 전개도를 보고 면**
1개를 옮겨 전개도를 바르게 고쳐 그려 보시오.

04

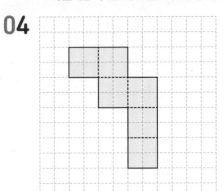

05

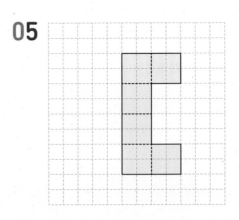

유형 **03** 끈이 지나가는 자리 그려 넣기

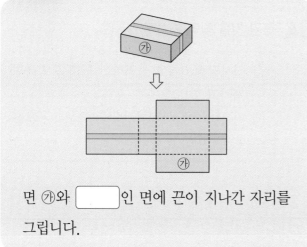

면 ㉮와 [ ]인 면에 끈이 지나간 자리를 그립니다.

06 왼쪽과 같이 상자에 색 테이프를 붙였습니다. 전개도에 색 테이프가 지나가는 자리를 표시하시오.

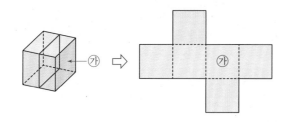

07 정육면체 모양의 선물 상자를 그림과 같이 끈으로 묶었습니다. 정육면체의 전개도에 끈이 지나가는 자리를 바르게 그려 넣으시오.

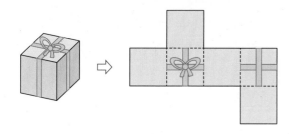

유형 **04** 새 교과서에 나온 활동 유형

08 정육면체의 밑면에는 빨간색 페인트를 칠하고 옆면에는 파란색 페인트를 칠했습니다. 바닥면과 이웃한 면으로만 한 번에 한 칸씩 굴렸을 때 바닥면과 닿은 색으로 색칠하시오.

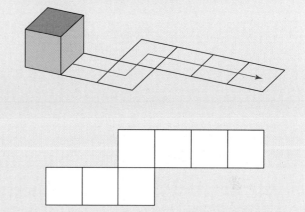

09 직육면체의 앞모습과 뒷모습을 보고 직육면체의 전개도에 그림을 그리시오.

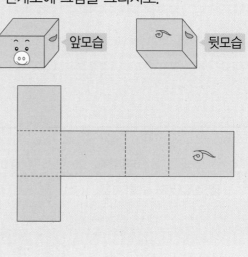

5

직육면체

다르지만 같은 유형

유형 01 평행한 면의 모서리 길이의 합

01 직육면체에서 색칠한 면의 모서리 길이의 합은 몇 cm입니까?

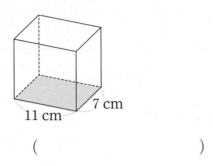

11 cm 7 cm

(   )

02 직육면체에서 색칠한 면의 모서리 길이의 합은 몇 cm입니까?

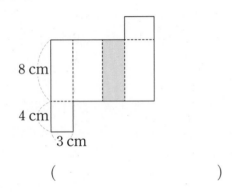

8 cm 4 cm 3 cm

(   )

03 초록색으로 색칠한 면의 모서리 길이의 합은 몇 cm인지 구하시오.

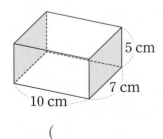

5 cm 7 cm 10 cm

(   )

유형 02 잘못된 설명 찾기

04 틀린 것을 찾아 기호를 쓰시오.

> ㉠ 직사각형 6개로 둘러싸인 도형을 직육면체라고 합니다.
> ㉡ 직육면체에서 면과 면이 만나는 선분을 꼭짓점이라고 합니다.

(   )

05 직육면체에 대한 성질을 잘못 설명한 사람의 이름을 쓰시오.

> 영훈: 한 모서리에서 만나는 두 면은 서로 평행해.
> 정훈: 한 꼭짓점에서 만나는 면은 3개야.

(   )

06 직육면체의 겨냥도를 잘못 설명한 것을 찾아 기호를 쓰고 바르게 고치시오.

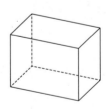

> ㉠ 보이지 않는 면은 3개입니다.
> ㉡ 보이지 않는 모서리는 9개입니다.
> ㉢ 보이는 꼭짓점은 7개입니다.

[잘못 설명한 것]
_____

[고쳐 쓰기]
_____

_____

QR 코드를 찍어 **동영상 특강**을 보세요.

유형 03 면, 모서리, 꼭짓점

07 직육면체의 꼭짓점을 ㉠개, 면을 ㉡개, 모서리를 ㉢개라고 할 때 ㉠+㉡−㉢을 구하시오.

(   )

08 직육면체의 겨냥도에서 모서리가 가장 많이 보일 때, 보이는 모서리의 수와 보이지 않는 모서리의 수의 차는 몇 개입니까?

(   )

09 오른쪽 정육면체에서 보이는 모서리의 수와 보이는 꼭짓점의 수의 합은 몇 개인지 풀이 과정을 쓰고 답을 구하시오.

[풀이]

_____

_____

_____

[답]

_____

유형 04 정육면체의 한 모서리의 길이

10 정육면체의 모든 모서리 길이의 합은 36 cm입니다. 정육면체의 전개도에서 ☐ 안에 알맞은 수를 써넣으시오.

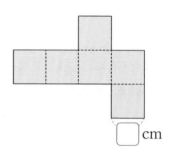

☐cm

11 정육면체의 모든 모서리 길이의 합이 72 cm입니다. 정육면체의 한 모서리의 길이는 몇 cm입니까?

(   )

12 오른쪽 정육면체에서 보이는 모서리 길이의 합은 90 cm입니다. 정육면체의 한 모서리의 길이는 몇 cm입니까?

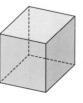

(   )

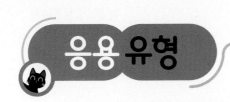
응용유형

직육면체와 정육면체의 관계

01 다음 중 ❷잘못 말한 것을 모두 찾아 기호를 쓰시오.

❶
> ㉠ 직육면체는 정육면체입니다.
>
> ㉡ 직육면체와 정육면체는 면의 수가 같습니다.
>
> ㉢ 직육면체와 정육면체는 서로 마주 보는 면이 합동입니다.
>
> ㉣ 직육면체는 꼭짓점이 8개, 정육면체는 꼭짓점이 6개입니다.

(   )

❶ 직육면체와 정육면체의 관계를 알아봅니다.
❷ 잘못 말한 것을 모두 찾아 기호를 씁니다.

직육면체에서 모서리의 길이 구하기

02 다음 ❷직육면체에서 모든 모서리 길이의 합은 32 cm입니다. / ❸☐ 안에 알맞은 수를 써넣으시오.

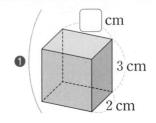

❶ 직육면체는 같은 길이의 모서리가 4개씩 3쌍 있습니다.
❷ (직육면체에서 모든 모서리 길이의 합)
  $= (☐ + 3 + 2) \times 4$
❸ ☐ 안에 알맞은 수를 구합니다.

전개도의 둘레 구하기

03 다음은 ❶직육면체의 전개도입니다. / ❷실선으로 그려진 부분의 / ❸길이의 합은 몇 cm인지 구하시오.

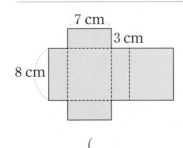

(   )

❶ 직육면체의 전개도에서 접었을 때 겹치는 선분의 길이는 같습니다.
❷ 실선으로 그려진 부분을 찾습니다.
❸ 실선으로 그려진 부분의 길이의 합을 구합니다.

주사위의 전개도 완성하기

04 전개도를 접어 주사위를 만들었을 때 **❶**서로 평행한 두 면의 / **❷**눈의 수의 합이 7이 되도록 전개도에 눈을 알맞게 그려 넣으시오.

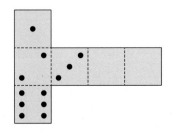

❶ 마주 보는 두 면을 모두 찾아봅니다.

❷ ❶의 두 면의 눈의 수의 합이 7이 되도록 눈을 그려 넣습니다.

사용한 끈의 길이 구하기

05 **❷**정육면체 모양의 상자를 그림과 같이 끈으로 묶었습니다. **❸**매듭을 묶는 데 15 cm를 사용하였다면 사용한 끈 전체의 길이는 몇 cm인지 구하시오.

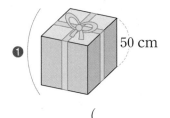

50 cm

(　　　　　　　　　　)

❶ 끈이 지나간 자리를 알아봅니다.

❷ 정육면체는 모든 모서리의 길이가 같습니다.

❸ (사용한 끈 전체의 길이)
　＝(끈이 지나간 모서리 길이의 합)
　　＋(매듭의 길이)

직육면체의 전개도에 선 긋기

06 **❶**직육면체의 면에 선을 그었습니다. 이 직육면체의 전개도가 오른쪽과 같을 때 **❸**전개도에 나타나는 선을 바르게 그려 넣으시오.

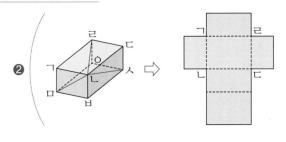

❶ 선이 그어진 직육면체의 면을 알아봅니다.

❷ 전개도에서 점을 찾습니다.

❸ 직육면체에 그은 선이 어느 점끼리 연결된 것인지 찾아 전개도에 그립니다.

07
색칠한 두 면과 공통으로 수직인 면을 모두 쓰시오.

(　　　　　　　　　)

직육면체와 정육면체의 관계

08
다음 중 잘못 말한 것을 모두 찾아 기호를 쓰시오.

㉠ 직육면체와 정육면체는 꼭짓점의 수가 같습니다.

㉡ 직육면체와 정육면체는 서로 평행한 면이 4쌍입니다.

㉢ 직육면체와 정육면체에서 한 면과 수직으로 만나는 면은 2개입니다.

(　　　　　　　　　)

09
오른쪽 주사위의 마주 보는 면의 눈의 수의 합은 7입니다. 1의 눈이 그려진 면과 수직인 면의 눈의 수를 모두 쓰시오.

(　　　　　　　　　)

10
다음은 어느 정육면체의 전개도인지 찾아 기호를 쓰시오.

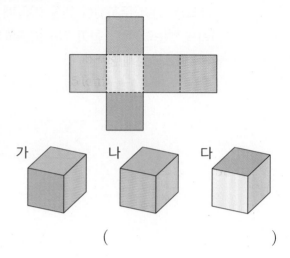

(　　　　　　　　　)

직육면체에서 모서리의 길이 구하기

11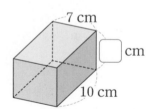
다음 직육면체에서 모든 모서리 길이의 합은 92 cm입니다. □ 안에 알맞은 수를 써넣으시오.

전개도의 둘레 구하기

12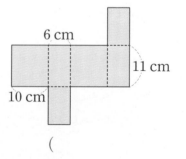
다음은 직육면체의 전개도입니다. 실선으로 그려진 부분의 길이의 합은 몇 cm인지 구하시오.

(　　　　　　　　　)

주사위의 전개도 완성하기

13 전개도를 접어 주사위를 만들었을 때 서로 평행한 두 면의 눈의 수의 합이 7이 되도록 전개도에 눈을 알맞게 그려 넣으시오.

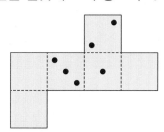

사용한 끈의 길이 구하기

14 직육면체 모양의 상자를 그림과 같이 끈으로 묶었습니다. 매듭을 묶는 데 20 cm를 사용하였다면 사용한 끈 전체의 길이는 몇 cm인지 구하시오.

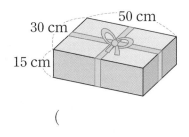

(　　　　　)

15 다음 직육면체의 전개도를 접었을 때 모든 모서리 길이의 합을 구하시오.

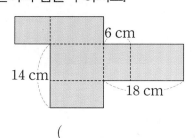

(　　　　　)

직육면체의 전개도에 선 긋기

16 정육면체의 면에 선을 그었습니다. 이 정육면체의 전개도가 오른쪽과 같을 때 전개도에 나타나는 선을 바르게 그려 넣으시오.

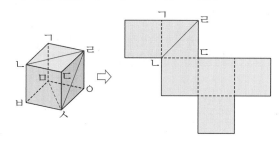

17 다음과 같은 ㈎, ㈏, ㈐ 3종류의 직사각형을 2개씩 사용하여 직육면체를 만들었습니다. 만든 직육면체에서 모든 모서리 길이의 합은 몇 cm입니까?

직사각형	가로(cm)	세로(cm)
㈎	10	7
㈏	3	7
㈐	10	3

(　　　　　)

18 다음 전개도를 접었을 때 만들어지는 정육면체의 면을 색칠하시오.

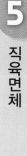

추론

1 ㉠, ㉡, ㉢ 중 2종류의 직사각형을 사용하여 직육면체를 만들었습니다. 사용하지 <u>않은</u> 직사각형의 기호를 쓰시오.

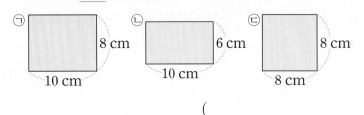

(   )

직육면체는 만나는 모서리의 길이가 같습니다.

문제 해결

2 다음은 같은 정육면체의 전개도입니다. 전개도에 알맞은 알파벳을 써넣으시오. (단, 글자의 방향은 생각하지 않습니다.)

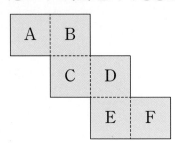

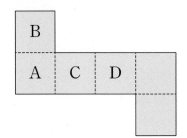

문제 해결

3 마주 보는 면의 수의 곱이 같은 정육면체의 전개도입니다. 전개도에 알맞은 수를 써넣으시오.

동영상

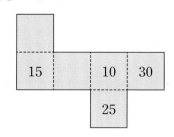

15	10	30
	25	

15와 10은 서로 평행한 면입니다.

추론

4 직육면체를 쌓아서 한 모서리의 길이가 6 cm인 정육면체를 만들었을 때 사용한 직육면체는 몇 개인지 구하시오.

동영상

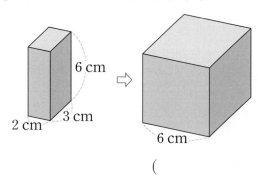

6 cm

2 cm   3 cm

6 cm

(   )

1

| HME 19번 문제 수준 |

왼쪽 정육면체의 전개도를 접어서 만든 정육면체 6개를 붙여 놓은 후 위에서 본 모양은 오른쪽과 같습니다. 바닥에 닿는 면의 수의 합을 구하시오.

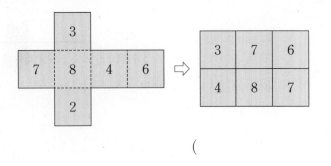

바닥에 닿는 면은 위에서 본 면과 서로 평행한 면입니다.

(   )

2

| HME 20번 문제 수준 |

직육면체의 모든 모서리 길이의 합은 정육면체의 보이는 모서리 길이의 합과 같습니다. 정육면체의 한 모서리의 길이는 몇 cm입니까?

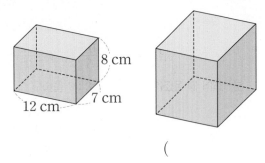

(   )

3

| HME 20번 문제 수준 |

직육면체의 전개도에서 실선으로 표시된 모든 선분의 길이의 합은 204 cm입니다. ☐ 안에 알맞은 수를 구하시오.

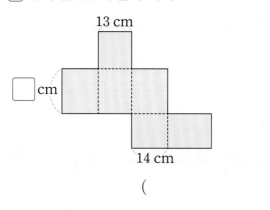

(　　　　　　)

직육면체의 전개도를 접었을 때 만나는

선분끼리 길이가 같습니다.

4

| HME 21번 문제 수준 |

마주 보는 면의 눈의 수의 합이 7인 주사위가 있습니다. 바닥면과 이웃한 면으로만 한 번에 한 칸씩 굴렸을 때 바닥면과 닿은 눈의 수의 합을 구하시오.

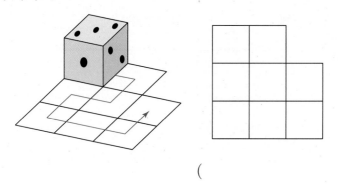

(　　　　　　)

플라톤이 사랑한 정다면체

고대인들은 우주의 기본 요소가 불, 흙, 공기, 물 네 가지라고 생각했어요.
1997년도에 개봉한 영화 '제5원소'도 이 기본 요소에 대한 이야기예요.
플라톤은 세상을 구성하는 불, 흙, 공기, 우주, 물을 각각 다섯 개의 정다면체와 하나씩
짝을 지어 상징적인 의미를 부여했어요.
그래서 정다면체를 '플라톤의 입체'라고 부르기도 하지요.

정다면체 중 가장 뾰족하고 날카로운 정사면체는 불을 상징하고, 가장 안정적이고 튼튼
해 보이는 상자 모양의 정육면체는 대지의 흙을 상징한다고 연관 지었어요.
또 정팔면체는 피라미드 모양을 위아래로 두 개 붙여 놓은 모양으로 아래가 뾰족하기 때
문에 돌리면 바람개비처럼 쉽게 잘 돌아간다고 하여 공기를 의미해요.
정십이면체는 황도 십이궁의 12별자리와 연관시켜 우주와 짝 지었어요.
마지막으로 가장 둥근 모양에 가까운 정이십면체는 가장 활동적인 물을 상징해요.

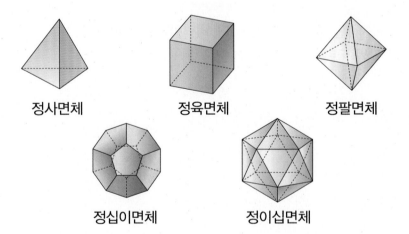

정사면체   정육면체   정팔면체

정십이면체   정이십면체

6

평균과 가능성

유형 01 평균을 이용하여 분석하기

A, B, C의 점수가 각각 2점, 4점, 6점일 때 평균보다 점수가 높은 사람 찾기

① A, B, C 점수의 평균 구하기

$(2+4+6) \div 3 = \boxed{}$(점)

② 평균보다 점수가 높은 사람 찾기

6>4이므로 평균보다 점수가 높은 사람은 $\boxed{}$입니다.

01 유리네 모둠의 학생별 제기차기 횟수를 나타낸 표입니다. 제기차기 횟수의 평균보다 많이 찬 사람의 이름을 모두 쓰시오.

학생별 제기차기 횟수

이름	유리	철훈	혜원	혜경	기완	주민
횟수(번)	8	18	15	11	24	2

(   )

02 윤현이네 모둠의 수학 시험에서 맞힌 문제 수를 나타낸 표입니다. 모둠의 평균보다 적게 맞힌 사람은 재시험을 본다고 할 때 재시험을 봐야 하는 학생의 이름을 모두 쓰시오.

수학 시험에서 맞힌 문제 수

이름	윤현	명희	광범	지은	미숙	기현
문제 수(개)	21	23	22	17	20	17

(   )

유형 02 두 자료의 전체 평균 구하기

• A와 B의 전체 평균 구하기

	평균	자료 수
A	▲	■
B	★	●

① 두 자료 값의 합 구하기

⇨ $\underbrace{\blacktriangle \times \blacksquare}_{\text{A의 합}} + \underbrace{\bigstar \times \bullet}_{\text{B의 합}}$

② 두 자료의 전체 평균 구하기

⇨ $(\blacktriangle \times \boxed{} + \bigstar \times \bullet) \div (\blacksquare + \boxed{})$

03 어느 반 남녀 학생들의 앉은키의 평균을 나타낸 것입니다. 이 반 전체 학생의 앉은키의 평균은 몇 cm입니까?

여학생 10명	68 cm
남학생 15명	73 cm

(   )

04 정희네 반 남녀 학생들의 몸무게의 평균을 나타낸 것입니다. 정희네 반 전체 학생의 몸무게의 평균은 몇 kg입니까?

남학생 15명	36 kg
여학생 12명	27 kg

(   )

유형 **03** 조건에 알맞게 회전판 색칠하기

화살이 빨간색보다 파란색에 멈출 가능성이 더 높도록 색칠하기

① 화살이 파란색에 멈출 가능성이 더 높습니다.
⇨ 넓은 곳에 [   ]을 칠합니다.

② 좁은 곳에 [   ]을 칠합니다.

[05~06] \조건/에 알맞은 회전판이 되도록 색칠해 보시오.

05

\조건/
• 화살이 초록색에 멈출 가능성이 가장 높습니다.
• 화살이 노란색에 멈출 가능성과 파란색에 멈출 가능성이 같습니다.

06

\조건/
화살이 빨간색, 파란색, 초록색에 멈출 가능성이 모두 같습니다.

유형 **04** 새 교과서에 나온 활동 유형

07 지난주 월요일부터 금요일까지 최고 기온을 나타낸 막대그래프입니다. 막대그래프의 높이를 고르게 하여 나타내고 최고 기온의 평균은 몇 ℃인지 구하시오.

요일별 최고 기온

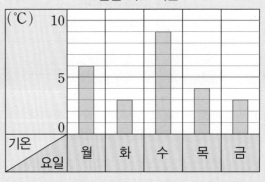

(   )

08 현지와 연수가 바둑돌 1개를 던져 파란색 칸에 들어가면 이기는 놀이를 하려고 합니다. 공정한 놀이가 되도록 연수의 놀이판을 파란색과 초록색으로 색칠하시오.

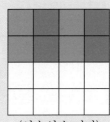

〈현지의 놀이판〉   〈연수의 놀이판〉

6 평균과 가능성

유형 01 자료의 수가 다른 평균 비교하기

01 재훈이네와 유리네 학교 운동장의 넓이와 학생 수를 나타낸 표입니다. 어느 학교 학생들이 학생 한 명당 운동장을 더 넓게 사용할 수 있는지 구하시오.

학교 운동장의 넓이와 학생 수

	운동장의 넓이(m^2)	학생 수(명)
재훈이네	8400	700
유리네	10400	800

( )

02 승민이네 모둠과 예경이네 모둠의 오래 매달리기 기록을 나타낸 것입니다. 두 모둠 중 어느 모둠이 더 잘했다고 할 수 있습니까?

승민이네 모둠(초)	예경이네 모둠(초)
15, 19, 23, 0, 25, 18, 17, 20, 16	17, 17, 26, 23, 0, 28, 15

( )

03 표를 보고 농사를 가장 잘 지은 집은 누구네인지 구하시오.

윤아네	논 15 m^2에서 쌀 240 kg을 수확
지수네	논 25 m^2에서 쌀 200 kg을 수확
주희네	논 40 m^2에서 쌀 960 kg을 수확

( )

유형 02 일이 일어날 가능성이 더 높은 것 찾기

04 가 주머니와 나 주머니 중에서 바둑돌 1개를 꺼냈을 때 검은색 바둑돌이 나올 가능성이 더 높은 주머니를 쓰시오.

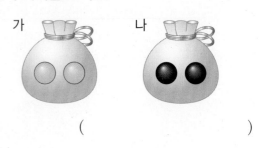

( ) ( )

05 공 1개를 꺼낼 때 꺼낸 공이 흰색일 가능성이 더 높은 것에 ○표 하시오.

흰색 공 1개가 들어 있는 주머니	흰색 공과 검은색 공이 각각 1개씩 들어 있는 주머니

( ) ( )

06 주사위를 한 번 굴릴 때 일이 일어날 가능성이 가장 높은 것을 찾아 기호를 쓰시오.

> ㉠ 주사위의 눈의 수가 3 이하로 나올 가능성
> ㉡ 주사위 눈의 수가 1 이상 6 이하로 나올 가능성
> ㉢ 주사위 눈의 수가 7 이상일 가능성

( )

유형 **03** 평균을 이용해 합계 구하기

07 지아는 용돈을 한 달에 평균 5000원씩 받습니다. 지아가 12달 동안 받은 용돈은 모두 얼마입니까?

( )

08 어느 공장에서 자동차를 하루에 평균 352대씩 만든다고 합니다. 이 공장에서 61일 동안 쉬지 않고 자동차를 만든다면 모두 몇 대의 자동차를 만들 수 있습니까?

( )

서술형

09 배나무가 민우네 과수원에는 308그루 있고 선준이네 과수원에는 197그루 있습니다. 배나무 한 그루에서 수확한 배의 수의 평균이 125개일 때, 민우와 선준이네 과수원에서는 수확한 배는 모두 몇 개인지 풀이 과정을 쓰고 답하시오.

[풀이]

_____

_____

_____

_____

[답] _____

유형 **04** 평균 높이기

10 ☐ 안에 알맞은 수를 써넣으시오.

3, 4, 6, 7

➡ 평균을 1만큼 높이려면 자료의 값의 합은

$1 \times \boxed{} = \boxed{}$ 만큼 높아져야 합니다.

11 이 지역의 감자 생산량의 평균이 5 kg 많아지려면 총 생산량이 몇 kg 많아져야 합니까?

마을별 감자 생산량

마을	가	나	다	라	마
생산량(kg)	465	515	520	474	496

( )

12 주하의 시험 점수를 나타낸 표입니다. 주하가 다음 시험에서 평균 4점을 올리려고 합니다. 다른 과목은 이번 시험과 점수가 같고 영어에서만 점수를 올리려고 한다면 영어는 몇 점을 받아야 합니까?

주하의 시험 점수

과목	국어	영어	수학
점수(점)	71	83	95

( )

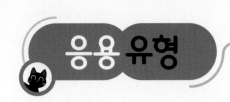
평균을 이용하여 자료의 값의 합 구하기

01 ❷주영이가 매일 푼 수학 문제 수의 평균은 29개입니다. ❶3주일 동안 / ❷주영이가 푼 수학 문제는 모두 몇 개입니까?

(   )

❶ 3주일은 며칠인지 알아봅니다.
❷ (자료의 값을 모두 더한 수)
= (평균)×(자료의 수)

평균의 차 구하기

02 정우와 진석이의 요일별 독서 시간을 조사하여 나타낸 표입니다. ❸독서 시간의 평균의 차는 몇 분입니까?

독서 시간
(단위: 분)

이름＼요일	월	화	수	목	금	토	일
❶ 정우	61	54	45	32	19	20	21
❷ 진석	36	48	59	50	24	60	17

(   )

❶ 정우의 독서 시간의 평균을 알아봅니다.
❷ 진석이의 독서 시간의 평균을 알아봅니다.
❸ ❶과 ❷의 차를 구합니다.

일이 일어날 가능성의 활용

03 ❶주머니 속에 빨간색 공 1개, 파란색 공 1개, 노란색 공 몇 개가 있습니다. / ❷그중에서 1개를 꺼낼 때 꺼낸 공이 노란색일 가능성을 수로 표현하면 $\frac{1}{2}$입니다. / ❸노란색 공은 몇 개 있습니까?

(   )

❶ (전체 공의 수)=(1+1+□)개

❷ 일이 일어날 가능성을 수로 표현하면 $\frac{1}{2}$이 므로 노란색 공은 전체의 절반입니다.

❸ 노란색 공의 수를 알아봅니다.

평균 구하기

04 ❶성수네 반 학생들의 무거운 공 멀리 던지기 결과를 나타낸 표입니다. / ❷던진 거리의 평균은 몇 m입니까?

무거운 공 멀리 던지기

거리(m)	1	2	3	4	5
학생 수(명)	3	6	7	6	3

(   )

❶ 던진 거리의 합은 (던진 거리)×(학생 수)를 모두 더한 수입니다.
❷ (던진 거리의 평균)
＝(던진 거리의 합)÷(학생 수의 합)

가능성이 같도록 회전판 색칠하기

05 ❶준수가 구슬 8개가 들어 있는 주머니에서 1개 이상의 구슬을 꺼냈습니다. / ❷꺼낸 구슬의 개수가 짝수일 가능성과 / ❸회전판의 화살이 파란색에 멈출 가능성이 같도록 회전판을 색칠하시오.

❶ 구슬을 꺼낼 때 나올 수 있는 개수를 알아봅니다.
❷ ❶에서 짝수일 가능성을 알아봅니다.
❸ ❷에서 알아본 가능성과 같도록 회전판을 색칠합니다.

자료의 값 구하여 평균 구하기

06 ❶가는 나보다 1.42만큼 더 작은 수이고 / ❷다는 가보다 3.98만큼 더 큰 수입니다. 나는 7.62일 때 / ❸가, 나, 다 세 수의 평균은 얼마입니까?

(   )

❶ 가＝나－1.42
❷ 다＝가＋3.98
❸ (평균)＝(가＋나＋다)÷3

6

평균과 가능성

07

진영이가 매일 푼 영어 문제 수의 평균은 25개입니다. 2주일 동안 진영이가 푼 영어 문제는 모두 몇 개입니까?

(   )

08

빨간색, 파란색, 노란색으로 이루어진 회전판을 100번 돌렸을 때 화살이 빨간색에 50번, 파란색에 24번, 노란색에 26번 멈출 가능성이 더 큰 회전판을 찾아 기호를 쓰시오.

가 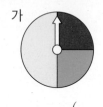   나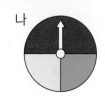

(   )

09

지욱이와 준형이의 요일별 공부 시간을 조사하여 나타낸 표입니다. 공부 시간의 평균의 차는 몇 분입니까?

공부 시간   (단위: 분)

요일 이름	월	화	수	목	금
지욱	30	45	68	79	53
준형	42	26	72	83	62

(   )

10

주머니 속에 검정색 공 2개, 흰색 공 1개, 파란색 공 몇 개가 있습니다. 그중에서 1개를 꺼낼 때 꺼낸 공이 검정색일 가능성을 수로 표현하면 $\frac{1}{2}$입니다. 파란색 공은 몇 개 있습니까?

(   )

11

주머니 속에 수 카드가 4장 있습니다. 그중에서 1장을 꺼낼 때 꺼낸 카드의 수가 10의 약수일 가능성을 수로 표현하면 1입니다. 주머니 속에 들어 있는 수 카드의 수를 모두 쓰시오.

(   )

12

어느 태권도장에 다니는 학년별 학생 수를 나타낸 표입니다. 학년별 학생 수의 평균이 25명 이상이 되어야 태권도 경연 대회에 출전할 수 있습니다. 경연 대회에 출전하려면 6학년 학생은 최소 몇 명이어야 합니까?

학년별 학생 수

학년	1	2	3	4	5	6
학생 수(명)	13	15	25	30	34	

(   )

QR 코드를 찍어 **유사 문제**를 보세요.

13 수 카드 중에서 1장을 뽑았을 때 일이 일어날 가능성이 높은 순서대로 기호를 쓰시오.

$$\boxed{1}\ \boxed{2}\ \boxed{3}\ \boxed{4}\ \boxed{5}\ \boxed{6}\ \boxed{7}\ \boxed{8}$$

> ㉠ 8의 약수를 뽑을 가능성
> ㉡ 9의 약수를 뽑을 가능성
> ㉢ 2 이상인 수를 뽑을 가능성

(   )

평균 구하기

14 재현이네 반 학생들의 멀리뛰기 결과를 나타낸 표입니다. 뛴 거리의 평균은 몇 cm입니까?

멀리뛰기 기록

거리(cm)	150	160	170	180
학생 수(명)	3	4	7	6

(   )

가능성이 같도록 회전판 색칠하기

15 당첨 제비만 5개 들어 있는 상자에서 제비 1개를 뽑았습니다. 뽑은 제비가 당첨 제비일 가능성과 회전판의 화살이 빨간색에 멈출 가능성이 같도록 회전판을 색칠하시오.

자료의 값 구하여 평균 구하기

16 주연이네 가족이 주말 농장에서 감자를 캤습니다. 어머니는 아버지보다 4.2 kg 더 적게 캤고 주연이는 어머니보다 1.5 kg 더 많이 캤습니다. 아버지가 캔 감자가 16.3 kg일 때 주연이네 가족이 캔 감자의 무게의 평균은 몇 kg입니까?

(   )

17 마을별 지정된 문화재 수를 나타낸 표입니다. 네 마을에 지정된 문화재 수의 평균이 43점이고 문화재 수가 라 마을이 가 마을보다 7점 더 많다고 할 때 표를 완성하시오.

마을별 지정된 문화재 수

마을	가	나	다	라
문화재 수(점)		42	51	

18 기정이네 모둠의 수학 점수의 평균은 72점입니다. 기정이네 모둠에 수학 점수가 90점인 학생이 한 명 더 들어와서 수학 점수의 평균이 75점이 되었습니다. 처음 기정이네 모둠은 몇 명이었습니까?

(   )

1 로봇이 회전판을 돌릴 때 화살이 파란색에 멈출 가능성에 따라 움직입니다. 로봇이 도착한 곳의 기호를 쓰시오.

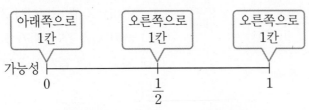

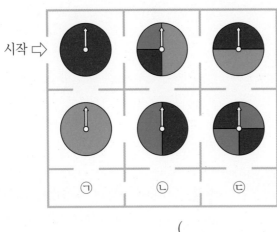

( )

화살이 파란색에 멈출 가능성을 수로 표현해 봅니다.

창의 · 융합

2 어느 날 전국 날씨입니다. 지도에 표시된 지역의 평균 기온은 몇 ℃ 인지 구하시오.

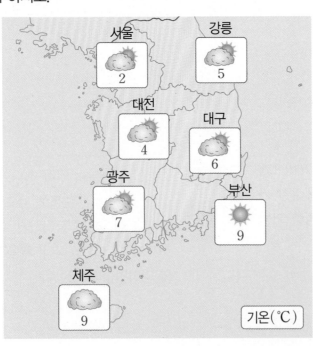

( )

지도에 표시된 지역은 7군데입니다.

문제 해결

3

동영상

그림과 같은 판에 지수는 검은 바둑돌을, 승우는 흰 바둑돌을 던졌습니다. 바둑돌이 놓인 위치에 따라 점수를 얻고 가장 큰 원 밖에 있는 바둑돌은 점수를 얻지 못합니다. 물음에 답하시오.

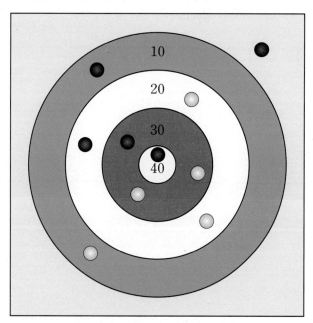

1 지수가 얻은 점수의 평균을 구하시오.

（　　　　　　　　）

2 승우가 얻은 점수의 평균을 구하시오.

（　　　　　　　　）

3 점수의 평균이 더 높은 사람의 이름을 쓰시오.

（　　　　　　　　）

도전! 최상위 유형

1 | HME 17번 문제 수준 |

4장의 수 카드 중에서 2장을 골라 한 번씩만 사용하여 두 자리 수를 만들려고 합니다. 일이 일어날 가능성이 높은 순서대로 기호를 쓰시오.

$$\boxed{3}\ \boxed{5}\ \boxed{7}\ \boxed{9}$$

> ㉠ 만든 수가 70 이상인 수입니다.
>
> ㉡ 만든 수가 짝수입니다.
>
> ㉢ 만든 수를 4로 나누었을 때 나누어떨어지지 않습니다.

(   )

◇ 만든 두 자리 수 중에서 일이 일어나는 경우가 몇 가지 있는지 세어 봅니다.

2 | HME 18번 문제 수준 |

가, 나, 다 세 수의 평균을 구하시오.

가	반올림하여 백의 자리까지 나타냈을 때 400이 되는 가장 작은 수
나	400보다 작은 수 중 가장 큰 30의 배수
다	0.53×8의 100배인 수

(   )

3

| HME 19번 문제 수준 |

처음에 주머니 안에 초록색 구슬 8개, 노란색 구슬 5개, 파란색 구슬 4개가 있었습니다. 빨간색 구슬을 2개 넣고 파란색 구슬을 몇 개 뺐더니 주머니에 구슬 1개를 꺼냈을 때 초록색 구슬을 꺼낼 가능성을 수로 표현하면 $\frac{1}{2}$이었습니다. 파란색 구슬을 몇 개 뺐습니까?

(   )

◇ 초록색 구슬을 꺼낼 가능성을 수로 표현하면 $\frac{1}{2}$이므로

(초록색 구슬의 수)=(나머지 구슬의 수의 합)

입니다.

4

| HME 20번 문제 수준 |

수빈이와 어머니의 몸무게의 합은 96 kg, 수빈이와 아버지의 몸무게의 합은 114 kg, 어머니와 아버지의 몸무게의 합은 126 kg입니다. 세 사람의 몸무게의 평균은 몇 kg인지 구하시오.

(   )

6

평균과 가능성

평균에 속지 마세요!

우리가 일상생활에서 뉴스나 광고를 볼 때면 평균을 구한 것을 자주 볼 수 있어요. 평균은 일종의 대푯값으로 많은 수치들 중에 가장 중간이 되는 수를 말해요. 이런 평균의 특징 때문에 평균을 이용하면 대푯값을 쉽게 파악할 수는 있지만 그것만으로 모든 것을 평가하고 파악할 수는 없답니다.

예를 들어 고대 그리스인들의 평균 수명은 20세가 채 되지 못했다고 해요. 그렇다면 고대 그리스인들은 모두 20세가 되면 죽은 걸까요? 그렇지 않아요. 과거에는 의학이 발달하지 않았고 전쟁도 자주 일어났기 때문에 어린 나이에 사망하는 사람들이 많았대요. 그래서 어린 나이에 병에 걸려 죽거나 성인이 되어 전쟁에 나가 죽은 사람이 많다 보니 평균 수명이 20세가 된 거예요. 그러므로 평균 수명이 20세라고 해서 모든 사람이 20세까지밖에 살지 못한 것은 아니지요.

평균은 여러 수치를 종합적으로 파악한 것이기 때문에 현실과 조금 다를 수도 있어요. 우리나라 사람들이 1년 동안 번 돈을 평균으로 나타내는 국민 소득은 매년 많아지고 있지만 사실 모든 사람들의 소득이 많아지는 것은 아닌 것도 이와 같은 이유 때문이에요.

또 학교 성적의 평균을 비교할 때 평균이 높을 수는 있지만 각각의 과목의 성적을 비교하면 다른 사람이 더 높을 수도 있는 것도 같은 이유에요.

하지만 나이별 키나 몸무게 등 자료가 많을 때에는 평균을 이용해서 비교하면 좀 더 쉽게 비교할 수 있어요. 이처럼 평균을 잘 활용하면 유용하게 쓰일 수 있지만 모든 수치들이 정확한 것은 아니므로 너무 믿으면 안 돼요.

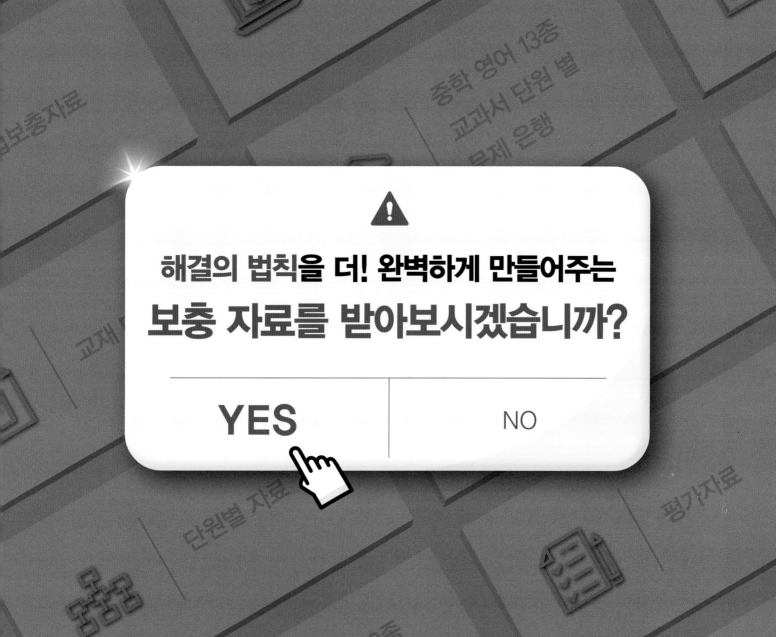

해결의 법칙을 더! 완벽하게 만들어주는
보충 자료를 받아보시겠습니까?

| YES | NO |

ACA에는 다~ 있다!
https://aca.chunjae.co.kr/

book.chunjae.co.kr

교재 내용 문의 ························· 교재 홈페이지 ▶ 초등 ▶ 교재상담

교재 내용 외 문의 ····················· 교재 홈페이지 ▶ 고객센터 ▶ 1:1문의

발간 후 발견되는 오류 ··············· 교재 홈페이지 ▶ 초등 ▶ 학습지원 ▶ 학습자료실

My name~

			초등학교
학년	반	번	
이름			

모든 유형을
다 담은
해결의 법칙

정답 및 풀이

수학

5·2

정답 및 풀이
포인트 3가지

▶ 혼자서도 이해할 수 있는 친절한 문제 풀이

▶ 문제 해결에 필요한 핵심 내용 또는
  틀리기 쉬운 내용을 담은 왜 틀렸을까

▶ 문제 분석으로 어려운 응용 유형 완벽 대비

정답 및 풀이
5-2

1 수의 범위와 어림하기

1단계 기초 문제   7쪽

1-1 (1) 이상에 ○표   (2) 미만에 ○표
1-2 (1) 54   (2) 31
2-1 (1) 30에 ○표   (2) 20에 ○표   (3) 20에 ○표
2-2 (1) 40   (2) 30   (3) 40

1-1 (1) ■와 같거나 큰 수 ⇨ ■ 이상인 수
    (2) ■보다 작은 수 ⇨ ■ 미만인 수

1-2 (1) ●보다 큰 수 ⇨ ● 초과인 수
    (2) ●와 같거나 작은 수 ⇨ ● 이하인 수

1단계 기본 문제   8~9쪽

01 13, 15, 21, 24	**02** 9, 10, 13
03 21, 24	**04** 9, 10, 13
05 30, 31, 43	**06** 12, 19, 23, 27
07 31, 43	**08** 12, 19, 23
09 30	**10** 40
11 40	**12** 60
13 200	**14** 300
15 300	**16** 500
17 20	**18** 30
19 50	**20** 60
21 100	**22** 200
23 400	**24** 500
25 20	**26** 40
27 40	**28** 60
29 200	**30** 200
31 300	**32** 700

8쪽

01 13과 같거나 큰 수를 찾습니다.

02 13과 같거나 작은 수를 찾습니다.

03 15보다 큰 수를 찾습니다.

04 15보다 작은 수를 찾습니다.

05 30과 같거나 큰 수를 찾습니다.

06 27과 같거나 작은 수를 찾습니다.

07 30보다 큰 수를 찾습니다.

08 27보다 작은 수를 찾습니다.

09 21 ⇨ 30
     └→ 10

10 35 ⇨ 40
     └→ 10

11 40 ⇨ 40
     └→ 그대로

12 57 ⇨ 60
     └→ 10

13 163 ⇨ 200
     └→ 100

14 230 ⇨ 300
     └→ 100

15 300 ⇨ 300
     └→ 그대로

16 401 ⇨ 500
     └→ 100

9쪽

17 24 ⇨ 20
     └→ 0

18 39 ⇨ 30
     └→ 0

19 50 ⇨ 50
     └→ 그대로

20 61 ⇨ 60
     └→ 0

21 148 ⇨ 100
     └→ 00

22 250 ⇨ 200
     └→ 00

23 400 ⇨ 400
     └→ 그대로

24 501 ⇨ 500
     └→ 00

25 2<u>2</u> ⇨ 22 ⇨ 20
      └→ 0

26 3<u>7</u> ⇨ 37 ⇨ 40
      └→ 10

27 4<u>0</u> ⇨ 40 ⇨ 40
      └→ 그대로

28 5<u>5</u> ⇨ 55 ⇨ 60
      └→ 10

29 1<u>5</u>1 ⇨ 151 ⇨ 200
      └→ 100

30 2<u>4</u>0 ⇨ 240 ⇨ 200
      └→ 00

31 3<u>0</u>0 ⇨ 300 ⇨ 300
      └→ 그대로

32 6<u>7</u>3 ⇨ 673 ⇨ 700
      └→ 100

2 단계 기본 유형
10~15쪽

01 3명		**02** 영민, 동규	
03 영민, 승주, 동규, 석준		**04** 5개	
05 3명		**06** 재균	
07 재균, 영주		**08** 4개	
09 규현, 성욱		**10** 3명	
11 7명		**12** 25.9, 30, 27	
13 정서, 동민, 예림		**14** 정서, 동민, 예림	
15 정서, 승우, 동민, 예림		**16** 8, 11.4, $10\frac{1}{3}$, $9\frac{1}{6}$	
17 7 이상인 수		**18** 47 이하인 수	
19 28 초과인 수		**20** 21 미만인 수	

21 (70 75 80 85 90 95)

22 (30 40 50 60 70 80)

23 (53 54 55 56 57 58 59)

24 (40 50 60 70 80 90)

25 ⑤	**26** 7900, 8000
27 6.8	**28** =
29 ④	**30** 5400, 5000
31 2.7	**32** >

33 (33 ── 33.5 ──↓── 34) / 약 34 kg

34 6900, 7000	**35** 7.4
36 >	**37** 6155
38 4155	**39** ①
40 10개	**41** 15
42 123	**43** 11
44 100개	**45** 100개
46 100개	

10쪽

01 영민, 승주, 동규 ⇨ 3명

02 20번 이상은 20번과 같거나 많은 수입니다.
    ⇨ 영민(20번), 동규(22번)

03 19번 이상은 19번과 같거나 많은 수입니다.
    ⇨ 영민(20번), 승주(19번), 동규(22번), 석준(19번)

04 59 이상인 수 ⇨ 59, 73, 110, 86, 91
               ⇨ 5개

05 원조, 재균, 영주 ⇨ 3명

06 143 cm 이하인 학생은 재균(136 cm)입니다.

07 143.9 cm 이하는 143.9 cm와 같거나 작은 수입니다.
    ⇨ 재균(136 cm), 영주(143.9 cm)

08 8 이하인 수는 2, 1, 5, 8로 모두 4개입니다.

11쪽

09 35.8보다 큰 수를 찾습니다.

10 34.4 초과인 수는 34.4보다 큰 수입니다.
    종원(35.8 kg), 규현(40 kg), 성욱(36 kg)으로 모두
    3명입니다.

11 28 초과인 수는 28보다 큰 수입니다.
    기준(28 kg)이를 제외한 7명이 모두 28 kg 초과입
    니다.

12 25보다 큰 수를 모두 찾습니다.

13 48보다 작은 수를 찾습니다.

14 48권 미만은 48권보다 적은 수입니다.
    ⇨ 정서(27권), 동민(36권), 예림(47권)

15 49권 미만은 49권보다 적은 수입니다.
⇨ 정서(27권), 승우(48권), 동민(36권), 예림(47권)

16 12보다 작은 수를 모두 찾습니다.

12쪽

17 7에 ●로 표시하고 오른쪽으로 선이 그어져 있으므로
7 이상인 수입니다.

18 47에 ●로 표시하고 왼쪽으로 선이 그어져 있으므로
47 이하인 수입니다.

19 28에 ○로 표시하고 오른쪽으로 선이 그어져 있으므로
28 초과인 수입니다.

20 21에 ○로 표시하고 왼쪽으로 선이 그어져 있으므로
21 미만인 수입니다.

21 90에 ●로 표시하고 오른쪽으로 선을 긋습니다.

22 60에 ●로 표시하고 왼쪽으로 선을 긋습니다.

23 56에 ○로 표시하고 오른쪽으로 선을 긋습니다.

24 60에 ○로 표시하고 왼쪽으로 선을 긋습니다.

13쪽

25 5073 ⇨ 6000
　　└→ 1000

26 7802 ⇨ 7900　　　7802 ⇨ 8000
　　└→ 100　　　　　　└→ 1000

27 6.749 ⇨ 6.800＝6.8
　　↑└

28 3901 ⇨ 4000　　　3004 ⇨ 4000
　　└→ 100　　　　　　└→ 1000

29 2615 ⇨ 2000
　　└→ 000

30 5460 ⇨ 5400　　　5460 ⇨ 5000
　　└→ 00　　　　　　└→ 000

31 2.795 ⇨ 2.700＝2.7
　　└→ 00

32 4736 ⇨ 4700　　　4920 ⇨ 4000
　　└→ 00　　　　　　└→ 000

14쪽

33 수직선의 눈금 한 칸의 크기는 0.1입니다. 33.8은 33
과 34 중 34에 더 가까우므로 약 34 kg입니다.

34 6932 ⇨ 6932 ⇨ 6900
　　　　　└→ 00

6932 ⇨ 6932 ⇨ 7000
　　　　　└→ 1000

35 7.384 ⇨ 7.384 ⇨ 7.400＝7.4
　　　　　↑└

36 2609 ⇨ 2609 ⇨ 2600
　　　　　└→ 00

2487 ⇨ 2487 ⇨ 2000
　　　　　└→ 000

37 올림하여 백의 자리까지 나타내면 6200이 되는 자연
수는 6101부터 6200까지입니다.

38 버림하여 백의 자리까지 나타내면 4100이 되는 자연
수는 4100부터 4199까지입니다.

39 반올림하여 백의 자리까지 나타내면 9100이 되는 자
연수는 9050부터 9149까지입니다.

40 101, 102, …, 109, 110 ⇨ 10개
　　└→ 11보다 1만큼 더 작은 수

15쪽

41 주어진 수가 15와 같거나 큰 수이므로 15 이상인 수
입니다.

42 주어진 수는 123과 같거나 작은 수입니다.
⇨ 123 이하인 수

43 □ 미만인 수 ⇨ □보다 작은 수
□보다 작은 자연수가 10개이려면 1부터 10까지가
10개이므로 □는 11이어야 합니다.
왜 틀렸을까? □ 미만인 자연수에서 기준이 되는 수인 □는
포함되지 않습니다. ⇨ □−1, □−2, …, 2, 1

44 201, 202, …, 299, 300 ⇨ 100개
　　└→ 3보다 1만큼 더 작은 수

45 230□□ → □□의 자리에 00부터 99까지의 수가
들어간 수이므로 23000부터 23099까지입니다.
⇨ 23099−23000＋1＝100(개)

46 4450, 4451, …, 4548, 4549
⇨ 4549−4450＋1＝100(개)
왜 틀렸을까? 반올림은 구하려는 자리 바로 아래 자리의 숫
자가 0, 1, 2, 3, 4이면 버림하여 나타내고 5, 6, 7, 8, 9이면 올
림하여 나타내는 방법입니다.

2단계 서술형 유형

16~17쪽

1-1 20, 37, 20, 36, 9 / 9

1-2 📝 45 초과 73 미만인 자연수는 46, 47, ..., 71, 72 입니다.

이 중 짝수는 46, 48, ..., 70, 72입니다.

따라서 모두 14개입니다. / 14개

2-1 12, 45, 12, 45, 12 / 12

2-2 📝 51 이상 81 이하인 자연수는 51, 52, ..., 80, 81 입니다.

이 중 3의 배수는 51, 54, ..., 78, 81입니다.

따라서 모두 11개입니다. / 11개

3-1 8, 15, 8, 15, 15, 8, 9 / 9

3-2 📝 $180 \div 25 = 7 \cdots 5$

⇨ 25 kg씩 담으면 7자루가 되고 5 kg이 남습니다. 남은 5 kg도 자루에 담아야 하므로 필요한 자루는 최소 $7 + 1 = 8$(자루)입니다. / 8자루

4-1 101, 200, 150, 249, 150, 200, 51 / 51

4-2 📝 올림하여 백의 자리까지 나타내면 5000이 되는 자연수는 401부터 500까지입니다.

반올림하여 백의 자리까지 나타내면 5000이 되는 자연수는 450부터 549까지입니다.

따라서 공통인 자연수는 450부터 500까지이므로 모두 51개입니다. / 51개

16쪽

1-1 20, 22, 24, 26, 28, 30, 32, 34, 36

⇨ 9개

1-2 46, 48, 50, 52, 54, 56, 58, 60, 62, 64, 66, 68, 70, 72 ⇨ 14개

서술형 가이드 45 초과 73 미만인 자연수를 구한 뒤 짝수를 구하는 풀이 과정이 들어 있어야 합니다.

채점 기준

상	45 초과 73 미만인 자연수를 구한 뒤 짝수를 구하여 답을 구했음.
중	45 초과 73 미만인 자연수를 구한 뒤 짝수만 구했음.
하	45 초과 73 미만인 자연수만 구했음.

2-1 12, 15, 18, 21, 24, 27, 30, 33, 36, 39, 42, 45

⇨ 12개

다른 풀이

$12 \div 3 = 4$, $45 \div 3 = 15$이므로 $15 - 4 + 1 = 12$(개)입니다.

2-2 51, 54, 57, 60, 63, 66, 69, 72, 75, 78, 81

⇨ 11개

다른 풀이

$51 \div 3 = 17$, $81 \div 3 = 27$이므로 $27 - 17 + 1 = 11$(개)입니다.

서술형 가이드 51 이상 81 이하인 자연수를 구한 뒤 3의 배수를 구하는 풀이 과정이 들어 있어야 합니다.

채점 기준

상	51 이상 81 이하인 자연수를 구한 뒤 3의 배수를 구하여 답을 구했음.
중	51 이상 81 이하인 자연수를 구한 뒤 3의 배수만 구했음.
하	51 이상 81 이하인 자연수만 구했음.

17쪽

3-1 남은 쌀도 자루에 담아야 하므로 올림을 이용합니다.

3-2 남은 쌀도 자루에 담아야 하므로 올림을 이용합니다.

서술형 가이드 $180 \div 25$를 계산하여 몫과 나머지를 구한 뒤 나머지가 있을 때 필요한 자루는 최소 몇 자루인지 구하는 풀이 과정이 들어 있어야 합니다.

채점 기준

상	$180 \div 25$를 계산하여 몫과 나머지를 구한 뒤 나머지가 있을 때 필요한 최소 자루는 (몫)+1이라고 구했음.
중	$180 \div 25$를 계산하여 몫과 나머지를 구했지만 나머지가 있을 때 필요한 최소 자루는 구하지 못함.
하	$180 \div 25$를 계산하지 못함.

4-1 150부터 200까지의 자연수의 개수:

$200 - 150 + 1 = 51$(개)

4-2 450부터 500까지의 자연수의 개수:

$500 - 450 + 1 = 51$(개)

서술형 가이드 올림하여 백의 자리까지 나타내면 5000이 되는 자연수의 범위와 반올림하여 백의 자리까지 나타내면 5000이 되는 자연수의 범위를 구한 뒤 공통인 자연수의 개수를 구하는 풀이 과정이 들어 있어야 합니다.

채점 기준

상	올림하여 백의 자리까지 나타내면 5000이 되는 자연수의 범위와 반올림하여 백의 자리까지 나타내면 5000이 되는 자연수의 범위를 구한 뒤 공통인 자연수를 구하여 답을 구했음.
중	올림하여 백의 자리까지 나타내면 5000이 되는 자연수의 범위와 반올림하여 백의 자리까지 나타내면 5000이 되는 자연수의 범위를 구한 뒤 공통인 자연수만 구했음.
하	올림하여 백의 자리까지 나타내면 5000이 되는 자연수의 범위와 반올림하여 백의 자리까지 나타내면 5000이 되는 자연수의 범위만 구했음.

3 단계 유형 평가   18~20쪽

01 4개	02 5개
03 49, 47.1, 52.8, 60	04 $19, 5\frac{1}{4}, 20.9$
05 19 이상인 수	06 30 미만인 수

07
```
┼──┼──┼──●━━┿━━┿━━┿
62  63  64  65  66  67  68
```

08 8.2	09 <
10 7.9	11 =
12 9.3	13 >
14 10개	15 139
16 100개	17 20
18 100개	

19 예 44 이상 96 이하인 자연수는 44, 45, ..., 95, 96
입니다.
이 중 4의 배수는 44, 48, ..., 92, 96입니다.
따라서 모두 14개입니다. / 14개

20 예 올림하여 백의 자리까지 나타내면 7000이 되는 자
연수는 601부터 700까지입니다.
반올림하여 백의 자리까지 나타내면 6000이 되는 자
연수는 550부터 649까지입니다.
따라서 공통인 자연수는 601부터 649까지이므로 모
두 49개입니다. / 49개

18쪽

01 65 이상인 수: 65와 같거나 큰 수를 찾습니다.
⇨ 88, 65, 70, 92 ⇨ 4개

02 31 이하인 수: 31과 같거나 작은 수를 찾습니다.
⇨ 18, 21, 31, 29, 30 ⇨ 5개

03 47 초과인 수: 47보다 큰 수를 찾습니다.
⇨ 49, 47.1, 52.8, 60

04 21 미만인 수: 21보다 작은 수를 찾습니다.
⇨ $19, 5\frac{1}{4}, 20.9$

05 19에 ●로 표시하고 오른쪽으로 선이 그어져 있으므
로 19 이상인 수입니다.

06 30에 ○로 표시하고 왼쪽으로 선이 그어져 있으므로
30 미만인 수입니다.

07 65에 ○로 표시하고 오른쪽으로 선을 긋습니다.

08 8.1̲3̲4̲ ⇨ 8.200 = 8.2

19쪽

09 5̲900 ⇨ 5900   5̲900 ⇨ 6000
    └→ 그대로   └→ 1000

10 7.9̲06 ⇨ 7.900 = 7.9
    └→ 00

11 60̲83 ⇨ 6000   6̲083 ⇨ 6000
    └→ 00   └→ 000

12 9.25̲1 ⇨ 9.251 ⇨ 9.300 = 9.3

13 34̲87 ⇨ 3487 ⇨ 3500
            └→ 100

    3̲487 ⇨ 3487 ⇨ 3000
            └→ 000

14 281, 282, ..., 289, 290 ⇨ 10개

20쪽

15 주어진 수는 139와 같거나 작은 수입니다.
⇨ 139 이하인 수

16 467□□ → □□의 자리에 00부터 99까지의 수가
들어간 수이므로 46700부터 46799까지입니다.
⇨ 46799 − 46700 + 1 = 100(개)

17 □ 미만인 자연수 ⇨ □보다 작은 수
□보다 작은 자연수가 19개이려면 1부터 19까지가
19개이므로 □는 20이어야 합니다.
왜 틀렸을까? □ 미만인 자연수에서 기준이 되는 수인 □는
포함되지 않습니다.
⇨ □−1, □−2, ..., 2, 1

18 5750, 5751, ..., 5848, 5849

⇨ 5849−5750+1＝100(개)

왜 틀렸을까? 반올림은 구하려는 자리 바로 아래 자리의 숫자가 0, 1, 2, 3, 4이면 버림하여 나타내고 5, 6, 7, 8, 9이면 올림하여 나타내는 방법입니다.

19 44, 48, 52, 56, 60, 64, 68, 72, 76, 80, 84, 88, 92, 96

⇨ 14개

다른 풀이

44÷4＝11, 96÷4＝24이므로 24−11+1＝14(개)입니다.

서술형 가이드 44 이상 96 이하인 자연수를 구한 뒤 4의 배수를 구하는 풀이 과정이 들어 있어야 합니다.

채점 기준

상	44 이상 96 이하인 자연수를 구한 뒤 4의 배수를 구하여 답을 구했음.
중	44 이상 96 이하인 자연수를 구한 뒤 4의 배수만 구했음.
하	44 이상 96 이하인 자연수만 구했음.

20 601부터 649까지 자연수의 개수:

649−601+1＝49(개)

서술형 가이드 올림하여 백의 자리까지 나타내면 7000이 되는 자연수의 범위와 반올림하여 백의 자리까지 나타내면 600이 되는 자연수의 범위를 구한 뒤 공통인 자연수의 개수를 구하는 풀이 과정이 들어 있어야 합니다.

채점 기준

상	올림하여 백의 자리까지 나타내면 7000이 되는 자연수의 범위와 반올림하여 백의 자리까지 나타내면 600이 되는 자연수의 범위를 구한 뒤 공통인 자연수를 구하여 답을 구했음.
중	올림하여 백의 자리까지 나타내면 7000이 되는 자연수의 범위와 반올림하여 백의 자리까지 나타내면 600이 되는 자연수의 범위를 구한 뒤 공통인 자연수만 구했음.
하	올림하여 백의 자리까지 나타내면 7000이 되는 자연수의 범위와 반올림하여 백의 자리까지 나타내면 600이 되는 자연수의 범위만 구했음.

공부를 조금만 더 열심히 하자!

3 단계 **단원 평가** 기본 21~22쪽

01 준현, 기홍	**02** 기홍
03 준모, 우혁	**04** 12700
05 640	
06 54 초과 57 이하인 수	
07 46, 48, 50	**08** (1) × (2) ○
09 21개	**10** ④
11 7000, 6000, 7000	**12** 9500원
13 12500원	**14** 22000원
15 <	**16** 21000
17 3개	**18** ㉢
19 ②	**20** 210000원

21쪽

01 몸무게가 50 kg 이상인 학생은 준현(50 kg), 기홍(52 kg)입니다.

02 50 kg 초과인 범위에는 50 kg이 포함되지 않습니다.

03 41 kg 미만인 범위에는 41 kg이 포함되지 않습니다.

04 12743 ⇨ 12700
　　　 └→ 00

05 631 ⇨ 640
　　 └→ 10

06 54보다 크고 57과 같거나 작은 수이므로 54 초과 57 이하인 수입니다.

07 44 초과 51 미만인 수는 44보다 크고 51보다 작은 수이므로 46, 48, 50입니다.

08 (1) 6 미만인 수 ⇨ 6보다 작은 수
(2) 11 초과인 수 ⇨ 11보다 큰 수

09 21 이하인 자연수는 21과 같거나 작은 수이므로 1부터 21까지입니다. ⇨ 21개

10 19와 23에 모두 ●로 표시되어 있고, 두 수 사이를 선으로 이었으므로 19 이상 23 이하인 수입니다. 19 이상 23 이하인 수의 범위에 포함되지 않는 수는 ④ 18.9입니다.

11 올림: 6953 ⇨ 7000
          └→ 1000

 버림: 6953 ⇨ 6000
          └→ 000

 반올림: 6953 ⇨ 6953 ⇨ 7000
                      └→ 1000

22쪽

12 시하는 11세로 13세 이하에 포함되므로 9500원을 내야 합니다.

13 언니는 14세로 13세 초과 60세 이하에 포함되므로 12500원을 내야 합니다.

14 9500＋12500＝22000(원)

15 2347 ⇨ 2347 ⇨ 2300이므로 2300＜2347입니다.
              └→ 00

16 21233 ⇨ 22000, 22000 ⇨ 22000,
              └→ 1000   └→ 그대로

 21800 ⇨ 22000, 21000 ⇨ 21000
              └→ 1000   └→ 그대로

17 ㉠ 39, 40, 41, …, 55, 56

 ㉡ 50, 51, 52

 ⇨ 공통인 수는 50, 51, 52로 모두 3개입니다.

18 ㉠ 4283 ⇨ 4290
              └→ 10

 ㉡ 4283 ⇨ 4000
              └→ 000

 ㉢ 4283 ⇨ 4283 ⇨ 4300
                      └→ 100

19 ① 540271 ⇨ 540271 ⇨ 540270
                          └→ 0

 ② 540271 ⇨ 540271 ⇨ 540300
                          └→ 100

 ③ 540271 ⇨ 540271 ⇨ 540000
                          └→ 000

 ④ 540271 ⇨ 540271 ⇨ 540000
                          └→ 0000

 ⑤ 540271 ⇨ 540271 ⇨ 500000
                          └→ 00000

20 음료수를 10개 단위로 팔므로 올림하여 십의 자리까지 나타내면 342 ⇨ 350입니다.
                                              └→ 10

 ⇨ 35묶음을 사야 하므로 최소
  6000×35＝210000(원)이 필요합니다.

2 분수의 곱셈

1단계 기초 문제   25쪽

1-1 (1) 5, 5　　　　　　　　(2) 4, 8, $2\frac{2}{3}$

 (3) 7, 7, 14, $2\frac{4}{5}$　　(4) 3, 6, 6, $6\frac{6}{7}$

1-2 (1) 1, 4　　　　　　　　(2) 7, 35, $4\frac{3}{8}$

 (3) 6, 3, 1, 6, 18　　(4) 3, 5, 3, $6\frac{1}{2}$

2-1 (1) 5, 4, $\frac{5}{24}$　　　(2) 3, 5, 15

 (3) 8, 8, $\frac{16}{35}$　　　(4) 7, 7, 49, $2\frac{9}{20}$

2-2 (1) 7, 5, $\frac{7}{40}$　　　(2) 2, 5, $\frac{2}{5}$

 (3) 7, 7, 35, $1\frac{17}{18}$　　(4) 7, 5, 3, 2, 35, $5\frac{5}{6}$

1단계 기본 문제   26~27쪽

01 4, 12, $2\frac{2}{5}$	**02** 3, 15, $2\frac{1}{7}$
03 7, 35, $4\frac{3}{8}$	**04** 4, 8, $1\frac{3}{5}$
05 7, 21, $2\frac{5}{8}$	**06** 4, 32, $3\frac{5}{9}$
07 7, 28, $5\frac{3}{5}$	**08** 7, 35, $5\frac{5}{6}$
09 11, 22, $3\frac{1}{7}$	**10** 1, 1, 3, $6\frac{3}{4}$
11 3, 3, 6, $3\frac{1}{5}$	**12** 5, 5, 20, $10\frac{6}{7}$
13 11, 22, $4\frac{2}{5}$	**14** 9, 27, $6\frac{3}{4}$
15 9, 36, $5\frac{1}{7}$	**16** 3, 3, 9, $8\frac{1}{4}$
17 2, 2, 8, $13\frac{3}{5}$	**18** 5, 5, 25, $14\frac{1}{6}$
19 4, 4	**20** 8, 40
21 7, 7, 35, $1\frac{17}{18}$	**22** 13, 13, 39, $1\frac{19}{20}$
23 11, 5, 11, 55, $4\frac{7}{12}$	**24** 2, 5, 5, 5, 25, $7\frac{1}{12}$

2 단계 기본 유형 28~33쪽

01 (1) 6　(2) $7\frac{1}{2}$　**02** $5\frac{3}{5}, 3\frac{1}{3}, 12$

03 (1) $>$　(2) $=$

04 [방법 1] $3\frac{2}{3}\times 2=\frac{11}{3}\times 2=\frac{11\times 2}{3}$

$$=\frac{22}{3}=7\frac{1}{3}$$

[방법 2] $3\frac{2}{3}\times 2=\left(3+\frac{2}{3}\right)\times 2$

$$=(3\times 2)+\left(\frac{2}{3}\times 2\right)$$

$$=6+\frac{4}{3}=6+1\frac{1}{3}=7\frac{1}{3}$$

05

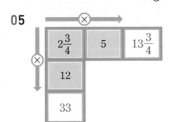

06 ✕

07 (1) $13\frac{1}{2}$　(2) 10

08 예 ▭▭▭▭▭▭▭ / 6

09 $25\times\frac{3}{5}$에 ○표　**10** (1) 46　(2) $36\frac{4}{5}$

11 [방법 1] $8\times 3\frac{1}{6}=\overset{4}{8}\times\frac{19}{\underset{3}{6}}=\frac{4\times 19}{3}$

$$=\frac{76}{3}=25\frac{1}{3}$$

[방법 2] $8\times 3\frac{1}{6}=8\times\left(3+\frac{1}{6}\right)$

$$=(8\times 3)+\left(\overset{4}{8}\times\frac{1}{\underset{3}{6}}\right)=24+\frac{4}{3}$$

$$=24+1\frac{1}{3}=25\frac{1}{3}$$

12 ⓒ, ⓛ, ㉠　**13** (1) $\frac{1}{28}$　(2) $\frac{1}{30}$

14 $\frac{1}{24}, \frac{1}{63}$　**15** $>$

16 ⓒ, ㉠, ⓛ　**17** (1) $\frac{3}{56}$　(2) $\frac{7}{36}$

18 $\frac{1}{14}, \frac{2}{15}$　**19** (○)(　　)

20 $>$　**21** (1) $\frac{20}{63}$　(2) $\frac{3}{8}$

22 $\frac{3}{14}, \frac{2}{3}$　**23** (1) $>$　(2) $<$

24 (1) $2\frac{11}{12}$　(2) $2\frac{1}{28}$　**25** $5\frac{1}{4}$

26 $3\frac{1}{9}, 3\frac{1}{3}$　**27** (1) $4\frac{1}{2}$　(2) $10\frac{1}{2}$

28 $<$　**29** $7\frac{13}{21}$

30 (1) 5, $\frac{5}{14}$　(2) 2, $\frac{5}{14}$

31 (1) $\frac{2}{63}$　(2) $\frac{5}{14}$　**32** $13\frac{1}{3}$

33 $2\frac{2}{5}$ cm　**34** $9\frac{1}{5}$ cm

35 $23\frac{1}{4}$ cm　**36** (1) 15　(2) 16

37 (1) 27　(2) 80　**38** (1) 100　(2) 285

28쪽

01 (1) $\frac{3}{\underset{1}{4}}\times\overset{2}{8}=6$　(2) $\frac{5}{\underset{2}{6}}\times\overset{3}{9}=\frac{15}{2}=7\frac{1}{2}$

02 $\frac{7}{\underset{5}{10}}\times\overset{4}{8}=\frac{28}{5}=5\frac{3}{5}$

$$\frac{5}{\underset{3}{21}}\times\overset{2}{14}=\frac{10}{3}=3\frac{1}{3}$$

$$\frac{4}{\underset{1}{5}}\times\overset{3}{15}=12$$

03 (1) $\frac{5}{\underset{2}{12}}\times\overset{3}{18}=\frac{15}{2}=7\frac{1}{2}\Rightarrow 8>7\frac{1}{2}$

(2) $\frac{3}{7}\times 4=\frac{3\times 4}{7}=\frac{12}{7}=1\frac{5}{7}$

04 [방법 1] 대분수를 가분수로 바꾸어 계산하기

[방법 2] 대분수를 자연수와 진분수로 바꾸어 계산하기

05 $2\frac{3}{4}\times 5=\frac{11}{4}\times 5=\frac{55}{4}=13\frac{3}{4}$

$$2\frac{3}{4}\times 12=\frac{11}{\underset{1}{4}}\times\overset{3}{12}=33$$

다른 풀이

$2\frac{3}{4}\times 5=(2\times 5)+\left(\frac{3}{4}\times 5\right)=10+\frac{15}{4}=10+3\frac{3}{4}=13\frac{3}{4}$

$2\frac{3}{4}\times 12=(2\times 12)+\left(\frac{3}{\underset{1}{4}}\times\overset{3}{12}\right)=24+9=33$

06 $1\dfrac{1}{2}\times3=\dfrac{3}{2}\times3=\dfrac{9}{2}=4\dfrac{1}{2}$

$1\dfrac{3}{4}\times2=\dfrac{7}{\overset{\,}{\underset{2}{4}}}\times\overset{1}{2}=\dfrac{7}{2}=3\dfrac{1}{2}$

다른 풀이

$1\dfrac{1}{2}\times3=(1\times3)+\left(\dfrac{1}{2}\times3\right)=3+\dfrac{3}{2}=3+1\dfrac{1}{2}=4\dfrac{1}{2}$

$1\dfrac{3}{4}\times2=(1\times2)+\left(\dfrac{3}{\underset{2}{4}}\times\overset{1}{2}\right)=2+\dfrac{3}{2}=2+1\dfrac{1}{2}=3\dfrac{1}{2}$

29쪽

07 (1) $\overset{9}{1\!8}\times\dfrac{3}{\underset{2}{4}}=\dfrac{27}{2}=13\dfrac{1}{2}$

(2) $\overset{2}{1\!2}\times\dfrac{5}{\underset{1}{6}}=10$

08 10의 $\dfrac{1}{5}$ 은 2이므로 10의 $\dfrac{3}{5}$ 은 6입니다.

09 $14\times\dfrac{2}{3}=\dfrac{28}{3}=9\dfrac{1}{3}<12$

$\overset{5}{2\!5}\times\dfrac{3}{\underset{1}{5}}=15>12$

10 (1) $12\times3\dfrac{5}{6}=\overset{2}{1\!2}\times\dfrac{23}{\underset{1}{6}}=46$

(2) $16\times2\dfrac{3}{10}=\overset{8}{1\!6}\times\dfrac{23}{\underset{5}{10}}=\dfrac{184}{5}=36\dfrac{4}{5}$

다른 풀이

(1) $12\times3\dfrac{5}{6}=(12\times3)+\left(\overset{2}{1\!2}\times\dfrac{5}{\underset{1}{6}}\right)=36+10=46$

(2) $16\times2\dfrac{3}{10}=(16\times2)+\left(\overset{8}{1\!6}\times\dfrac{3}{\underset{5}{10}}\right)=32+\dfrac{24}{5}$

$=32+4\dfrac{4}{5}=36\dfrac{4}{5}$

11 [방법 1] 대분수를 가분수로 바꾸어 계산하기
[방법 2] 대분수를 자연수와 진분수로 바꾸어 계산하기

12 모두 9×■이므로 ■가 클수록 계산 결과가 큽니다.
$5\dfrac{1}{3}>5>\dfrac{1}{3}$ 이므로 ⓒ>ⓛ>⊙입니다.

30쪽

13 (1) $\dfrac{1}{7}\times\dfrac{1}{4}=\dfrac{1}{7\times4}=\dfrac{1}{28}$

(2) $\dfrac{1}{5}\times\dfrac{1}{6}=\dfrac{1}{5\times6}=\dfrac{1}{30}$

14 $\dfrac{1}{8}\times\dfrac{1}{3}=\dfrac{1}{8\times3}=\dfrac{1}{24}$, $\dfrac{1}{9}\times\dfrac{1}{7}=\dfrac{1}{9\times7}=\dfrac{1}{63}$

15 $\dfrac{1}{5}\times\dfrac{1}{5}=\dfrac{1}{5\times5}=\dfrac{1}{25}$, $20<25$이므로

$\dfrac{1}{20}>\dfrac{1}{5}\times\dfrac{1}{5}$ 입니다.

16 ⊙ $\dfrac{1}{24}$ ⓛ $\dfrac{1}{22}$ ⓒ $\dfrac{1}{27}$

⇨ $27>24>22$이므로 $\dfrac{1}{27}<\dfrac{1}{24}<\dfrac{1}{22}$ 입니다.

17 (1) $\dfrac{1}{7}\times\dfrac{3}{8}=\dfrac{1\times3}{7\times8}=\dfrac{3}{56}$

(2) $\dfrac{7}{9}\times\dfrac{1}{4}=\dfrac{7\times1}{9\times4}=\dfrac{7}{36}$

18 $\dfrac{1}{\underset{2}{8}}\times\dfrac{\overset{1}{4}}{7}=\dfrac{1\times1}{2\times7}=\dfrac{1}{14}$, $\dfrac{\overset{2}{4}}{5}\times\dfrac{1}{\underset{3}{6}}=\dfrac{2\times1}{5\times3}=\dfrac{2}{15}$

19 $\dfrac{1}{3}\times\dfrac{2}{5}=\dfrac{2}{5}\times\dfrac{1}{3}$ 이고 $\dfrac{2}{5}$ 에 더 큰 수를 곱할수록 더 큽니다.

$\dfrac{1}{3}>\dfrac{1}{5}$ 이므로 $\dfrac{2}{5}$ 에 $\dfrac{1}{3}$ 을 곱한 결과가 $\dfrac{1}{5}$ 을 곱한 결과보다 더 큽니다.

20 $\dfrac{1}{\underset{3}{9}}\times\dfrac{\overset{2}{6}}{7}=\dfrac{1\times2}{3\times7}=\dfrac{2}{21}$, $\dfrac{\overset{1}{4}}{5}\times\dfrac{1}{\underset{3}{12}}=\dfrac{1\times1}{5\times3}=\dfrac{1}{15}$

⇨ $\dfrac{2}{21}=\dfrac{10}{105}$, $\dfrac{1}{15}=\dfrac{7}{105}$ ⇨ $\dfrac{2}{21}>\dfrac{1}{15}$

31쪽

21 (1) $\dfrac{5}{7}\times\dfrac{4}{9}=\dfrac{5\times4}{7\times9}=\dfrac{20}{63}$

(2) $\dfrac{\overset{3}{9}}{\underset{8}{16}}\times\dfrac{2}{\underset{1}{3}}=\dfrac{3}{8}$

22 $\dfrac{3}{\underset{2}{10}}\times\dfrac{\overset{1}{5}}{7}=\dfrac{3}{14}$, $\dfrac{\overset{2}{14}}{\underset{3}{15}}\times\dfrac{\overset{1}{5}}{7}=\dfrac{2}{3}$

23 (1) $\dfrac{\overset{1}{\cancel{2}}}{\underset{1}{\cancel{3}}} \times \dfrac{\overset{3}{\cancel{9}}}{\underset{5}{\cancel{10}}} = \dfrac{3}{5}$, $\dfrac{\overset{1}{\cancel{5}}}{7} \times \dfrac{3}{\underset{1}{\cancel{5}}} = \dfrac{3}{7}$ ⇨ $\dfrac{3}{5} > \dfrac{3}{7}$

(2) $\dfrac{3}{4} \times \dfrac{1}{2} = \dfrac{3}{8}$, $\dfrac{3}{\underset{1}{\cancel{5}}} \times \dfrac{\overset{3}{\cancel{15}}}{16} = \dfrac{9}{16}$

⇨ $\dfrac{3}{8} = \dfrac{6}{16}$ 이므로 $\dfrac{6}{16} < \dfrac{9}{16}$ 입니다.

24 (1) $\dfrac{5}{6} \times 3\dfrac{1}{2} = \dfrac{5}{6} \times \dfrac{7}{2} = \dfrac{5 \times 7}{6 \times 2} = \dfrac{35}{12} = 2\dfrac{11}{12}$

(2) $2\dfrac{3}{8} \times \dfrac{6}{7} = \dfrac{19}{\underset{4}{\cancel{8}}} \times \dfrac{\overset{3}{\cancel{6}}}{7} = \dfrac{19 \times 3}{4 \times 7} = \dfrac{57}{28} = 2\dfrac{1}{28}$

25 $\dfrac{9}{10} \times 5\dfrac{5}{6} = \dfrac{\overset{3}{\cancel{9}}}{\underset{2}{\cancel{10}}} \times \dfrac{\overset{7}{\cancel{35}}}{\underset{2}{\cancel{6}}} = \dfrac{3 \times 7}{2 \times 2} = \dfrac{21}{4} = 5\dfrac{1}{4}$

26 $\dfrac{7}{8} \times 3\dfrac{5}{9} = \dfrac{7}{\underset{1}{\cancel{8}}} \times \dfrac{\overset{4}{\cancel{32}}}{9} = \dfrac{7 \times 4}{1 \times 9} = \dfrac{28}{9} = 3\dfrac{1}{9}$

$4\dfrac{1}{6} \times \dfrac{4}{5} = \dfrac{\overset{5}{\cancel{25}}}{\underset{3}{\cancel{6}}} \times \dfrac{\overset{2}{\cancel{4}}}{\underset{1}{\cancel{5}}} = \dfrac{5 \times 2}{3 \times 1} = \dfrac{10}{3} = 3\dfrac{1}{3}$

32쪽

27 (1) $2\dfrac{1}{7} \times 2\dfrac{1}{10} = \dfrac{\overset{3}{\cancel{15}}}{\underset{1}{\cancel{7}}} \times \dfrac{\overset{3}{\cancel{21}}}{\underset{2}{\cancel{10}}} = \dfrac{3 \times 3}{1 \times 2} = \dfrac{9}{2} = 4\dfrac{1}{2}$

(2) $3\dfrac{3}{4} \times 2\dfrac{4}{5} = \dfrac{\overset{3}{\cancel{15}}}{\underset{2}{\cancel{4}}} \times \dfrac{\overset{7}{\cancel{14}}}{\underset{1}{\cancel{5}}} = \dfrac{3 \times 7}{2 \times 1} = \dfrac{21}{2} = 10\dfrac{1}{2}$

28 $1\dfrac{3}{7} \times 2\dfrac{3}{10} = \dfrac{10}{7} \times \dfrac{23}{\underset{1}{\cancel{10}}} = \dfrac{23}{7} = 3\dfrac{2}{7}$

$4\dfrac{1}{5} \times 1\dfrac{1}{18} = \dfrac{\overset{7}{\cancel{21}}}{5} \times \dfrac{19}{\underset{6}{\cancel{18}}} = \dfrac{133}{30} = 4\dfrac{13}{30}$

⇨ $3\dfrac{2}{7} < 4\dfrac{13}{30}$

29 $4\dfrac{2}{7} > \dfrac{21}{8}\left(= 2\dfrac{5}{8}\right) > 1\dfrac{7}{9}$

⇨ $4\dfrac{2}{7} \times 1\dfrac{7}{9} = \dfrac{30}{7} \times \dfrac{\overset{10}{\cancel{16}}}{\underset{3}{\cancel{9}}} = \dfrac{160}{21} = 7\dfrac{13}{21}$

30 (2) $\dfrac{\overset{1}{\cancel{2}}}{\underset{1}{\cancel{3}}} \times \dfrac{5}{7} \times \dfrac{\overset{1}{\cancel{3}}}{\underset{2}{\cancel{4}}} = \dfrac{5}{14}$

31 (1) $\dfrac{1}{3} \times \dfrac{1}{\underset{3}{\cancel{6}}} \times \dfrac{\overset{2}{\cancel{4}}}{7} = \dfrac{1 \times 1 \times 2}{3 \times 3 \times 7} = \dfrac{2}{63}$

(2) $\dfrac{\overset{1}{\cancel{3}}}{\cancel{6}} \times \dfrac{5}{\underset{2}{\cancel{8}}} \times \dfrac{\overset{1}{\cancel{2}}}{\underset{1}{\cancel{3}}} = \dfrac{1 \times 5 \times 1}{7 \times 2 \times 1} = \dfrac{5}{14}$

32 $3\dfrac{3}{5} \times \dfrac{8}{9} \times 4\dfrac{1}{6} = \dfrac{\overset{2}{\cancel{18}}}{\underset{1}{\cancel{5}}} \times \dfrac{\overset{4}{\cancel{8}}}{\underset{1}{\cancel{9}}} \times \dfrac{\overset{5}{\cancel{25}}}{\underset{3}{\cancel{6}}} = \dfrac{2 \times 4 \times 5}{1 \times 1 \times 3}$

$= \dfrac{40}{3} = 13\dfrac{1}{3}$

33쪽

33 (한 변의 길이) $\times 3 = \dfrac{4}{5} \times 3 = \dfrac{12}{5} = 2\dfrac{2}{5}$ (cm)

34 (한 변의 길이) $\times 4 = 2\dfrac{3}{10} \times 4 = (2 \times 4) + \left(\dfrac{3}{\underset{5}{\cancel{10}}} \times \overset{2}{\cancel{4}}\right)$

$= 8 + \dfrac{6}{5} = 8 + 1\dfrac{1}{5}$

$= 9\dfrac{1}{5}$ (cm)

다른 풀이

$2\dfrac{3}{10} \times 4 = \dfrac{23}{\underset{5}{\cancel{10}}} \times \overset{2}{\cancel{4}} = \dfrac{46}{5} = 9\dfrac{1}{5}$ (cm)

35 변이 6개인 정다각형이므로 정육각형입니다.

⇨ (한 변의 길이) $\times 6 = 3\dfrac{7}{8} \times 6 = (3 \times 6) + \left(\dfrac{7}{\underset{4}{\cancel{8}}} \times \overset{3}{\cancel{6}}\right)$

$= 18 + \dfrac{21}{4} = 18 + 5\dfrac{1}{4}$

$= 23\dfrac{1}{4}$ (cm)

다른 풀이

$3\dfrac{7}{8} \times 6 = \dfrac{31}{\underset{4}{\cancel{8}}} \times \overset{3}{\cancel{6}} = \dfrac{93}{4} = 23\dfrac{1}{4}$ (cm)

왜 틀렸을까? 정다각형의 둘레는 (한 변의 길이)×(변의 개수)이므로 변의 개수를 먼저 구합니다.

36 (1) $\overset{5}{\cancel{20}} \times \dfrac{3}{\underset{1}{\cancel{4}}} = 15$(초)   (2) $\overset{8}{\cancel{40}} \times \dfrac{2}{\underset{1}{\cancel{5}}} = 16$(초)

37 (1) $\overset{9}{45} \times \dfrac{3}{\underset{1}{5}} = 27$(분)

(2) $60 \times 1\dfrac{1}{3} = \overset{20}{60} \times \dfrac{4}{\underset{1}{3}} = 80$(분)

다른 풀이

(2) $60 \times 1\dfrac{1}{3} = (60 \times 1) + \left(\overset{20}{60} \times \dfrac{1}{\underset{1}{3}}\right) = 60 + 20 = 80$(분)

38 (1) 2시간 $=120$분 $\Rightarrow \overset{20}{120} \times \dfrac{5}{\underset{1}{6}} = 100$(분)

(2) 3시간 $=180$분

$\Rightarrow 180 \times 1\dfrac{7}{12} = \overset{15}{180} \times \dfrac{19}{\underset{1}{12}} = 285$(분)

다른 풀이

(2) $180 \times 1\dfrac{7}{12} = (180 \times 1) + \left(\overset{15}{180} \times \dfrac{7}{\underset{1}{12}}\right)$

$= 180 + 105 = 285$(분)

왜 틀렸을까? 1시간은 60분임을 이용하여 분 단위로 먼저 바꾼 뒤 계산합니다.

2단계 서술형 유형 34~35쪽

1-1 7, 7, 40, 6, 7, 8, 9, 4 / 4

1-2 예 $\dfrac{1}{9} \times \dfrac{1}{\square} = \dfrac{1}{9 \times \square} < \dfrac{1}{60} \Rightarrow 9 \times \square > 60$

$\Rightarrow \square = 7, 8, 9$로 모두 3개입니다. / 3개

2-1 $\dfrac{2}{3}, \dfrac{2}{3}, 40$ / 40

2-2 예 공은 떨어진 높이의 $\dfrac{2}{5}$만큼 튀어 오르므로

공이 튀어 오른 높이는 $\overset{18}{90} \times \dfrac{2}{\underset{1}{5}} = 36$ (cm)입니다.

/ 36 cm

3-1 6, 6, 5, 6, 10, 10, 8, 50 / 8, 50

3-2 예 다음 주 화요일 오전 8시는 월요일 오전 8시부터

8일 후이므로 $2\dfrac{1}{4} \times 8 = \dfrac{9}{\underset{1}{4}} \times \overset{2}{8} = 18$(분) 느려집니다.

$\Rightarrow$ 8시$-$18분$=$7시 42분 / 7시 42분

4-1 3, 3, 428, 7, 749, $149\dfrac{4}{5}$ / $149\dfrac{4}{5}$

4-2 예 2시간 20분은 $2\dfrac{1}{3}$시간입니다.

$\Rightarrow 73\dfrac{7}{8} \times 2\dfrac{1}{3} = \dfrac{\overset{197}{591}}{8} \times \dfrac{7}{\underset{1}{3}} = \dfrac{1379}{8}$

$= 172\dfrac{3}{8}$ (km) / $172\dfrac{3}{8}$ km

34쪽

1-1 $7 \times 6 = 42 > 40$, $7 \times 7 = 49 > 40$, $7 \times 8 = 56 > 40$,

$7 \times 9 = 63 > 40$

1-2 서술형 가이드 단위분수끼리의 곱셈을 계산한 뒤 분수의 크기를 비교하는 풀이 과정이 들어 있어야 합니다.

채점 기준

상	단위분수끼리의 곱셈을 계산한 뒤 분수의 크기를 비교하여 답을 구했음.
중	단위분수끼리의 곱셈을 계산한 뒤 분수의 크기를 비교했지만 답을 구하지 못함.
하	단위분수끼리의 곱셈만 계산함.

2-1 $\overset{20}{60} \times \dfrac{2}{\underset{2}{3}} = 40$ (cm)

2-2 서술형 가이드 90과 $\dfrac{2}{5}$의 곱을 계산하여 높이를 구하는 풀이 과정이 들어 있어야 합니다.

채점 기준

상	90과 $\dfrac{2}{5}$의 곱을 계산하여 답을 구했음.
중	90과 $\dfrac{2}{5}$의 곱을 계산했지만 답을 쓰지 못함.
하	90과 $\dfrac{2}{5}$의 곱을 구하지 못함.

35쪽

3-1 월요일에서 7일 후는 다음 주 월요일이므로 다음 주 일요일은 6일 후입니다.

3-2 월요일에서 7일 후는 다음 주 월요일이므로 다음 주 화요일은 8일 후입니다.

서술형 가이드 다음 주 화요일 오전 8시가 며칠 후인지 구한 뒤 대분수와 자연수의 곱셈을 계산하는 풀이 과정이 들어 있어야 합니다.

채점 기준

상	다음 주 화요일 오전 8시가 며칠 후인지 구한 뒤 대분수와 자연수의 곱셈을 계산하고 시계가 몇 분 느리게 가는지 구하여 답을 구했음.
중	다음 주 화요일 오전 8시가 며칠 후인지 구한 뒤 대분수와 자연수의 곱셈을 계산하여 시계가 몇 분 느리게 가는지 구했지만 답을 구하지 못함.
하	다음 주 화요일 오전 8시가 며칠 후인지만 구했음.

4-1 1시간 45분=$1\frac{45}{60}$시간=$1\frac{3}{4}$시간

4-2 2시간 20분=$2\frac{20}{60}$시간=$2\frac{1}{3}$시간

서술형 가이드 2시간 20분을 대분수로 나타낸 뒤 대분수와 대분수의 곱셈을 계산하는 풀이 과정이 들어 있어야 합니다.

채점 기준

상	2시간 20분을 대분수로 나타낸 뒤 대분수와 대분수의 곱셈을 계산하여 답을 구했음.
중	2시간 20분을 대분수로 나타낸 뒤 대분수와 대분수의 곱셈을 계산했지만 답을 구하지 못함.
하	2시간 20분을 대분수로만 나타냄.

3 단계 유형 평가   36~38쪽

01 (1) $<$ (2) $>$

02 (교차 연결)

03 $24\times\frac{5}{6}$에 ○표

04 ㉢, ㉠, ㉡

05 ㉠, ㉢, ㉡

06 $\frac{2}{27}$, $\frac{3}{35}$

07 (   ) (○)

08 $\frac{16}{21}$, $\frac{22}{35}$

09 $3\frac{1}{3}$

10 $2\frac{1}{7}$, $2\frac{2}{9}$

11 $<$

12 $15\frac{7}{12}$

13 (1) $\frac{2}{45}$ (2) $\frac{3}{14}$

14 $16\frac{1}{5}$

15 $15\frac{1}{3}$ cm

16 (1) 18 (2) 135

17 $29\frac{2}{5}$ cm

18 (1) 90 (2) 460

19 예 $\frac{1}{7}\times\frac{1}{\square}=\frac{1}{7\times\square}<\frac{1}{80}$ ⇨ $7\times\square>80$

$7\times10=70$, $7\times11=77$, $7\times12=84$, …이므로

$\square$=12, 13, 14, 15로 모두 4개입니다. / 4개

20 예 다음 주 토요일 오전 10시는 월요일 오전 10시부터 12일 후이므로

$1\frac{5}{6}\times12=(1\times12)+\left(\frac{5}{\overset{}{\underset{1}{6}}}\times\overset{2}{12}\right)=12+10$

$=22$(분) 느려집니다.

⇨ 10시−22분=9시 38분 / 9시 38분

36쪽

01 (1) $\frac{11}{\underset{5}{15}}\times\overset{6}{18}=\frac{66}{5}=13\frac{1}{5}$ ⇨ $12<13\frac{1}{5}$

(2) $\frac{7}{\underset{3}{9}}\times\overset{2}{6}=\frac{14}{3}=4\frac{2}{3}$ ⇨ $4\frac{2}{3}>3\frac{2}{3}$

02 $2\frac{1}{6}\times4=\frac{13}{\underset{3}{6}}\times\overset{2}{4}=\frac{26}{3}=8\frac{2}{3}$

$1\frac{2}{3}\times5=\frac{5}{3}\times5=\frac{25}{3}=8\frac{1}{3}$

다른 풀이

$2\frac{1}{6}\times4=(2\times4)+\left(\frac{1}{\underset{3}{6}}\times\overset{2}{4}\right)=8+\frac{2}{3}=8\frac{2}{3}$

$1\frac{2}{3}\times5=(1\times5)+\left(\frac{2}{3}\times5\right)=5+\frac{10}{3}$

$=5+3\frac{1}{3}=8\frac{1}{3}$

03 $\overset{4}{24}\times\frac{5}{\underset{1}{6}}=20>17$

$\overset{21}{42}\times\frac{3}{\underset{4}{8}}=\frac{63}{4}=15\frac{3}{4}<17$

04 모두 $15\times$■이므로 ■가 클수록 계산 결과가 큽니다.

$4\frac{1}{5}>4>\frac{4}{5}$이므로 ㉢>㉠>㉡입니다.

05 ㉠ $\frac{1}{5}\times\frac{1}{6}=\frac{1}{30}$ ㉡ $\frac{1}{3}\times\frac{1}{8}=\frac{1}{24}$ ㉢ $\frac{1}{7}\times\frac{1}{4}=\frac{1}{28}$

⇨ $30>28>24$이므로 $\frac{1}{30}<\frac{1}{28}<\frac{1}{24}$입니다.

06 $\frac{1}{\underset{3}{12}}\times\frac{\overset{2}{8}}{9}=\frac{1\times2}{3\times9}=\frac{2}{27}$

$\frac{\overset{3}{6}}{7}\times\frac{1}{\underset{5}{10}}=\frac{3\times1}{7\times5}=\frac{3}{35}$

07 $\frac{1}{7}\times\frac{5}{8}=\frac{5}{8}\times\frac{1}{7}$이고 $\frac{5}{8}$에 더 큰 수를 곱할수록 더 큽니다.

$\frac{1}{7}<\frac{1}{6}$이므로 $\frac{5}{8}$에 $\frac{1}{6}$을 곱한 결과가 $\frac{1}{7}$을 곱한 결과보다 더 큽니다.

08 $\dfrac{8}{\underset{3}{\cancel{9}}} \times \dfrac{\overset{2}{\cancel{6}}}{7} = \dfrac{16}{21}$, $\dfrac{11}{\underset{5}{\cancel{15}}} \times \dfrac{\overset{2}{\cancel{6}}}{7} = \dfrac{22}{35}$

09 $\dfrac{6}{13} \times 7\dfrac{2}{9} = \dfrac{\overset{2}{\cancel{6}}}{\underset{1}{\cancel{13}}} \times \dfrac{\overset{5}{\cancel{65}}}{\underset{3}{\cancel{9}}} = \dfrac{10}{3} = 3\dfrac{1}{3}$

10 $\dfrac{9}{14} \times 3\dfrac{1}{3} = \dfrac{\overset{3}{\cancel{9}}}{\underset{7}{\cancel{14}}} \times \dfrac{\overset{5}{\cancel{10}}}{\underset{1}{\cancel{3}}} = \dfrac{15}{7} = 2\dfrac{1}{7}$

$4\dfrac{1}{6} \times \dfrac{8}{15} = \dfrac{\overset{5}{\cancel{25}}}{\underset{3}{\cancel{6}}} \times \dfrac{\overset{4}{\cancel{8}}}{\underset{3}{\cancel{15}}} = \dfrac{20}{9} = 2\dfrac{2}{9}$

11 $3\dfrac{1}{5} \times 2\dfrac{1}{4} = \dfrac{16}{5} \times \dfrac{9}{\underset{1}{\cancel{4}}} \overset{4}{} = \dfrac{36}{5} = 7\dfrac{1}{5}$

$4\dfrac{4}{7} \times 1\dfrac{7}{8} = \dfrac{32}{7} \times \dfrac{15}{\underset{1}{\cancel{8}}} \overset{4}{} = \dfrac{60}{7} = 8\dfrac{4}{7}$

$\Rightarrow 7\dfrac{1}{5} < 8\dfrac{4}{7}$

12 $\dfrac{51}{8} = 6\dfrac{3}{8}$ 이므로 $6\dfrac{3}{8} > 5\dfrac{3}{7} > 2\dfrac{4}{9}$ 입니다.

$\Rightarrow \dfrac{51}{8} \times 2\dfrac{4}{9} = \dfrac{\overset{17}{\cancel{51}}}{\underset{4}{\cancel{8}}} \times \dfrac{\overset{11}{\cancel{22}}}{\underset{3}{\cancel{9}}} = \dfrac{187}{12} = 15\dfrac{7}{12}$

13 (1) $\dfrac{1}{5} \times \dfrac{1}{\underset{1}{\cancel{4}}} \times \dfrac{\overset{2}{\cancel{8}}}{9} = \dfrac{1 \times 1 \times 2}{5 \times 1 \times 9} = \dfrac{2}{45}$

(2) $\dfrac{\overset{3}{\cancel{9}}}{\underset{2}{\cancel{10}}} \times \dfrac{\overset{1}{\cancel{5}}}{\underset{2}{\cancel{6}}} \times \dfrac{\overset{1}{\cancel{2}}}{7} = \dfrac{3 \times 1 \times 1}{1 \times 2 \times 7} = \dfrac{3}{14}$

14 $5\dfrac{1}{7} \times \dfrac{14}{15} \times 3\dfrac{3}{8} = \dfrac{\overset{9}{\cancel{36}}}{\underset{1}{\cancel{7}}} \times \dfrac{\overset{2}{\cancel{14}}}{\underset{5}{\cancel{15}}} \times \dfrac{\overset{9}{\cancel{27}}}{\underset{1}{\cancel{8}}} \overset{2}{}$

$= \dfrac{9 \times 1 \times 9}{1 \times 5 \times 1} = \dfrac{81}{5} = 16\dfrac{1}{5}$

15 $3\dfrac{5}{6} \times 4 = (3 \times 4) + \left(\dfrac{5}{\underset{3}{\cancel{6}}} \times \overset{2}{\cancel{4}}\right) = 12 + \dfrac{10}{3}$

$\qquad = 12 + 3\dfrac{1}{3} = 15\dfrac{1}{3}\,(\text{cm})$

16 (1) $\overset{6}{\cancel{24}} \times \dfrac{3}{\underset{1}{\cancel{4}}} = 18(\text{분})$

(2) $75 \times 1\dfrac{4}{5} = \overset{15}{\cancel{75}} \times \dfrac{9}{\underset{1}{\cancel{5}}} = 135(\text{분})$

다른 풀이

(2) $75 \times 1\dfrac{4}{5} = (75 \times 1) + \left(\overset{15}{\cancel{75}} \times \dfrac{4}{\underset{1}{\cancel{5}}}\right) = 75 + 60 = 135(\text{분})$

17 $4\dfrac{9}{10} \times 6 = (4 \times 6) + \left(\dfrac{9}{\underset{5}{\cancel{10}}} \times \overset{3}{\cancel{6}}\right) = 24 + \dfrac{27}{5}$

$\qquad = 24 + 5\dfrac{2}{5} = 29\dfrac{2}{5}\,(\text{cm})$

다른 풀이

$4\dfrac{9}{10} \times 6 = \dfrac{49}{\underset{5}{\cancel{10}}} \times \overset{3}{\cancel{6}} = \dfrac{147}{5} = 29\dfrac{2}{5}\,(\text{cm})$

왜 틀렸을까? 정다각형의 둘레는 (한 변의 길이)×(변의 개수) 이므로 변의 개수를 먼저 구합니다.

18 (1) 4시간＝240분 $\Rightarrow \overset{30}{\cancel{240}} \times \dfrac{3}{\underset{1}{\cancel{8}}} = 90(\text{분})$

(2) 5시간＝300분

$\qquad \Rightarrow 300 \times 1\dfrac{8}{15} = \overset{20}{\cancel{300}} \times \dfrac{23}{\underset{1}{\cancel{15}}} = 460(\text{분})$

다른 풀이

(2) $300 \times 1\dfrac{8}{15} = (300 \times 1) + \left(\overset{20}{\cancel{300}} \times \dfrac{8}{\underset{1}{\cancel{15}}}\right)$

$\qquad = 300 + 160 = 460(\text{분})$

왜 틀렸을까? 1시간은 60분임을 이용하여 분 단위로 먼저 바꾼 뒤 계산합니다.

19 **서술형** 가이드 단위분수끼리의 곱셈을 계산한 뒤 분수의 크기를 비교하여 구하는 풀이 과정이 들어 있어야 합니다.

채점 기준

상	단위분수끼리의 곱셈을 계산한 뒤 분수의 크기를 비교하여 답을 구했음.
중	단위분수끼리의 곱셈을 계산한 뒤 분수의 크기를 비교했지만 답을 구하지 못함.
하	단위분수끼리의 곱셈만 계산함.

20 월요일에서 7일 후는 다음 주 월요일이고 월요일에서 5일 후가 토요일이므로 월요일에서 7＋5＝12(일) 후가 다음 주 토요일입니다.

서술형 가이드 다음 주 토요일 오전 10시가 며칠 후인지 구한 뒤 대분수와 자연수의 곱셈을 계산하는 풀이 과정이 들어 있어야 합니다.

채점 기준

상	다음 주 토요일 오전 10시가 며칠 후인지 구한 뒤 대분수와 자연수의 곱셈을 계산하고 시계가 몇 분 느리게 가는지 구하여 답을 구했음.
중	다음 주 토요일 오전 10시가 며칠 후인지 구한 뒤 대분수와 자연수의 곱셈을 계산하여 시계가 몇 분 느리게 가는지 구했지만 답을 구하지 못함.
하	다음 주 토요일 오전 10시가 며칠 후인지만 구했음.

3단계 단원 평가 기본
39~40쪽

01 $\dfrac{4}{15} \times 20 = \dfrac{4 \times \overset{4}{20}}{\underset{3}{15}} = \dfrac{16}{3} = 5\dfrac{1}{3}$

02 21 **03** $\dfrac{6}{35}$

04 $34\dfrac{2}{3}$ **05** $3\dfrac{3}{4}$

06 $12\dfrac{3}{4}$ **07** $\dfrac{1}{8}$

08 $3\dfrac{1}{4}$, $\dfrac{2}{5}$ **09** $1\dfrac{3}{10}$

10 $\dfrac{11}{18}$ **11** ＞

12 •——•
  •——•

13 ＞

14 ( )(○) **15** $6\dfrac{2}{3}$ cm

16 $3\dfrac{3}{5}$ L **17** ㉠, ㉢, ㉡

18 60 cm² **19** $\dfrac{8}{15}$ km

20 $35\dfrac{8}{9}$ km

39쪽

02 $\dfrac{7}{\underset{1}{9}} \times \overset{3}{27} = 21$

03 $\dfrac{\overset{2}{4}}{7} \times \dfrac{3}{\underset{5}{10}} = \dfrac{6}{35}$

04 $24 \times 1\dfrac{4}{9} = \overset{8}{24} \times \dfrac{13}{\underset{3}{9}} = \dfrac{104}{3} = 34\dfrac{2}{3}$

05 $2\dfrac{5}{8} \times 1\dfrac{3}{7} = \dfrac{\overset{3}{21}}{\underset{4}{8}} \times \dfrac{\overset{5}{10}}{\underset{1}{7}} = \dfrac{15}{4} = 3\dfrac{3}{4}$

06 $\overset{3}{18} \times \dfrac{17}{\underset{4}{24}} = \dfrac{51}{4} = 12\dfrac{3}{4}$

07 $\dfrac{\overset{1}{17}}{\underset{4}{52}} \times \dfrac{\overset{1}{13}}{\underset{2}{34}} = \dfrac{1}{8}$

08 $\dfrac{7}{4} = 1\dfrac{3}{4}$ 이므로 $\dfrac{2}{5} < \dfrac{1}{2} < \dfrac{7}{4} < 3\dfrac{1}{4}$ 입니다.
└ (분자)×2＜(분모)이므로 $\dfrac{1}{2}$ 보다 작습니다.

09 $3\dfrac{1}{4} \times \dfrac{2}{5} = \dfrac{13}{\underset{2}{4}} \times \dfrac{\overset{1}{2}}{5} = \dfrac{13}{10} = 1\dfrac{3}{10}$

10 $1\dfrac{1}{6} \times \dfrac{3}{14} \times 2\dfrac{4}{9} = \dfrac{\overset{1}{7}}{\underset{2}{6}} \times \dfrac{\overset{1}{3}}{\underset{2}{14}} \times \dfrac{22}{9} = \dfrac{11}{18}$

11 $24 \times 3\dfrac{11}{16} = \overset{3}{24} \times \dfrac{59}{\underset{2}{16}} = \dfrac{177}{2} = 88\dfrac{1}{2} > 88$

40쪽

12 $\dfrac{\overset{8}{32}} {} \times \dfrac{7}{\underset{3}{12}} = \dfrac{56}{3} = 18\dfrac{2}{3}$

$3\dfrac{6}{7} \times 14 = \dfrac{27}{\underset{1}{7}} \times \overset{2}{14} = 54$

13 $\dfrac{3}{\underset{2}{\cancel{4}}} \times \overset{13}{\cancel{26}} = \dfrac{39}{2} = 19\dfrac{1}{2}$

$4 \times 4\dfrac{2}{3} = 4 \times \dfrac{14}{3} = \dfrac{56}{3} = 18\dfrac{2}{3}$

$\Rightarrow 19\dfrac{1}{2} > 18\dfrac{2}{3}$

14 $5 \times 1\dfrac{3}{4} = 5 \times \dfrac{7}{4} = \dfrac{35}{4} = 8\dfrac{3}{4}$

$1\dfrac{5}{14} \times 7 = \dfrac{19}{\underset{2}{\cancel{14}}} \times \overset{1}{\cancel{7}} = \dfrac{19}{2} = 9\dfrac{1}{2}$

$\Rightarrow 8\dfrac{3}{4} < 9\dfrac{1}{2}$

15 $\dfrac{5}{\underset{3}{\cancel{6}}} \times \overset{4}{\cancel{8}} = \dfrac{20}{3} = 6\dfrac{2}{3}$ (cm)

16 $\dfrac{3}{5} \times 6 = \dfrac{18}{5} = 3\dfrac{3}{5}$ (L)

17 ㉠ $7 \times 2\dfrac{11}{28} = \overset{1}{\cancel{7}} \times \dfrac{67}{\underset{4}{\cancel{28}}} = \dfrac{67}{4} = 16\dfrac{3}{4}$

㉡ $\dfrac{8}{9} \times 20 = \dfrac{160}{9} = 17\dfrac{7}{9}$

㉢ $3\dfrac{1}{3} \times 5\dfrac{3}{5} = \dfrac{10}{3} \times \dfrac{28}{\underset{1}{\cancel{5}}} = \dfrac{56}{3} = 18\dfrac{2}{3}$

18 (직사각형의 넓이)$= 10 \times 9 = 90$ (cm²)

$\Rightarrow$ (색칠한 부분의 넓이)$= \overset{30}{\cancel{90}} \times \dfrac{2}{\underset{1}{\cancel{3}}} = 60$ (cm²)

19 (소라네 집에서 도서관까지의 거리)$\times \dfrac{3}{5}$

$= \dfrac{8}{\underset{3}{\cancel{9}}} \times \dfrac{\overset{1}{\cancel{3}}}{5} = \dfrac{8}{15}$ (km)

20 (자동차가 1 L의 휘발유로 갈 수 있는 거리)$\times 2\dfrac{5}{6}$

$= 12\dfrac{2}{3} \times 2\dfrac{5}{6} = \dfrac{38}{3} \times \dfrac{17}{\underset{3}{\cancel{6}}}$

$= \dfrac{323}{9} = 35\dfrac{8}{9}$ (km)

3 합동과 대칭

1 단계 기초 문제
43쪽

1-1 (1) 3 cm (2) 5 cm (3) 4 cm
1-2 (1) 3 cm (2) 6 cm (3) 5 cm
2-1 (1) ㅂ (2) ㄱㅅ (3) ㅅㅇ
2-2 (1) ㄷ (2) ㄷㄹㄱ (3) ㄷㅁ

2-1 (3) 각각의 대응점에서 대칭축까지의 거리가 서로 같습니다.

2-2 (3) 각각의 대응점에서 대칭의 중심까지의 거리가 서로 같습니다.

1 단계 기본 문제
44~45쪽

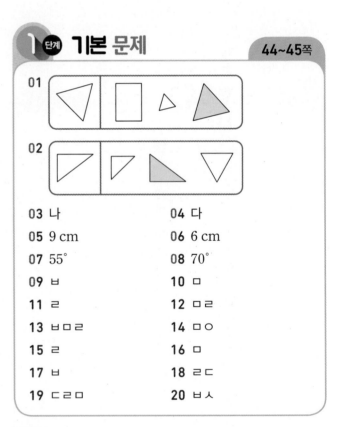

03 나   **04** 다
05 9 cm   **06** 6 cm
07 55°   **08** 70°
09 ㅂ   **10** ㅁ
11 ㄹ   **12** ㅁㄹ
13 ㅂㅁㄹ   **14** ㅁㅇ
15 ㄹ   **16** ㅁ
17 ㅂ   **18** ㄹㄷ
19 ㄷㄹㅁ   **20** ㅂㅅ

44쪽

04 도형 가는 왼쪽 도형보다 크고 도형 나는 왼쪽 도형보다 작습니다.

45쪽

14 각각의 대응점에서 대칭축까지의 거리가 서로 같습니다.

2 ^{단계} 기본 유형

46~51쪽

01 다

02 나, 라

03 가, 라 / 사, 아

04 ㄹ, ㅂ, ㅁ

05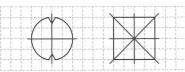

06 ㅇㅅ, ㅅㅂ, ㅂㅁ, ㅇㅁ

07 4 cm

08 3 cm

09 33 cm

10 75°

11 100°

12 55°

13 가, 나, 라, 마

14

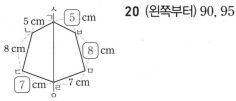

15 5개

16 (1) ㄷ (2) ㄹㅁ (3) ㄷㄹㅁ

17 (1) 점 ㅁ (2) 변 ㅂㅁ (3) 각 ㅁㄹㅇ

18 점 ㄱ, 변 ㄱㅂ, 각 ㄱㅂㅁ

19

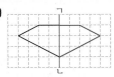

20 (왼쪽부터) 90, 95

21 95°

22 180°

23 ( ) ( ) (○)
　　(○) (○) ( )

24

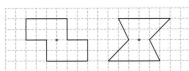

25 (1) 점 ㅁ (2) 변 ㅂㄱ (3) 각 ㄹㄷㄴ

26 ④

27 (1) 변 ㅁㅂ (2) 각 ㅂㄱㄴ

28 (왼쪽부터) 9, 70

29 (위부터) 135, 7

30

31

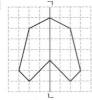

32

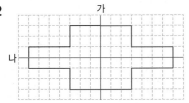

33

34

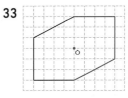
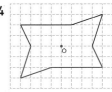

35

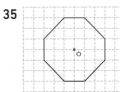

/ 팔각형

46쪽

01 도형 가, 나, 라는 모양과 크기가 같아서 포개었을 때 완전히 겹치므로 합동입니다.

02 점선을 따라 잘라서 포개었을 때 완전히 겹치는 도형을 찾습니다.

03 모양과 크기가 같아서 포개었을 때 완전히 겹치는 도형을 찾습니다.

04 두 도형을 포개었을 때 완전히 겹치는 점을 각각 찾습니다.

05 두 도형을 포개었을 때 완전히 겹치는 각을 각각 찾습니다.

06 두 도형을 포개었을 때 완전히 겹치는 변을 각각 찾습니다.
　⇨ 변 ㄱㄴ과 변 ㅇㅅ, 변 ㄴㄷ과 변 ㅅㅂ,
　　변 ㄷㄹ과 변 ㅂㅁ, 변 ㄱㄹ과 변 ㅇㅁ

47쪽

07 (변 ㄱㄴ)=(변 ㅇㅅ)=4 cm

08 (변 ㅁㅂ)=(변 ㄹㄷ)=3 cm

09 (변 ㅁㅂ)=(변 ㄴㄷ)=10 cm
　⇨ (삼각형 ㄹㅁㅂ의 둘레)=8+10+15
　　　　　　　　　　　　　=33 (cm)

10 (각 ㅇㅅㅂ)=(각 ㄱㄴㄷ)=75°

11 사각형의 네 각의 크기의 합은 360°입니다.
　⇨ (각 ㅅㅇㅁ)=(각 ㄴㄱㄹ)
　　　　=360°−(75°+70°+115°)
　　　　=360°−260°=100°

12 (각 ㄱㄴㄷ)=(각 ㅁㅂㄹ)=35°

⇨ (각 ㄴㄱㄷ)=180°−(35°+90°)=55°

48쪽

13 한 직선을 따라 접어서 완전히 겹치는 것을 모두 찾습니다.

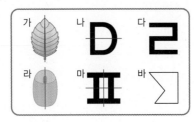

14 완전히 겹치도록 접을 수 있는 직선을 그립니다.

15
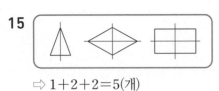

⇨ 1+2+2=5(개)

17 (1) 직선 가를 따라 포개었을 때 점 ㄴ과 겹치는 점은 점 ㅁ입니다.

(2) 직선 가를 따라 포개었을 때 변 ㄱㄴ과 겹치는 변은 변 ㅂㅁ입니다.

(3) 직선 가를 따라 포개었을 때 각 ㄴㄷㅇ과 겹치는 각은 각 ㅁㄹㅇ입니다.

18 직선 나를 따라 포개었을 때 겹치는 점, 변, 각을 각각 찾습니다.

49쪽

19 선대칭도형에서 각각의 대응변의 길이가 서로 같습니다.

(변 ㄱㅂ)=(변 ㄱㄴ)=5 cm

(변 ㅂㅁ)=(변 ㄴㄷ)=8 cm

(변 ㄷㄹ)=(변 ㅁㄹ)=7 cm

20 선대칭도형에서 각각의 대응각의 크기가 서로 같습니다.

(각 ㄴㄷㄹ)=(각 ㄴㄱㅂ)=90°

(각 ㄷㄹㅁ)=(각 ㄱㅂㅁ)=95°

21 (각 ㄱㄷㄹ)=(각 ㄱㄷㄴ)=120°

(각 ㄷㄱㄴ)=(각 ㄷㄱㄹ)=25°

⇨ 120°−25°=95°

22 점 ㄱ을 중심으로 180° 돌렸을 때 처음 평행사변형과 완전히 겹치게 됩니다.

23 한 점(대칭의 중심)을 중심으로 180° 돌렸을 때 처음 도형과 완전히 겹치는 도형을 찾습니다.

24 대응점끼리 이은 선분이 만나는 점이 대칭의 중심입니다.

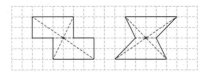

50쪽

25 점 ㅅ을 중심으로 180° 돌렸을 때 겹치는 점, 변, 각을 각각 알아봅니다.

26 ④ 변 ㄱㄴ의 대응변은 변 ㅂㅅ입니다.

27 (1) 변 ㄴㄷ의 대응변은 변 ㅁㅂ입니다.

(2) 각 ㄷㄹㅁ의 대응각은 각 ㅂㄱㄴ입니다.

28 점대칭도형에서 각각의 대응변의 길이와 대응각의 크기가 서로 같습니다.

51쪽

30 대응점을 찾아 표시한 후 차례로 이어 선대칭도형을 완성합니다.

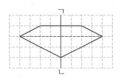

31 대응점끼리 이은 선분이 대칭축과 수직으로 만나고 각각의 대응점에서 대칭축까지의 거리가 같다는 점을 이용하여 대응점을 찾아 완성합니다.

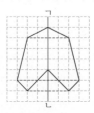

32 직선 가와 직선 나의 순서에 맞게 그려 봅니다

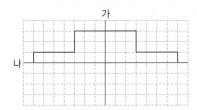

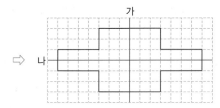

왜 틀렸을까? 선대칭도형을 2번 그려야 합니다.
① 직선 가를 대칭축으로 하는 선대칭도형을 그립니다.
② ①에서 그린 도형을 직선 나를 대칭축으로 하는 선대칭도형이 되도록 그립니다.

33 대칭의 중심에서 도형의 한 꼭짓점까지의 거리는 다른 대응하는 꼭짓점까지의 거리와 같다는 점을 이용하여 대응점을 찾아 완성합니다.

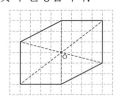

34 대응점을 찾아 표시한 후 차례로 이어 점대칭도형을 완성합니다.

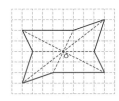

35 점대칭도형을 완성하면 변이 8개인 팔각형이 됩니다.

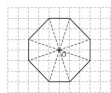

왜 틀렸을까? 점대칭도형도 그리고, 그 도형의 이름을 써야 합니다.
① 점대칭도형을 그립니다.
② ①에서 그린 도형의 변의 개수를 세어 다각형의 이름을 씁니다.

2단계 서술형 유형

1-1 마, 바, 2 / 2

1-2 예 서로 합동인 도형은 가와 사, 나와 마, 다와 바입니다. 따라서 서로 합동인 도형은 모두 3쌍입니다. / 3쌍

2-1 1, 8, 831 / 831

2-2 예 선대칭인 숫자는 0, 3, 8입니다.
선대칭인 숫자를 한 번씩 모두 사용하여 가장 작은 세 자리 수를 만들면 308입니다. / 308

3-1 ㄹ, ㅁ, ㅇ, ㅍ, 4 / 4

3-2 예 어떤 점을 중심으로 180° 돌렸을 때 처음 알파벳과 완전히 겹치는 것은 H, I, N, O, S, X, Z로 모두 7개입니다. / 7개

4-1 ㄹㄷㄴ, 110, 110, 30 / 30

4-2 예 서로 합동인 두 도형에서
(각 ㄹㄷㄴ)=(각 ㄱㄴㄷ)=130°입니다.
⇨ (각 ㄹㄴㄷ)=180°−130°−30°=20°
/ 20°

52쪽

1-1 모양과 크기가 같은 도형끼리 짝 지어 봅니다.

1-2 서술형 가이드 서로 합동인 도형을 바르게 짝 지어 기호를 써야 합니다.

채점 기준

상	서로 합동인 도형을 바르게 짝 지어 기호를 쓰고 답을 구했음.
하	서로 합동인 도형을 바르게 짝 짓지 못함.

2-1 8>3>1이므로 가장 큰 세 자리 수는 831입니다.

2-2 0<3<8이고 백의 자리에 0이 올 수 없으므로 가장 작은 세 자리 수는 308입니다.

서술형 가이드 선대칭인 숫자를 찾은 뒤 그 숫자로 가장 작은 세 자리 수를 구하는 풀이 과정이 들어 있어야 합니다.

채점 기준

상	선대칭인 숫자를 찾은 뒤 그 숫자로 가장 작은 세 자리 수를 만들었음.
중	선대칭인 숫자를 찾았지만 그 숫자로 가장 작은 세 자리 수를 만들지 못함.
하	선대칭인 숫자도 찾지 못함.

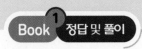

53쪽

3-2 서술형 가이드 영어 알파벳을 어떤 점을 중심으로 180° 돌렸을 때 처음 알파벳과 완전히 겹치는 것을 찾는 풀이 과정이 들어 있어야 합니다.

채점 기준

상	영어 알파벳을 어떤 점을 중심으로 180° 돌렸을 때 처음 알파벳과 완전히 겹치는 것을 모두 찾아 답을 구함.
중	영어 알파벳을 어떤 점을 중심으로 180° 돌렸을 때 처음 알파벳과 완전히 겹치는 것을 모두 찾지 못함.
하	영어 알파벳을 어떤 점을 중심으로 180° 돌렸을 때 처음 알파벳과 완전히 겹치는 것을 하나도 찾지 못함.

4-1 합동인 도형에서 각각의 대응각의 크기가 서로 같습니다.

4-2 삼각형 ㄹㄴㄷ의 세 각의 크기의 합은 180°입니다.

서술형 가이드 서로 합동인 두 도형에서 대응각의 크기는 같으므로 각 ㄹㄷㄴ의 크기를 구한 뒤 삼각형의 세 각의 크기의 합이 180°임을 이용하여 답을 구하는 풀이 과정이 들어 있어야 합니다.

채점 기준

상	각 ㄹㄷㄴ의 크기를 구한 뒤 삼각형의 세 각의 크기의 합이 180°임을 이용하여 답을 구했음.
중	각 ㄹㄷㄴ의 크기를 구한 뒤 삼각형의 세 각의 크기의 합이 180°임을 이용했지만 답이 틀림.
하	각 ㄹㄷㄴ의 크기만 구함.

3 단계 유형 평가 54~56쪽

01 다

02

03 5 cm

04 4 cm

05 80°

06 95°

07

08 예 셀 수 없이 많습니다.

09 점 ㄴ, 변 ㄴㄷ, 각 ㄴㄷㄹ

10 점 ㅇ, 변 ㅇㅅ, 각 ㅇㅅㅂ **11** 10°

12

---

13 ③ **14** (위부터) 125, 9

15

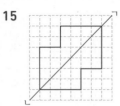

16

17

18 / 십각형

19 예 선대칭인 숫자는 0, 1, 3, 8입니다.
선대칭인 숫자를 한 번씩 모두 사용하여 가장 작은 네 자리 수를 만들면 0<1<3<8이고 천의 자리에 0이 올 수 없으므로 1038입니다.
따라서 둘째로 작은 네 자리 수는 1083입니다.
/ 1083

20 예 (각 ㄴㄱㄹ)=(각 ㄷㄹㄱ)=120°
삼각형 ㄱㄴㄹ에서 세 각의 크기의 합은 180°입니다.
⇨ (각 ㄱㄹㄴ)=180°−(40°+120°)=20° / 20°

54쪽

01 도형 가와 모양과 크기가 같아서 포개었을 때 완전히 겹치는 도형을 찾습니다.

03 (변 ㄱㄴ)=(변 ㅇㅅ)=5 cm

04 (변 ㅁㅂ)=(변 ㄹㄷ)=4 cm

05 (각 ㅇㅅㅂ)=(각 ㄱㄴㄷ)=80°

06 사각형의 네 각의 크기의 합은 360°입니다.
⇨ (각 ㅅㅇㅁ)=(각 ㄴㄱㄹ)
         =360°−(80°+65°+120°)
         =360°−265°=95°

07 대칭축은 여러 개 있을 수도 있습니다.

08

⇨ 원의 대칭축은 셀 수 없이 많습니다.

55쪽

09 직선 가를 따라 포개었을 때 겹치는 점, 변, 각을 각각 찾습니다.

10 직선 나를 따라 포개었을 때 겹치는 점, 변, 각을 각각 찾습니다.

11 (각 ㄴㄷㄹ)=(각 ㄴㄱㄹ)=50°
(각 ㄴㄹㄱ)=180°−50°−90°=40°
(각 ㄴㄹㄷ)=(각 ㄴㄹㄱ)=40°
⇨ 50°−40°=10°

12 대응점끼리 이은 선분이 만나는 점이 대칭의 중심입니다.

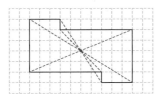

13 ③ 변 ㄱㅇ의 대응변은 변 ㅁㄹ입니다.

14 점대칭도형에서 각각의 대응변의 길이와 대응각의 크기가 서로 같습니다.

56쪽

15 대응점을 찾아 표시한 후 차례로 이어 선대칭도형을 완성합니다.

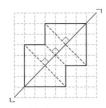

16 대칭의 중심에서 도형의 한 꼭짓점까지의 거리는 다른 대응하는 꼭짓점까지의 거리와 같다는 점을 이용하여 대응점을 찾아 완성합니다.

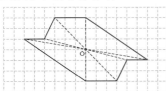

17 직선 가와 직선 나의 순서에 맞게 그려 봅니다.

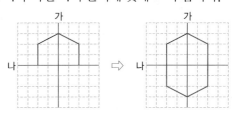

왜 틀렸을까? 선대칭도형을 2번 그려야 합니다.
① 직선 가를 대칭축으로 하는 선대칭도형을 그립니다.
② ①에서 그린 도형을 직선 나를 대칭축으로 하는 선대칭도형이 되도록 그립니다.

18 점대칭도형을 완성하면 변이 10개인 십각형이 됩니다.

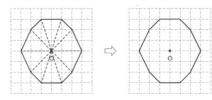

왜 틀렸을까? 점대칭도형도 그리고, 그 도형의 이름을 써야 합니다.
① 점대칭도형을 그립니다.
② ①에서 그린 도형의 변의 개수를 세어 다각형의 이름을 씁니다.

19 천의 자리에 0이 올 수 없습니다.

서술형 가이드 선대칭인 숫자를 찾은 뒤 그 숫자로 둘째로 작은 네 자리 수를 구하는 풀이 과정이 들어 있어야 합니다.

채점 기준

상	선대칭인 숫자를 찾은 뒤 그 숫자로 둘째로 작은 네 자리 수를 만들었음.
중	선대칭인 숫자를 찾았지만 그 숫자로 둘째로 작은 네 자리 수를 만들지 못함.
하	선대칭인 숫자도 찾지 못함.

20 합동인 도형에서 각각의 대응각의 크기가 서로 같습니다.

서술형 가이드 서로 합동인 두 도형에서 대응각의 크기는 같으므로 각 ㄴㄱㄹ의 크기를 구한 뒤 삼각형의 세 각의 크기의 합이 180°임을 이용하여 답을 구하는 풀이 과정이 들어 있어야 합니다.

채점 기준

상	각 ㄴㄱㄹ의 크기를 구한 뒤 삼각형의 세 각의 크기의 합이 180°임을 이용하여 답을 구했음.
중	각 ㄴㄱㄹ의 크기를 구한 뒤 삼각형의 세 각의 크기의 합이 180°임을 이용했지만 답이 틀림.
하	각 ㄴㄱㄹ의 크기만 구함.

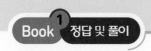

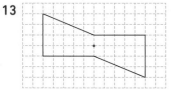
3단계 **단원 평가** 기본   57~58쪽

01 라	**02** ㅁ
03 ㅂㄹ	**04** ㅁㄹㅂ
05 3개	**06** 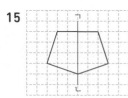
07 10 cm	**08** 11 cm
09 45 cm	**10** 100°
11 35°	**12** 6 cm

13
14 다, 라

15   **16**

17 예)   **18** 80°

19 210°   **20** 55°

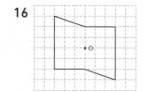

57쪽

01 도형 가와 모양과 크기가 같아서 포개었을 때 완전히 겹치는 도형을 찾습니다.

05 한 직선을 따라 접어서 완전히 겹치는 도형을 찾습니다.

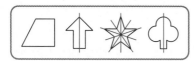

06 주어진 도형의 꼭짓점과 같은 위치에 점을 찍은 후 점들을 연결하여 그립니다.

07 (변 ㅁㅇ)=(변 ㄹㄱ)=10 cm

08 (변 ㄷㄹ)=(변 ㅂㅁ)=11 cm

09 (사각형 ㄱㄴㄷㄹ의 둘레)=9+15+11+10
    =45 (cm)

10 (각 ㅁㅇㅅ)=(각 ㄹㄱㄴ)=100°

11 (각 ㄴㄷㄹ)=(각 ㅅㅂㅁ)=65°
    ⇨ (각 ㅁㅇㅅ)−(각 ㄴㄷㄹ)=100°−65°=35°

12 (변 ㄷㄹ)=(변 ㄴㄹ)
    =12÷2=6 (cm)

58쪽

13 대응점끼리 이은 모든 선분들이 만나는 점을 찾습니다.

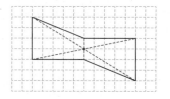

14 원의 중심을 지나도록 잘라야 합니다.

15 대응점끼리 이은 선분이 대칭축과 수직으로 만나고 각각의 대응점에서 대칭축까지의 거리가 서로 같다는 점을 이용하여 대응점을 찾아 완성합니다.

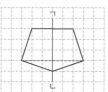

16 대칭의 중심에서 도형의 한 꼭짓점까지의 거리는 다른 대응하는 꼭짓점까지의 거리와 같다는 점을 이용하여 대응점을 찾아 완성합니다.

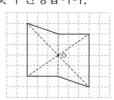

17 삼각형의 모양과 크기가 모두 같아야 합니다.

18 (각 ㄱㄷㄹ)=(각 ㄱㄴㄹ)=50°
    ⇨ (각 ㄴㄱㄷ)=180°−(50°+50°)=80°

19 (각 ㄱㄴㄷ)=(각 ㄹㅁㅂ)=80°,
    (각 ㄷㄹㅁ)=(각 ㅂㄱㄴ)=130°
    ⇨ 80°+130°=210°

20 (각 ㄷㄹㄴ)=(각 ㄱㄹㄴ)=20°,
    (각 ㄴㄹㄷ)=180°−(125°+20°)=35°
    ⇨ (각 ㄱㄹㄷ)=20°+35°=55°

4 소수의 곱셈

1 단계 기초 문제

1-1 (1) 3.5 (2) 7, 7, 35, 3.5 (3) 35, 3.5
1-2 (1) 5.36 (2) 134, 134, 536, 5.36 (3) 536, 5.36
2-1 (1) 100, 0.18 (2) 0.18 (3) 0.18
2-2 (1) 1000, 1.885 (2) 1.885 (3) 1.885

2-1 (3)
$$
\begin{array}{r} 6 \\ \times\ 3 \\ \hline 18 \end{array}
\Rightarrow
\begin{array}{r} 0.6 \\ \times\ 0.3 \\ \hline 0.18 \end{array}
$$

2-2 (3)
$$
\begin{array}{r} 145 \\ \times\ 13 \\ \hline 1885 \end{array}
\Rightarrow
\begin{array}{r} 1.45 \\ \times\ 1.3 \\ \hline 1.885 \end{array}
$$

1 단계 기본 문제

01 0.2, 0.8
02 1.2, 3.6
03 9, 72, 7.2
04 276, 552, 5.52
05 6, 18, 1.8
06 13, 52, 5.2
07 5, 45, 4.5
08 14, 42, 4.2
09 312, 1248, 12.48
10 18, 1.8
11 84, 8.4
12 652, 6.52
13 9, 18, 0.18
14 100, 54, 0.054
15 13, 156, 1.56
16 $\frac{1}{100}$, 0.16
17 $\frac{1}{100}$, 8.28
18 $\frac{1}{1000}$, 6.885
19 (1) 3.478 (2) 34.78 (3) 347.8 (4) 3478
20 (1) 800 (2) 80 (3) 8 (4) 0.8
21 (1) 0.28 (2) 0.028
22 (1) 0.54 (2) 0.054

19 곱하는 수의 0이 하나씩 늘어날 때마다 곱의 소수점을 오른쪽으로 한 칸씩 옮깁니다.

20 곱하는 소수의 소수점 아래 자리 수가 하나씩 늘어날 때마다 곱의 소수점을 왼쪽으로 한 칸씩 옮깁니다.

21 (1) 곱해지는 수가 소수 한 자리 수이고, 곱하는 수가 소수 한 자리 수이므로 곱은 소수 두 자리 수인 0.28입니다.
(2) 곱해지는 수가 소수 한 자리 수이고, 곱하는 수가 소수 두 자리 수이므로 곱은 소수 세 자리 수인 0.028입니다.

22 (1) 곱해지는 수가 소수 한 자리 수이고, 곱하는 수가 소수 한 자리 수이므로 곱은 소수 두 자리 수인 0.54입니다.
(2) 곱해지는 수가 소수 두 자리 수이고, 곱하는 수가 소수 한 자리 수이므로 곱은 소수 세 자리 수인 0.054입니다.

2 단계 기본 유형

01

/ 3, 1.5

02 (1) 3, 18, 1.8 (2) 3, 18, 1.8
03 (1) $\frac{6}{10} \times 4 = \frac{6 \times 4}{10} = \frac{24}{10} = 2.4$

(2) $\frac{9}{10} \times 8 = \frac{9 \times 8}{10} = \frac{72}{10} = 7.2$

04 (1) 1.4 (2) 5.2 (3) 0.72 (4) 2.55
05 6.3
06 (교차 연결)
07 <
08 1.2, 1.2, 3.2
09 (1) 6.8 (2) 28.8
10 $2.3 + 2.3 + 2.3 + 2.3 + 2.3 = 11.5$
11 $\frac{154}{100} \times 3 = \frac{154 \times 3}{100} = \frac{462}{100} = 4.62$
12 1.5
13 (1) 5.6 (2) 3.2
14 (1) $4 \times \frac{8}{10} = \frac{4 \times 8}{10} = \frac{32}{10} = 3.2$

(2) $6 \times \frac{6}{100} = \frac{6 \times 6}{100} = \frac{36}{100} = 0.36$

15 (위부터) 0.45, 0.75
16 12.15
17 (1) 9.6 (2) 8.35

18 $6 \times \dfrac{27}{10} = \dfrac{6 \times 27}{10} = \dfrac{162}{10} = 16.2$

19 133.56　　　　**20** 0.24

21 (1) 0.35　(2) 0.72

22 (1) 0.076　(2) 0.222

23 $\dfrac{12}{100} \times \dfrac{6}{10} = \dfrac{72}{1000} = 0.072$

24 ⤬　　　　**25** 0.156, 0.095, 0.062

26 0.27　　　　**27** 10, 100, 4.62

28 (1) 3.64　(2) 8.528

29 $\dfrac{13}{10} \times \dfrac{34}{10} = \dfrac{13 \times 34}{100} = \dfrac{442}{100} = 4.42$

30 9.86

31 (1) 50.85　(2) 74.1　(3) 6203

32 (1) 32.6　(2) 7.2　(3) 0.458

33 1000　　　　**34** 0.01

35 (1) 416　(2) 4160　(3) 41600

36 (1) 88.8　(2) 8.88　(3) 0.888

37 (1) 6.66　(2) 0.666　(3) 0.666

38 7.8 m^2　　　　**39** 5.29 m^2

40 13.082 m^2　　　　**41** ②

42 2.14　　　　**43** 0.32

64쪽

01 0.5씩 3번 나타내면 1.5입니다.

02 (1) 0.1의 개수로 계산합니다.

(2) $0.3 = \dfrac{3}{10}$임을 이용하여 분수의 곱셈으로 계산합니다.

03 소수 한 자리 수는 분모가 10인 분수로 나타낼 수 있습니다.

(1) $0.6 = \dfrac{6}{10}$　　(2) $0.9 = \dfrac{9}{10}$

04 (1) $2 \times 7 = 14 \Rightarrow 0.2 \times 7 = 1.4$

(2) $4 \times 13 = 52 \Rightarrow 0.4 \times 13 = 5.2$

(3)
$$\begin{array}{r} \overset{1}{} \\ 0.3\,6 \\ \times 2 \\ \hline 0.7\,2 \end{array}$$

(4)
$$\begin{array}{r} \overset{2}{}\overset{1}{} \\ 0.8\,5 \\ \times 3 \\ \hline 2.5\,5 \end{array}$$

05 $7 \times 9 = 63 \Rightarrow 0.7 \times 9 = 6.3$

06 $9 \times 3 = 27 \Rightarrow 0.9 \times 3 = 2.7$

$5 \times 5 = 25 \Rightarrow 0.5 \times 5 = 2.5$

$3 \times 8 = 24 \Rightarrow 0.3 \times 8 = 2.4$

07 $34 \times 6 = 204 \Rightarrow 0.34 \times 6 = 2.04$

$52 \times 4 = 208 \Rightarrow 0.52 \times 4 = 2.08$

$\Rightarrow 2.04 < 2.08$

65쪽

09 (1)
$$\begin{array}{r} \overset{2}{} \\ 1\,7 \\ \times 4 \\ \hline 6\,8 \end{array} \Rightarrow \begin{array}{r} \overset{2}{} \\ 1.7 \\ \times 4 \\ \hline 6.8 \end{array}$$

(2)
$$\begin{array}{r} \overset{4}{} \\ 3\,6 \\ \times 8 \\ \hline 2\,8\,8 \end{array} \Rightarrow \begin{array}{r} \overset{4}{} \\ 3.6 \\ \times 8 \\ \hline 2\,8.8 \end{array}$$

10 2.3×5는 2.3을 5번 더한 것과 같습니다.

11 $1.54 = \dfrac{154}{100}$임을 이용합니다.

12 곱하는 수가 $\dfrac{1}{10}$배가 되면 계산 결과도 $\dfrac{1}{10}$배가 됩니다.

13 (1) $7 \times 8 = 56 \Rightarrow 7 \times 0.8 = 5.6$

(2) $16 \times 2 = 32 \Rightarrow 16 \times 0.2 = 3.2$

14 (1) 0.8을 $\dfrac{8}{10}$로 나타내어 계산합니다.

(2) 0.06을 $\dfrac{6}{100}$으로 나타내어 계산합니다.

15 $3 \times 15 = 45 \Rightarrow 3 \times 0.15 = 0.45$

$5 \times 15 = 75 \Rightarrow 5 \times 0.15 = 0.75$

66쪽

16 곱하는 수가 소수 두 자리 수이므로 곱도 소수 두 자리 수인 12.15입니다.

17 (1) $2 \times 48 = 96 \Rightarrow 2 \times 4.8 = 9.6$

(2) $5 \times 167 = 835 \Rightarrow 5 \times 1.67 = 8.35$

18 2.7을 $\dfrac{27}{10}$로 나타내어 계산합니다.

19 $42 \times 318 = 13356 \Rightarrow 42 \times 3.18 = 133.56$

20 색칠한 부분은 6×4=24(칸)이고 한 칸의 넓이가
0.01이므로 색칠한 부분의 넓이는 0.24입니다.

21 (1) 5×7=35 ⇨ 0.5×0.7=0.35
(2) 8×9=72 ⇨ 0.8×0.9=0.72

22 (1) 19×4=76이므로 0.19×0.4는 0.076입니다.
(2) 6×37=222이므로 0.6×0.37은 0.222입니다.

23 0.12를 분수로 나타내면 $\frac{12}{100}$입니다.

67쪽

24 · 8×6=48 ⇨ 0.8×0.6=0.48
· 7×7=49 ⇨ 0.7×0.7=0.49
· 6×7=42 ⇨ 0.6×0.7=0.42

25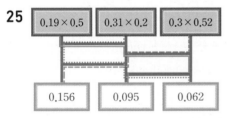

· 19×5=95 ⇨ 0.19×0.5=0.095
· 31×2=62 ⇨ 0.31×0.2=0.062
· 3×52=156 ⇨ 0.3×0.52=0.156

26 0.3<0.5<0.6<0.9이므로 가장 큰 수는 0.9이고 가
장 작은 수는 0.3입니다.
⇨ 0.9×0.3=0.27

27 곱하는 두 수가 각각 $\frac{1}{10}$배, $\frac{1}{10}$배가 되면 계산 결과
는 $\frac{1}{100}$배가 됩니다.

28 (1) 28×13=364이므로 2.8×1.3은 3.64입니다.
(2) 164×52=8528이므로 1.64×5.2는 8.528입니다.

29 1.3과 3.4를 각각 분모가 10인 분수로 나타내어 계산
합니다.

30 58×17=986 ⇨ 5.8×1.7=9.86

68쪽

31 (1) 5.085×10=50.85
(2) 0.741×100=74.1
(3) 6.203×1000=6203

32 (1) 326×0.1=32.6
(2) 720×0.01=7.20=7.2
(3) 458×0.001=0.458

33 0.71에서 소수점을 오른쪽으로 3칸 옮겨서 710이 되
었으므로 □=1000입니다.

34 264에서 소수점을 왼쪽으로 2칸 옮겨서 2.64가 되었
으므로 □=0.01입니다.

35 곱하는 수의 0이 하나씩 늘어날 때마다 곱의 소수점
을 오른쪽으로 1칸씩 옮깁니다.
(1) 5.2×80=416
(2) 5.2×800=4160
(3) 5.2×8000=41600

36 곱해지는 소수의 소수점 아래 자리 수가 하나씩 늘어
날 때마다 곱의 소수점을 왼쪽으로 1칸씩 옮깁니다.
(1) 2.4×37=88.8
(2) 0.24×37=8.88
(3) 0.024×37=0.888

37 (1) 1.8은 소수점 아래 한 자리 수이고 3.7은 소수점
아래 한 자리 수이므로 곱은 소수점 아래 두 자리
수입니다. ⇨ 6.66
(2) 0.18은 소수점 아래 두 자리 수이고 3.7은 소수점
아래 한 자리 수이므로 곱은 소수점 아래 세 자리
수입니다. ⇨ 0.666
(3) 1.8은 소수점 아래 한 자리 수이고 0.37은 소수점
아래 두 자리 수이므로 곱은 소수점 아래 세 자리
수입니다. ⇨ 0.666

참고

$$18 \times 37 = 666$$
$$\frac{1}{10}\text{배} \quad \frac{1}{10}\text{배} \quad \frac{1}{100}\text{배}$$
$$1.8 \times 3.7 = 6.66$$

69쪽

38 (직사각형의 넓이)=(가로)×(세로)
$$=3×2.6=7.8\,(m^2)$$

39 (정사각형의 넓이)=(한 변의 길이)×(한 변의 길이)
$$=2.3×2.3=5.29\,(m^2)$$

40 (직사각형의 가로)=7.32−3.1=4.22 (m)
(색칠한 부분의 넓이)=(직사각형의 넓이)
$$=(가로)×(세로)$$
$$=4.22×3.1=13.082\,(m^2)$$

왜 틀렸을까? 정사각형은 네 변의 길이가 같으므로 색칠한 부분의 가로는 7.32 m에서 3.1 m를 빼야 합니다.

다른 풀이
(큰 직사각형의 넓이)=7.32×3.1
$$=22.692\,(m^2)$$
(정사각형의 넓이)=3.1×3.1
$$=9.61\,(m^2)$$
⇨ (색칠한 부분의 넓이)=22.692−9.61
$$=13.082\,(m^2)$$

41 곱해지는 수의 소수점을 왼쪽으로 2칸 옮겼고, 곱의 소수점을 왼쪽으로 3칸 옮겼으므로 곱하는 수는 196에서 소수점을 왼쪽으로 1칸 옮긴 19.6입니다.

42 곱해지는 수는 같고 곱의 소수점을 왼쪽으로 2칸 옮겼으므로 곱하는 수는 214에서 소수점을 왼쪽으로 2칸 옮긴 2.14입니다.

43 곱해지는 수의 소수점을 오른쪽으로 1칸 옮겼고 곱의 소수점을 왼쪽으로 1칸 옮겼으므로 곱하는 수는 32에서 소수점을 왼쪽으로 2칸 옮긴 0.32입니다.

왜 틀렸을까? 곱해지는 수는 10배, 곱은 $\frac{1}{10}$ 배가 되었으므로 곱하는 수는 $\frac{1}{100}$ 배가 되어야 합니다.

참고

$$26 × 32 = 832$$

10배 ↓　　↓　　↓ $\frac{1}{10}$ 배

$$260 × \square = 83.2$$

□는 32의 $\frac{1}{100}$ 배인 0.32입니다.

---

2 단계 **서술형 유형** 　70~71쪽

1-1 5, 5, 35, 3.5, $\frac{1}{10}$, 3.5 / 3.5

1-2 [방법 1] **예** 분수의 곱셈으로 계산하기
$$9×0.4=9×\frac{4}{10}=\frac{9×4}{10}=\frac{36}{10}=3.6$$
[방법 2] **예** 자연수의 곱셈으로 계산하기
9×4=36이므로 9×0.4는 9×4의 $\frac{1}{10}$ 배인 3.6입니다.

2-1 6, 6, 10.8 / 10.8

2-2 **예** (8병에 들어 있는 우유)
$$=(한 병에 들어 있는 우유)×8$$
$$=1.45×8=11.6\,(L)$$
/ 11.6 L

3-1 100, 1000, 10 / 10

3-2 **예** 7.8×2.1은 78×21의 $\frac{1}{100}$ 배이고
7.8×0.21은 78×21의 $\frac{1}{1000}$ 배입니다.
따라서 ㉮는 ㉯의 10배입니다.
/ 10배

4-1 3.5, 42, 42, 29.4 / 29.4

4-2 **예** (전체 밭의 넓이)=25×0.6=15 (m²)
(고구마를 심은 밭의 넓이)=15×0.5=7.5 (m²)
/ 7.5 m²

70쪽

1-2 **서술형 가이드** 두 가지 방법으로 계산하는 풀이 과정이 들어 있어야 합니다.

채점 기준

상	두 가지 방법으로 계산함.
중	한 가지 방법으로만 계산함.
하	계산하지 못함.

2-2 **서술형 가이드** 8병에 들어 있는 우유의 양을 구하는 풀이 과정이 들어 있어야 합니다.

채점 기준

상	1.45×8이라는 식을 세우고 8병에 들어 있는 우유의 양을 구함.
중	1.45×8이라는 식을 세웠으나 8병에 들어 있는 우유의 양을 구하지 못함.
하	1.45×8이라는 식을 세우지 못함.

06 0.9를 $\dfrac{9}{10}$로 나타내어 계산합니다.

07 1.43을 분모가 100인 분수로, 0.6을 분모가 10인 분수로 나타냅니다.

08 곱해지는 수는 $\dfrac{1}{100}$배, 곱하는 수는 $\dfrac{1}{10}$배입니다.

09 곱하는 소수의 소수점 아래 자리 수가 하나씩 늘어날 때마다 곱의 소수점을 왼쪽으로 1칸씩 옮깁니다.
  (1) $57 \times 0.4 = 22.8$
  (2) $57 \times 0.04 = 2.28$
  (3) $57 \times 0.004 = 0.228$

10 (1) $1600 \times 3.8 = 6080$
  (2) $16 \times 0.038 = 0.608$

76쪽

11 $2.8 \times 0.4 = 1.12$, $1.12 \times 0.1 = 0.112$

12 $37.4 > 12.5 > 0.86 > 0.25$이므로 가장 큰 수는 37.4이고 가장 작은 수는 0.25입니다.
  ⇨ $37.4 \times 0.25 = 9.35$

13 $1.58 \times 100 = 158$
  $1580 \times 0.01 = 15.8$
  $158 \times 0.1 = 15.8$

14 ㉠ $0.6 \times 4 = 2.4$
  ㉡ 0.76×3은 0.8×3의 곱인 2.4보다 작습니다.
  ㉢ 0.82×4는 0.8×4의 곱인 3.2보다 큽니다.
  따라서 계산 결과가 3보다 큰 것은 ㉢입니다.

15 곱해지는 수의 소수점에 맞춰 곱에 소수점을 찍어야 합니다.

16 $1.38 \times 9 = 12.42$, $4.16 \times 3 = 12.48$
  ⇨ $12.42 < 12.48$

17 $1.2 \times 6 = 7.2$ (L)

18 (평행사변형의 넓이)=(밑변의 길이)×(높이)
  $= 3.9 \times 1.5 = 5.85$ (cm^2)

19 곱해지는 수의 소수점을 왼쪽으로 1칸 옮겼고 곱의 소수점을 왼쪽으로 3칸 옮겼으므로 곱하는 수는 53에서 소수점을 왼쪽으로 2칸 옮긴 0.53입니다.

20 (직사각형의 넓이)=(가로)×(세로)

5 직육면체

1단계 기초 문제 79쪽

1-1 (1) ( ) (○) (2) (○) ( )
1-2 (1) (○) ( ) (2) ( ) (○)
2-1 (1) ( ) (○) (2) ( ) (○)
2-2 (1) ( ) (○) (2) (○) ( )

2-1 보이는 모서리는 실선, 보이지 않는 모서리는 점선으로 그립니다.

2-2 (1) 왼쪽 모양은 면이 5개이므로 직육면체의 전개도가 아닙니다.
  (2) 오른쪽 모양은 면이 7개이므로 직육면체의 전개도가 아닙니다.

1단계 기본 문제 80~81쪽

01 6   **02** 12
03 8   **04** 6
05 12   **06** 8
07 평행합니다에 ○표   **08** 수직입니다에 ○표
09 수직입니다에 ○표   **10** 평행합니다에 ○표
11 평행합니다에 ○표   **12** 수직입니다에 ○표

13   **14**

15   **16**

17

18
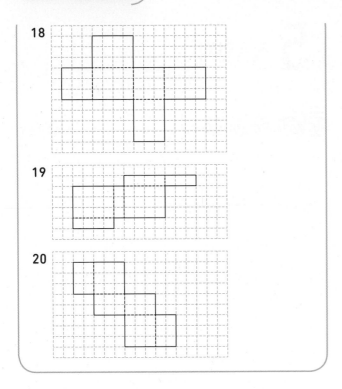

19

20

13 면 ㄱㅁㅇㄹ

14 면 ㄴㅂㅁㄱ, 면 ㄱㄴㄷㄹ, 면 ㄷㅅㅇㄹ, 면 ㅁㅂㅅㅇ

15 면 ㄴㅂㅁㄱ

16 3쌍

17 실선에 ○표, 점선에 ○표

18 ㉢

19

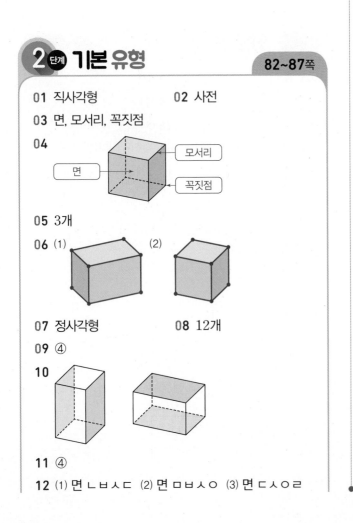

20 4개

21 6

22 (왼쪽부터) 7, 5, 9

23 점 ㅇ

24 선분 ㅊㅈ

25 면 ㉮, 면 ㉯, 면 ㉱, 면 ㉵

26 ㉡, ㉢

27

28 (왼쪽부터) 7, 5

29

30

31 예
1 cm
1 cm

32 2개

33 1개

34 3

35 52 cm

36 36 cm

37 18 cm

2단계 기본 유형

82~87쪽

01 직사각형

02 사전

03 면, 모서리, 꼭짓점

04

모서리
면
꼭짓점

05 3개

06 (1)   (2)

07 정사각형

08 12개

09 ④

10

11 ④

12 (1) 면 ㄴㅂㅅㄷ (2) 면 ㅁㅂㅅㅇ (3) 면 ㄷㅅㅇㄹ

82쪽

01 직육면체의 면은 직사각형입니다.

02 직사각형 6개로 둘러싸인 것은 사전입니다.

04 면: 선분으로 둘러싸인 부분

모서리: 면과 면이 만나는 선분

꼭짓점: 모서리와 모서리가 만나는 점

05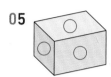

보이는 면은 ○표 한 3개입니다.

06 면과 면이 만나는 선분 9개를 ──으로 표시하고 모서
리와 모서리가 만나는 점 7개를 ·으로 표시합니다.

83쪽

07 정육면체의 면은 정사각형입니다.

08 정육면체의 모서리는 12개이고 길이가 모두 같습니다.

09 ① 모서리: 12개

② 꼭짓점: 8개

③ 모서리의 길이가 모두 같은 도형입니다.

⑤ 정사각형 6개로 둘러싸여 있습니다.

10 색칠한 면과 서로 마주 보는 면을 찾습니다.

11 직육면체에서 평행하지 않은 두 면은 수직으로 만납
니다.

12 각 면과 마주 보는 면을 찾습니다.

84쪽

13 직육면체에서 면 ㄴㅂㅅㄷ과 마주 보는 면을 찾으면
면 ㄱㅁㅇㄹ입니다.

14 직육면체에서 면 ㄴㅂㅅㄷ과 만나는 면을 모두 찾으면
면 ㄴㅂㅁㄱ, 면 ㄱㄴㄷㄹ, 면 ㄷㅅㅇㄹ, 면 ㅁㅂㅅㅇ
입니다.

15 직육면체에서 면 ㄷㅅㅇㄹ과 면 ㄴㅂㅁㄱ은 평행한
면이므로 밑면입니다.

16 직육면체에서 서로 마주 보고 있는 면은 3쌍이므로
평행한 면도 3쌍입니다.

18 보이는 모서리는 실선으로, 보이지 않는 모서리는 점
선으로 그린 것을 찾습니다.

19 보이는 모서리는 실선, 보이지 않는 모서리는 점선으
로 그립니다.

85쪽

20 직육면체는 같은 길이의 모서리가 4개씩 있습니다.

21 길이가 6 cm인 모서리와 평행하므로 6 cm입니다.

22 각 모서리와 서로 평행한 모서리를 찾습니다.

23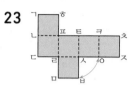

전개도를 접었을 때 점 ㅂ과 점 ㅇ이 만납니다.

참고
전개도를 접었을 때 점 ㄱ과 점 ㅋ, 점 ㅎ과 점 ㅌ,
점 ㄷ과 점 ㅁ과 점 ㅈ이 만납니다.

24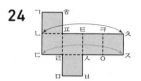

점 ㄴ은 점 ㅊ과, 점 ㄷ은 점 ㅈ과 만납니다.

⇨ 선분 ㄴㄷ은 선분 ㅊㅈ과 겹칩니다.

25 면 ㉲와 면 ㉯가 서로 평행하므로

옆면은 면 ㉮, 면 ㉯, 면 ㉰, 면 ㉱입니다.

86쪽

26 면이 6개이고, 모양과 크기가 같은 면이 3쌍 있는지
확인합니다.

㉠ 모양과 크기가 같은 면이 3쌍이 아닙니다.

㉣ 면이 8개입니다.

27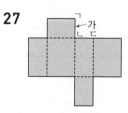

전개도를 접으면 점 ㄱ과 점 ㄷ이 만나므로

선분 ㄱㄴ과 선분 ㄷㄴ이 겹칩니다.

28 전개도를 접었을 때 만나는 선분의 길이는 같습니다.

29 평행한 면은 서로 모양과 크기가 같도록 점선을 그립
니다.

30 면 ㉮와 평행한 면을 제외한 네 면을 색칠합니다.

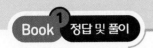

31 다양한 방법으로 그릴 수 있습니다.

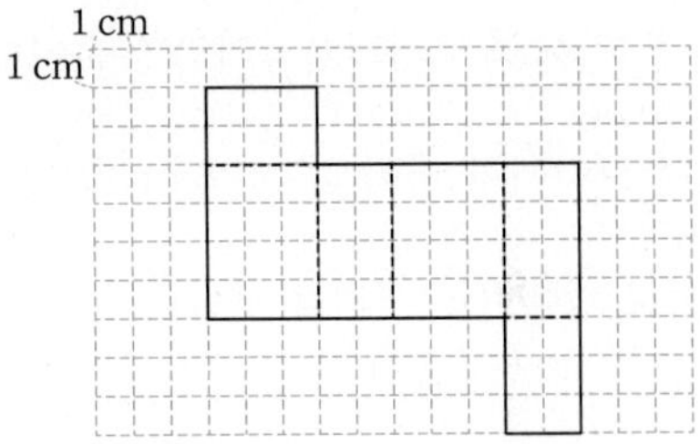

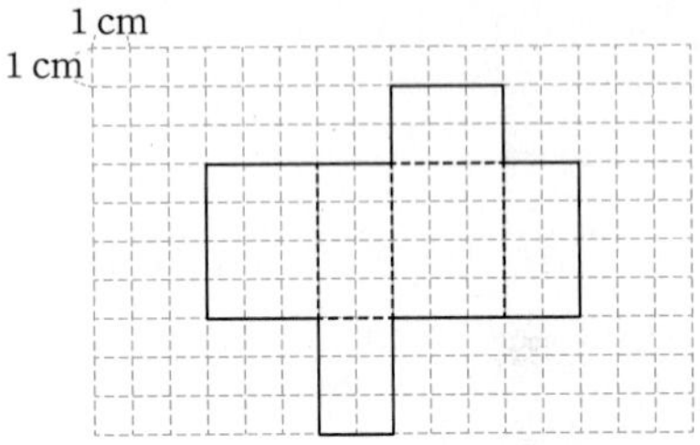

87쪽

32 직육면체: ㉡, ㉥ ⇨ 2개

33 정육면체: ㉠ ⇨ 1개

34 가는 직육면체입니다.
나, 다는 정육면체나 직육면체가 아닙니다.
라는 정육면체이면서 직육면체입니다.
⇨ ㉠=1, ㉡=2이므로
㉠+㉡=1+2=3입니다.

왜 틀렸을까? 정사각형은 직사각형이므로 라는 정육면체이면서 직육면체입니다.

35 길이가 같은 모서리가 4개씩 있습니다.
(직육면체의 모든 모서리 길이의 합)
$=(6+3+4)\times4$
$=13\times4=52$ (cm)

36 길이가 같은 모서리가 12개 있습니다.
(정육면체의 모든 모서리 길이의 합)
$=3\times12=36$ (cm)

37 5 cm인 모서리 2개, 4 cm인 모서리 2개의 길이의 합입니다.
⇨ $5\times2+4\times2=10+8=18$ (cm)

다른 풀이
빨간색으로 표시한 부분은 가로 5 cm, 세로 4 cm인 직사각형의 둘레입니다.
⇨ $(5+4)\times2=18$ (cm)

왜 틀렸을까? 길이가 5 cm, 4 cm인 모서리와 평행한 모서리가 2개씩인 것을 알고 더해야 합니다.

2단계 서술형 유형 88~89쪽

1-1 6, 직사각형
1-2 예 직사각형이 아닌 면이 있으므로 직육면체가 아닙니다.
2-1 12, 12, 120 / 120
2-2 예 정육면체의 모서리는 12개이므로 모든 모서리 길이의 합은 $9\times12=108$ (cm)입니다. / 108 cm
3-1 4, 4, 100 / 100
3-2 예 직육면체에는 길이가 같은 모서리가 각각 4개씩 있으므로 직육면체의 모든 모서리 길이의 합은 $(11+4+6)\times4=84$ (cm)입니다. / 84 cm
4-1 ㅈㅊ, 4, 9, 13 / 13
4-2 예 전개도를 접었을 때 겹치는 선분의 길이는 서로 같습니다.
(선분 ㄱㅌ)=(선분 ㄱㅎ)+(선분 ㅎㅍ)+(선분 ㅍㅌ)
$=10+6+10=26$ (cm) / 26 cm

88쪽

1-2 '평행하지 않은 두 면이 있습니다.', '마주 보는 두 면이 합동이 아닙니다.' 등 직육면체가 아닌 이유를 설명했으면 정답입니다.

서술형 가이드 직육면체가 아닌 이유를 설명해야 합니다.

채점 기준

상	직육면체가 아닌 이유를 설명함.
하	직육면체가 아닌 이유를 설명하지 못함.

2-2 **서술형 가이드** 정육면체의 모든 모서리 길이의 합은 몇 cm인지 구하는 풀이 과정이 들어 있어야 합니다.

채점 기준

상	12개의 모서리 길이가 같음을 이용해 모든 모서리 길이의 합을 구함.
중	12개의 모서리 길이가 같다는 것을 알았으나 모든 모서리 길이의 합을 구하지 못함.
하	12개의 모서리 길이가 같다는 것을 알지 못함.

89쪽

3-2 **서술형 가이드** 직육면체의 모든 모서리 길이의 합은 몇 cm인지 구하는 풀이 과정이 들어 있어야 합니다.

채점 기준

상	길이가 같은 모서리가 4개씩 있다는 것을 이용해 모든 모서리 길이의 합은 몇 cm인지 구함.
중	길이가 같은 모서리가 4개씩 있다는 것을 알았으나 모든 모서리 길이의 합을 구하지 못함.
하	길이가 같은 모서리가 4개씩 있다는 것을 알지 못함.

4-2 서술형 가이드 전개도를 접었을 때 겹치는 선분의 길이를 찾아 더하는 풀이 과정이 들어 있어야 합니다.

채점 기준

상	전개도를 접었을 때 겹치는 선분의 길이를 찾아 더하여 선분 ㄱㅌ의 길이를 구함.
중	전개도를 접었을 때 겹치는 선분의 길이를 찾았으나 선분 ㄱㅌ의 길이를 구하지 못함.
하	전개도를 접었을 때 겹치는 선분의 길이를 찾지 못함.

3 단계 유형 평가

90~92쪽

01 주사위

02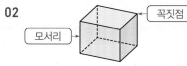

03 6개
04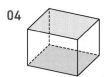

05 면 ㄴㅂㅁㄱ

06 면 ㄴㅂㅁㄱ, 면 ㄴㅂㅅㄷ, 면 ㄷㅅㅇㄹ, 면 ㄱㅁㅇㄹ

07 4개   08 ㉢

09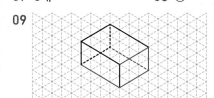

10 3   11 점 ㄹ, 점 ㅌ

12 선분 ㅍㅌ   13 (왼쪽부터) 9, 6

14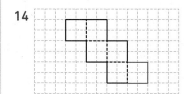

15 1개   16 24 cm

17 4   18 14 cm

19 예 정육면체는 정사각형 6개로 둘러싸여 있어야 하는데 모든 면이 정사각형이 아닙니다.

20 전개도를 접었을 때 겹치는 선분의 길이는 서로 같습니다.

(선분 ㄹㅂ)=(선분 ㄹㅁ)+(선분 ㅁㅂ)
=2+3=5 (cm) / 5 cm

90쪽

01 직사각형 6개로 둘러싸인 도형은 주사위입니다.

02 모서리: 면과 면이 만나는 선분
꼭짓점: 모서리와 모서리가 만나는 점

03 정육면체에서 면 6개의 크기는 모두 같습니다.

04 색칠한 면과 서로 마주 보는 면을 찾습니다.

05 직육면체에서 면 ㄷㅅㅇㄹ과 마주 보는 면을 찾으면 면 ㄴㅂㅁㄱ입니다.

06 직육면체에서 면 ㅁㅂㅅㅇ과 만나는 면을 모두 찾으면 면 ㄴㅂㅁㄱ, 면 ㄴㅂㅅㄷ, 면 ㄷㅅㅇㄹ, 면 ㄱㅁㅇㄹ 입니다.

07 직육면체의 한 면과 수직인 면은 모두 4개입니다.

91쪽

08 보이는 모서리는 실선, 보이지 않는 모서리는 점선으로 그린 것을 찾습니다.

09 보이는 모서리는 실선, 보이지 않는 모서리는 점선으로 그립니다.

10 길이가 3 cm인 모서리와 평행하므로 3 cm입니다.

11 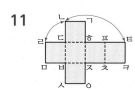 전개도를 접었을 때 점 ㄴ과 점 ㄹ, 점 ㅌ이 만납니다.

12 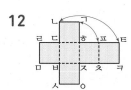 점 ㄱ은 점 ㅍ과, 점 ㄴ은 점 ㅌ과 만납니다.

⇨ 선분 ㄱㄴ은 선분 ㅍㅌ과 만납니다.

13 전개도를 접었을 때 만나는 선분의 길이는 같습니다.

14 모든 면이 크기가 같도록 그립니다.

92쪽

15 직육면체: ㉡ ⇨ 1개

16 길이가 같은 모서리가 12개 있습니다.
(정육면체의 모든 모서리 길이의 합)
=2×12=24 (cm)

17 정육면체: 나 직육면체: 가, 나, 다

⇨ ㉠=1, ㉡=3이므로 ㉠+㉡=1+3=4입니다.

왜 틀렸을까? 나는 정육면체이면서 직육면체입니다.

18 4 cm인 모서리 2개, 3 cm인 모서리 2개의 길이의 합입니다. ⇨ 4×2+3×2=8+6=14 (cm)

다른 풀이

빨간색으로 표시한 부분은 가로 4 cm, 세로 3 cm인 직사각형의 둘레입니다. ⇨ (4+3)×2=14 (cm)

왜 틀렸을까? 길이가 4 cm, 3 cm인 모서리와 평행한 모서리가 2개씩인 것을 알고 더해야 합니다.

19 **서술형 가이드** 정육면체가 아닌 이유를 설명해야 합니다.

채점 기준

상	정육면체가 아닌 이유를 설명함.
하	정육면체가 아닌 이유를 설명하지 못함.

20 **서술형 가이드** 전개도를 접었을 때 겹치는 선분의 길이를 찾아 더하는 풀이 과정이 들어 있어야 합니다.

채점 기준

상	전개도를 접었을 때 겹치는 선분의 길이를 찾아 더하여 선분 ㄹㅂ의 길이를 구함.
중	전개도를 접었을 때 겹치는 선분의 길이를 찾았으나 선분 ㄹㅂ의 길이를 구하지 못함.
하	전개도를 접었을 때 겹치는 선분의 길이를 찾지 못함.

3단계 단원 평가 기본

93~94쪽

01 ③ **02** 겨냥도

03 6

04 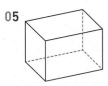 **05**

06 90° **07** 4개

08 면 ㄱㄴㄷㄹ, 면 ㄴㅂㅅㄷ, 면 ㅁㅂㅅㅇ, 면 ㄱㅁㅇㄹ

09 면 ㄱㅁㅇㄹ

10 면 ㄱㄴㄷㄹ, 면 ㄴㅂㅅㄷ, 면 ㅁㅂㅅㅇ, 면 ㄱㅁㅇㄹ

11 3쌍 **12** 면 ⑩

13 면 ㉡, 면 ㉣, 면 ⑩, 면 ⑭

14 (왼쪽 아래부터) 10, 7, 12

15 38 cm **16** (위부터) 5, 6

17 ○ **18** ×

19 ㉡ **20** 60 cm

93쪽

01 직사각형 6개로 둘러싸인 도형을 찾습니다.

02 직육면체의 모양을 잘 알 수 있도록 나타낸 그림을 직육면체의 겨냥도라고 합니다.

03 정육면체에서 모든 모서리의 길이는 같습니다.

04 색칠한 면과 서로 마주 보는 면을 색칠합니다.

05 보이지 않는 모서리는 점선으로 그립니다.

06 면 ㄱㄴㄷㄹ과 면 ㄱㅁㅂㄴ은 서로 수직으로 만납니다.

07 면 ㄱㅁㅇㄹ과 평행한 면 ㄴㅂㅅㄷ을 제외한 나머지 면 4개가 면 ㄱㅁㅇㄹ과 수직입니다.

08 면 ㄹㅇㅅㄷ과 평행한 면 ㄱㅁㅂㄴ을 제외한 나머지 4개의 면을 씁니다.

09 면 ㄴㅂㅅㄷ과 마주 보는 면을 찾습니다.

10 면 ㄴㅂㅁㄱ과 평행한 면 ㄷㅅㅇㄹ을 제외한 4개의 면이 수직입니다.

94쪽

11 정육면체에서 마주 보는 면 3쌍이 서로 평행합니다.

12 전개도를 접었을 때 면 ㉡과 면 ⑩이 마주 보므로 면 ㉡과 면 ⑩이 평행합니다.

13 면 ㉠과 평행한 면 ㉢을 제외한 나머지 네 면과 수직입니다.

14 서로 평행한 모서리끼리는 길이가 같습니다.

15 12+7+12+7=38 (cm)

16 전개도를 접었을 때 겹치는 선분은 길이가 같으므로 겹치는 선분을 찾아봅니다.

17 직육면체와 정육면체의 면의 수는 각각 6개씩입니다.

18 직육면체는 길이가 같은 모서리가 4개씩 있습니다. 정육면체의 모서리의 길이가 모두 같습니다.

19 ㉡ 직육면체의 면은 직사각형, 정육면체의 면은 정사각형입니다.

20 길이가 같은 모서리가 12개 있습니다.

(정육면체의 모든 모서리 길이의 합)

=5×12=60 (cm)

6 평균과 가능성

 기초 문제　97쪽

1-1 (1) 84, 88, 85, 87, 344　(2) 344, 4, 86
1-2 (1) 30, 40, 50, 40, 160　(2) 160, 4, 40
2-1 (1) ⓒ　(2) ㉠
2-2 (1) ㉠　(2) ⓒ

97쪽

2-1 (1) 회전판을 돌렸을 때 파란색에 멈출 가능성은 '확실하다'이므로 수로 표현하면 1입니다.
(2) 회전판을 돌렸을 때 빨간색에 멈출 가능성은 '불가능하다'이므로 수로 표현하면 0입니다.

2-2 (1) 회전판을 돌렸을 때 파란색에 멈출 가능성은 '불가능하다'이므로 수로 표현하면 0입니다.
(2) 회전판을 돌렸을 때 빨간색에 멈출 가능성은 '확실하다'이므로 수로 표현하면 1입니다.

기본 문제　98~99쪽

01 27	**02** 25
03 3, 5	**04** 3, 11
05 6	**06** 8
07 5	**08** 4
09 ⓒ	**10** ㉣
11 ㉠	**12** ㉤
13 0	**14** 1
15 $\frac{1}{2}$	**16** $\frac{1}{2}$

98쪽

03 (평균)$=(6+4+5)\div3$
$=15\div3=5$

04 (평균)$=(12+10+11)\div3$
$=33\div3=11$

05 (전체 점수)$=5\times2=10$(점)
$\Rightarrow 10-4=6$(점)

06 (전체 점수)$=5\times2=10$(점)
$\Rightarrow 10-2=8$(점)

07 (전체 점수)$=5\times3=15$(점)
$\Rightarrow 15-3-7=5$(점)

08 (전체 점수)$=5\times3=15$(점)
$\Rightarrow 15-6-5=4$(점)

99쪽

09 동전은 그림면 또는 숫자 면이므로 그림면이 나올 가능성은 '반반이다'입니다.

10 1, 2, 3, 4, 5, 6 중에 6보다 작은 수는 1, 2, 3, 4, 5 이므로 6보다 작은 수가 나올 가능성은 '~일 것 같다'입니다.

11 해는 동쪽에서 뜨므로 해가 서쪽에서 뜰 가능성은 '불가능하다'입니다.

12 1월 2일 다음 날은 1월 3일일 가능성은 '확실하다'입니다.

13 주머니 속에 검은색 바둑돌만 있으므로 흰색 바둑돌을 꺼낼 가능성은 '불가능하다'이고 수로 표현하면 0입니다.

14 주머니 속에 검은색 바둑돌만 있으므로 검은색 바둑돌을 꺼낼 가능성은 '확실하다'이고 수로 표현하면 1입니다.

15 흰색 바둑돌을 꺼낼 가능성은 '반반이다'이고 수로 표현하면 $\frac{1}{2}$입니다.

16 검은색 바둑돌을 꺼낼 가능성은 '반반이다'이고 수로 표현하면 $\frac{1}{2}$입니다.

2단계 기본 유형

100~105쪽

01 평균   **02** ㉢

03 25명

04

05

06 3   **07** 69

08 23   **09** 23 cm

10 205 kg   **11** 5명

12 41 kg   **13** 57 cm

14 20개, 5개   **15** 24개, 6개

16 지욱   **17** 440점

18 66점   **19** 138 cm

20 138, 139, 139, 138, 143

21 불가능하다에 ○표

22 반반이다에 ○표

23

24 민지

25 예

26 예 지금은 오후 4시니깐 1시간 후에는 5시가 될 거야.

27 라   **28** 가

29 다   **30** 가, 다, 나, 라

31

32 $\frac{1}{2}$ **33** 0

34 형우   **35** 은지

36 선미   **37** $\frac{1}{2}$

38 0   **39** $\frac{1}{2}$

100쪽

01 (평균)=(자료의 값을 모두 더한 수)÷(자료의 수)

02 각 학급의 학생 수 중 가장 큰 수나 가장 작은 수만으로는 각 학급당 학생 수가 몇 명쯤 있는지 알기 어렵습니다.

03 각 학급의 학생 수를 고르게 하면 25이므로 은주네 학교 5학년 한 학급에는 평균 25명의 학생이 있습니다.

04 연결큐브를 각각 3개, 5개, 2개, 2개씩 색칠합니다.

05 5개에 있던 연결큐브를 2개씩 있는 곳에 각각 1개씩 옮겨 고르게 합니다.

06 3, 5, 2, 2의 수를 고르게 하면 3, 3, 3, 3이므로 평균은 3입니다.

101쪽

07 (이어 붙인 색 테이프의 전체 길이)
=22+18+29=69 (cm)

08 69÷3=23 (cm)

09 색 테이프를 이어 붙인 후에 3등분으로 접으면 23 cm이므로 평균은 23 cm입니다.

10 40+35+35+50+45=205 (kg)

11 세영, 지원, 유찬, 현우, 성진 ⇨ 5명

12 (평균)=205÷5=41 (kg)

13 (합)=67+50+54+57=228 (cm)
⇨ (평균)=228÷4=57 (cm)

102쪽

14 (합계)=4+6+3+7=20(개)
⇨ (평균)=20÷4=5(개)

15 (합계)=6+5+7+6=24(개)
⇨ (평균)=24÷4=6(개)

16 두 사람의 제기차기 기록의 평균을 각각 구해 보면 준형이는 5개, 지욱이는 6개이므로 지욱이가 더 잘했다고 볼 수 있습니다.

17 (합계)=(평균 점수)×(과목 수)
=88×5=440(점)

18 (영어 점수)=(합계)-(나머지 과목 점수의 합)
　　　　=440-(100+98+84+92)
　　　　=440-374=66(점)

19 (4명의 키의 평균)=(152+130+142+128)÷4
　　　　　　　　=552÷4=138 (cm)

20 (준하의 키)=139×5-138×4
　　　　　=695-552=143 (cm)

참고
준하를 제외한 4명의 키의 평균이 138 cm이고 5명의 키의 평균이 1 cm 크므로 준하의 키는 138 cm보다 (1×5) cm 더 큽니다. ⇨ 138+1×5=143 (cm)

103쪽

21 1년은 365일 또는 366일이므로 '불가능하다'입니다.

22 아기는 남자 또는 여자이므로 '반반이다'입니다.

23 • 주사위는 1부터 6까지이므로 5가 나올 가능성은 '~ 아닐 것 같다'입니다.
• 10원짜리 동전의 면은 숫자 면 또는 그림면이므로 그림면이나 숫자 면이 나올 가능성은 '확실하다'입니다.

24 오후 4시에서 1시간 후는 5시이므로 6시가 되는 것은 '불가능하다'입니다.

25 지수: 수요일 다음 날은 목요일이므로 가능성은 '확실하다'입니다.
연호: 겨울에는 반팔을 거의 입지 않으므로 가능성은 '~ 아닐 것 같다'입니다.
기준: ○× 문제의 답은 ○ 또는 ×이므로 맞힐 가능성은 '반반이다'입니다.

26 4시를 5시로 바꾸거나 1시간을 2시간으로 바꿔도 정답입니다.

104쪽

27 라 회전판은 빨간색만 있으므로 파란색에 멈출 가능성은 '불가능하다'입니다.

28 가 회전판은 파란색만 있으므로 빨간색에 멈출 가능성은 '불가능하다'입니다.

29 빨간색과 파란색이 반씩 색칠된 회전판을 찾으면 다입니다.

30 파란색 부분의 넓이가 넓은 것부터 순서대로 기호를 쓰면 가, 다, 나, 라입니다.

31 태극기에는 초록색이 없으므로 초록색 크레파스를 사용할 가능성은 '불가능하다'이고 수로 표현하면 0입니다.

32 수 카드의 수가 홀수인 것은 4장 중의 2장이므로 가능성은 '반반이다'이고 수로 표현하면 $\frac{1}{2}$입니다.

33 1, 2, 3, 4는 모두 1보다 크거나 같으므로 뒤집은 카드의 수가 1보다 작을 가능성은 '불가능하다'이고 수로 표현하면 0입니다.

105쪽

34 형우: (8+9+13)÷3=30÷3=10(개)
은호: (6+11+10)÷3=27÷3=9(개)
따라서 형우의 제기차기 기록의 평균이 더 높으므로 형우가 제기차기를 더 잘했습니다.

35 준서: (90+85+83)÷3=258÷3=86(점)
은지: (88+92+81)÷3=261÷3=87(점)
따라서 은지의 시험 점수의 평균이 더 높으므로 은지가 시험을 더 잘 봤습니다.

36 영우: (91+85)÷2=176÷2=88(점)
선미: (88+90)÷2=178÷2=89(점)
따라서 선미의 시험 점수의 평균이 더 높으므로 선미가 국어 점수를 제외하고 시험을 더 잘 봤습니다.
왜 틀렸을까? 수학과 과학 점수를 더해 2로 나눈 후 비교해야 합니다.

37 지민이가 들어 올린 팔은 왼팔 아니면 오른팔이므로 오른팔이 아닐 가능성은 '반반이다'이고 수로 표현하면 $\frac{1}{2}$입니다.

38 꺼낸 동전이 100원짜리 동전이 아닐 가능성은 '불가능하다'이고 수로 표현하면 0입니다.

39 전체 구슬의 수는 1+2+1=4(개)이고 검은색이 아닌 구슬의 수는 1+1=2(개)이므로 가능성은 '반반이다'이고 수로 표현하면 $\frac{1}{2}$입니다.
왜 틀렸을까? 전체 구슬의 수와 검은색이 아닌 구슬의 수를 구한 후 가능성을 수로 표현해야 합니다.

2단계 서술형 유형

1-1 85, 90, 65, 4, 80 / 80

1-2 $(145+156+144+145+150) \div 5 = 148$
/ 148 cm

2-1 504, 7, 72, 72, 3 / 3

2-2 예 11명의 사회 점수의 평균은 $957 \div 11 = 87$(점)
이므로 희주의 사회 점수가 11명의 사회 점수의 평
균보다 $88 - 87 = 1$(점) 더 높습니다. / 1점

3-1 검은, 불가능하다 / 불가능하다

3-2 예 구슬을 꺼낼 때 나올 수 있는 구슬의 색은 검은색
입니다. 따라서 1개의 구슬을 꺼냈을 때 검은색 구슬
일 가능성은 '확실하다'입니다. / 확실하다

4-1 반반이다. $\frac{1}{2}$ / $\frac{1}{2}$

4-2 예 100원짜리 동전 한 개를 던지면 그림면이나 숫자
면이 나옵니다. 그림면이 나올 가능성은 '반반이다'이
므로 수로 표현하면 $\frac{1}{2}$입니다. / $\frac{1}{2}$

106쪽

1-2 서술형 가이드 규정이네 모둠의 키의 평균을 구하는 식을 쓰
고 답을 구해야 합니다.

채점 기준

상	규정이네 모둠의 키의 평균을 구하는 식을 쓰고 답을 구함.
중	규정이네 모둠의 키의 평균을 구하는 식을 쓰지 못하고 답만 맞음.
하	규정이네 모둠의 키의 평균을 구하는 식을 쓰지 못하고 답도 구하지 못함.

2-2 서술형 가이드 11명의 사회 점수의 평균을 구해 희주의 사회
점수가 사회 점수의 평균보다 몇 점 더 높은지 구하는 풀이 과
정이 들어 있어야 합니다.

채점 기준

상	11명의 사회 점수의 평균을 구해 희주의 사회 점수가 사회 점수의 평균보다 몇 점 더 높은지 구함.
중	11명의 사회 점수의 평균을 구했으나 희주의 사회 점수가 사회 점수의 평균보다 몇 점 더 높은지 구하지 못함.
하	11명의 사회 점수의 평균을 구하지 못함.

107쪽

3-2 서술형 가이드 구슬을 꺼낼 때 나올 수 있는 색을 구하여 검
은색 구슬일 가능성을 말로 표현하는 풀이 과정이 들어 있어
야 합니다.

채점 기준

상	구슬을 꺼낼 때 나올 수 있는 색을 구하여 검은색 구슬일 가능성을 말로 표현함.
중	구슬을 꺼낼 때 나올 수 있는 색을 구했으나 검은색 구슬일 가능성을 말로 표현하지 못함.
하	구슬을 꺼낼 때 나올 수 있는 색을 구하지 못함.

4-2 서술형 가이드 100원짜리 동전을 던질 때 그림면이 나올 가
능성을 말로 표현한 후에 수로 표현하는 풀이 과정이 들어 있
어야 합니다.

채점 기준

상	그림면이 나올 가능성을 말로 표현한 후에 수로 표현함.
중	그림면이 나올 가능성을 말로 표현했으나 수로 표현하지 못함.
하	그림면이 나올 가능성을 말로도 표현하지 못함.

3단계 유형 평가

01 21명

02

03

04 3 **05** 200 kg

06 5명 **07** 40 kg

08 430점 **09** 82점

10 **11** 강인

12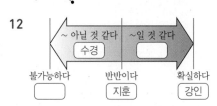

13 1 **14** 1

15 여희 **16** 1

17 현우 **18** $\frac{1}{2}$

19 $(70+93+85+88) \div 4 = 84$ / 84점

20 예 구슬을 꺼낼 때 나올 수 있는 구슬의 색은 파란색
입니다. 따라서 1개의 구슬을 꺼냈을 때 빨간색 구슬
일 가능성은 '불가능하다'입니다. / 불가능하다

108쪽

01 각 학급의 학생 수를 고르게 하면 21이므로 5학년 한 학급에는 평균 21명의 학생이 있습니다.

02 연결큐브를 각각 1개, 3개, 4개, 4개씩 색칠합니다.

03 4개에 있던 연결큐브를 1개 있는 곳에 각각 1개씩 옮겨 고르게 합니다.

04 1, 3, 4, 4의 수를 고르게 하면 3, 3, 3, 3이므로 평균은 3입니다.

05 $35+37+43+41+44=200 \text{ (kg)}$

06 세영, 지원, 유찬, 현우, 성진 ➡ 5명

07 (평균)$=200÷5=40 \text{ (kg)}$

109쪽

08 (합계)$=$(평균 점수)$×$(과목 수)
$\qquad =86×5=430$(점)

09 (과학 점수)$=$(합계)$-$(나머지 과목 점수의 합)
$\qquad\qquad\quad =430-(82+96+90+80)$
$\qquad\qquad\quad =430-348=82$(점)

10 • 4월의 다음 달은 5월이므로 2월일 가능성은 '불가능하다'입니다.
 • 공 10개 중에 검은 공이 9개이므로 검은 공을 꺼낼 가능성은 '~일 것 같다'입니다.

11 오후 6시에서 1시간 후는 7시이므로 가능성은 '확실하다'입니다.

12 수경: 동전 3개가 모두 그림면만 나올 가능성은 '~ 아닐 것 같다'입니다.
 지훈: 주사위의 눈의 수는 1, 2, 3, 4, 5, 6이고 홀수는 1, 3, 5이므로 홀수일 가능성은 '반반이다'입니다.

13 1, 3, 5, 7은 모두 홀수이므로 카드를 한 장 뒤집었을 때 뒤집은 카드의 수가 홀수일 가능성은 '확실하다'이고 수로 표현하면 1입니다.

14 1, 3, 5, 7은 모두 9보다 작으므로 뒤집은 카드의 수가 9보다 작을 가능성은 '확실하다'이고 수로 표현하면 1입니다.

110쪽

15 여희: $(6+7+11)÷3=24÷3=8$(개)
 경수: $(8+5+8)÷3=21÷3=7$(개)
 따라서 여희의 제기차기 기록의 평균이 더 높으므로 여희가 제기차기를 더 잘했습니다.

16 주사위 1개를 던지면 눈의 수는 1부터 6까지만 나오므로 7이 아닐 가능성은 '확실하다'이고 수로 표현하면 1입니다.

17 현우: $(75+85)÷2=80$(점)
 준수: $(82+76)÷2=79$(점)
 따라서 현우의 시험 점수의 평균이 더 높으므로 현우가 수학 점수를 제외하고 시험을 더 잘 봤습니다.
 왜 틀렸을까? 국어와 과학 점수를 더해 2로 나눈 후 비교해야 합니다.

18 전체 구슬의 수는 $2+2+4=8$(개)이고 빨간색이 아닌 구슬의 수는 $2+2=4$(개)이므로 가능성은 '반반이다'이고 수로 표현하면 $\frac{1}{2}$입니다.
 왜 틀렸을까? 전체 구슬의 수와 빨간색이 아닌 구슬의 수를 구한 후 가능성을 수로 표현해야 합니다.

19 **서술형 가이드** 준규네 모둠의 수학 점수의 평균을 구하는 식을 쓰고 답을 구해야 합니다.
 채점 기준

상	준규네 모둠의 수학 점수의 평균을 구하는 식을 쓰고 답을 구함.
중	준규네 모둠의 수학 점수의 평균을 구하는 식을 쓰지 못하고 답만 맞음.
하	준규네 모둠의 수학 점수의 평균을 구하는 식을 쓰지 못하고 답도 구하지 못함.

20 **서술형 가이드** 구슬을 꺼낼 때 나올 수 있는 색을 구하여 빨간색 구슬일 가능성을 말로 표현하는 풀이 과정이 들어 있어야 합니다.
 채점 기준

상	구슬을 꺼낼 때 나올 수 있는 색을 구하여 빨간색 구슬일 가능성을 말로 표현함.
중	구슬을 꺼낼 때 나올 수 있는 색을 구했으나 빨간색 구슬일 가능성을 말로 표현하지 못함.
하	구슬을 꺼낼 때 나올 수 있는 색을 구하지 못함.

3 단계 **단원 평가** 기본

111~112쪽

01 59 kg		**02** 언니, 세경	
03 3명		**04**	

○	○	○	○
○	○	○	○
7월	8월	9월	10월

05 2권		**06** $\dfrac{1}{2}$	
07 ㉠		**08** ㉣	
09 44		**10** 0	
11 $\dfrac{1}{2}$		**12** 0	
13 1			
14 $(42+38+41+47) \div 4 = 42$ / 42 kg			
15 가벼운 편		**16** 0	
17 확실하다		**18** 0	
19 164 cm		**20** 3명	

111쪽

01 $(81+63+53+68+30) \div 5$
$=295 \div 5 = 59$ (kg)

02 59 kg보다 가벼운 사람은 언니(53 kg), 세경(30 kg)입니다.

03 59 kg보다 무거운 사람은 아버지, 어머니, 오빠입니다. ⇨ 3명

04 7월에 있던 ○를 9월로 옮깁니다.

05 책 수를 고르게 하여 평균을 구해 보면 2권입니다.

06 동전을 1개 던질 때 그림면 또는 숫자 면이 나오므로 그림면이 나올 가능성은 '반반이다'이고 수로 표현하면 $\dfrac{1}{2}$입니다.

07 2와 3을 곱하면 6이므로 5일 가능성은 '불가능하다'입니다.

08 5월은 항상 6월보다 빨리 오므로 가능성은 '확실하다'입니다.

09 $(28+62+37+43+50) \div 5$
$=220 \div 5 = 44$

10 검은색 바둑돌을 꺼낼 가능성은 '불가능하다'이므로 수로 표현하면 0입니다.

112쪽

11 회전판 가를 돌릴 때 화살이 초록색에 멈출 가능성은 '반반이다'이므로 수로 표현하면 $\dfrac{1}{2}$입니다.

12 회전판 나를 돌릴 때 화살이 빨간색에 멈출 가능성은 '불가능하다'이므로 수로 표현하면 0입니다.

13 회전판 다를 돌릴 때 화살이 노란색에 멈출 가능성은 '확실하다'이므로 수로 표현하면 1입니다.

14 $(42+38+41+47) \div 4 = 168 \div 4 = 42$ (kg)

15 41<42이므로 평균보다 가벼운 편입니다.

16 ♥ 카드를 뽑을 가능성은 '불가능하다'이므로 수로 표현하면 0입니다.

17 제비뽑기 상자에 당첨 제비만 7장 들어 있으므로 이 상자에서 뽑은 제비 1개가 당첨 제비일 가능성은 '확실하다'입니다.

18 상자에서 뽑은 제비 1개가 당첨 제비가 아닐 가능성은 '불가능하다'이고 수로 표현하면 0입니다.

19 $(168+172+159+171+153+147+165+177)$
$\div 8 = 1312 \div 8 = 164$ (cm)

20 164 cm보다 낮은 기록은
159 cm, 153 cm, 147 cm입니다.
⇨ 3명

수학 실력이 올라가는 마법 주문이 실행 중입니다.

1 수의 범위와 어림하기

6쪽

01 8.□6인 소수 두 자리 수 중 8.46보다 작은 수는
8.06, 8.16, 8.26, 8.36입니다.

왜 틀렸을까? 모르는 숫자인 소수 첫째 자리 숫자를 □라 하면 소수 두 자리 수 8.□6이 8.46보다 작은 수가 되는 □를 먼저 구해야 합니다.

02 4.3□인 소수 두 자리 수 중 4.36과 같거나 큰 수는
4.36, 4.37, 4.38, 4.39입니다.

왜 틀렸을까? 모르는 숫자인 소수 둘째 자리 숫자를 □라 하면 소수 두 자리 수 4.3□가 4.36과 같거나 큰 수가 되는 □를 먼저 구해야 합니다.

03 5.□9인 소수 두 자리 수 중 5.2보다 크고 5.7과 같거나 작은 수는 5.29, 5.39, 5.49, 5.59, 5.69로 모두 5개입니다.

왜 틀렸을까? 모르는 숫자인 소수 첫째 자리 숫자를 □라 하면 소수 두 자리 수 5.□9가 5.2보다 크고 5.7과 같거나 작은 수가 되는 □를 먼저 구해야 합니다.

04 9>6>5이므로 만들 수 있는 세 자리 수 중 가장 큰 수는 965입니다.

$$965 \Rightarrow 965 \Rightarrow 970$$
$$\quad\quad \underrightarrow{\quad} 10$$

왜 틀렸을까? 세 수 ㉠>㉡>㉢일 때 가장 큰 세 자리 수는 ㉠㉡㉢이고 반올림하여 십의 자리까지 나타내려면 ㉠㉡㉢에서 일의 자리 숫자인 ㉢이 5보다 큰지 작은지 알아봅니다.

05 8>7>6>1이므로 만들 수 있는 네 자리 수 중 가장 큰 수는 8761입니다.

$$8761 \Rightarrow 8761 \Rightarrow 8800$$
$$\quad\quad\quad \underrightarrow{\quad} 100$$

왜 틀렸을까? 네 수 ㉠>㉡>㉢>㉣일 때 가장 큰 네 자리 수는 ㉠㉡㉢㉣이고 반올림하여 백의 자리까지 나타내려면 ㉠㉡㉢㉣에서 십의 자리 숫자인 ㉢이 5보다 큰지 작은지 알아봅니다.

7쪽

06 버림하여 십의 자리까지 나타내면 30이 되는 자연수는 30부터 39까지의 자연수입니다.
이 중 4의 배수는 32, 36입니다.
⇨ 어떤 자연수: 32÷4=8, 36÷4=9

왜 틀렸을까? 버림하여 십의 자리까지 나타내면 30이 되는 자연수 중 4의 배수를 먼저 구해야 합니다.

07 올림하여 십의 자리까지 나타내면 50이 되는 자연수는 41부터 50까지의 자연수입니다.
이 중 3의 배수는 42, 45, 48입니다.
⇨ 어떤 자연수: 42÷3=14, 45÷3=15,
$$48÷3=16$$

왜 틀렸을까? 올림하여 십의 자리까지 나타내면 50이 되는 자연수 중 3의 배수를 먼저 구해야 합니다.

08 65 t=30 t+20 t+15 t
(1) 30×360+20×550+15×790
=10800+11000+11850
=33650(원)
(2) 30×400+20×930+15×1420
=12000+18600+21300
=51900(원)
(3) (상수도 기본요금)=1080원,
(물 이용 부담금)=65×170=11050(원)
⇨ (수도 요금)
=(상수도 기본요금)+(상수도 요금)
+(하수도 요금)+(물 이용 부담금)
=1080+33650+51900+11050
=97680(원)

다르지만 같은 유형

01 ㉢
02 57개
03 8개
04 초과, 미만
05 12개
06 6, 12, 18, 24
07 21, 22
08 40, 41, 42, 43, 44, 45
09 59, 60, 61, 62, 63, 64
10 500
11 451, 452, 453, 454
12 50개

8쪽

01~03 핵심

수직선에 나타낸 수의 범위
기준이 되는 수 ⇨ ● ⇨ 이상, 이하
기준이 되는 수 ⇨ ○ ⇨ 초과, 미만

01 ㉠ 20 이하인 수 ⇨ 20과 같거나 작은 수
㉡ 7 이상인 수 ⇨ 7과 같거나 큰 수
㉢ 22 이상인 수 ⇨ 22와 같거나 큰 수

02 43 이상인 수 중 두 자리 수는 43, 44, ..., 98, 99이므로 모두 99−43+1=57(개)입니다.

03 • 12 초과인 자연수: 13, 14, ..., 19, 20, 21, ...
• 21 미만인 자연수: 20, 19, 18, ..., 2, 1
따라서 두 범위에 모두 포함되는 자연수는 13, 14, ..., 19, 20이므로 모두 20−13+1=8(개)입니다.

04~06 핵심

수의 범위에 해당하는 자연수 중에서 조건이 맞는 자연수를 찾습니다.

04 23과 31이 포함되지 않으므로 23 초과 31 미만인 자연수입니다.

주의

주어진 자연수를 이상, 이하, 초과, 미만을 사용하여 다음 4가지로 나타낼 때 어떤 수와 같이 써야 하는지에 주의합니다.
24, 25, 26, 27, 28, 29, 30
⇨ 23 초과 31 미만인 자연수, 23 초과 30 이하인 자연수
24 이상 31 미만인 자연수, 24 이상 30 이하인 자연수

05 87 초과인 수 중 두 자리 수는 88, 89, 90, ..., 99이므로 모두 99−88+1=12(개)입니다.

06 2로 나누어떨어지고 3으로도 나누어떨어지는 수는 6으로 나누어떨어집니다. 30보다 작은 자연수는 1, 2, ..., 28, 29이므로 이 중 6으로 나누어떨어지는 수는 6, 12, 18, 24입니다.

9쪽

07~09 핵심

수의 범위에 알맞은 자연수의 범위를 구한 뒤 올림, 버림, 반올림하여 나오는 수를 생각합니다.

07 15부터 22까지의 자연수 중 올림하여 십의 자리까지 나타내면 30이 되는 수는 21, 22입니다.

08 30부터 45까지의 자연수 중 버림하여 십의 자리까지 나타내면 40이 되는 수는 40, 41, 42, 43, 44, 45입니다.

09 59부터 75까지의 자연수 중 반올림하여 십의 자리까지 나타내면 60이 되는 수는 59, 60, 61, 62, 63, 64입니다.

10~12 핵심

수의 범위에 알맞은 자연수의 범위를 구한 뒤 공통인 범위에 알맞은 수를 생각합니다.

10 올림하여 백의 자리까지 나타내면 500이 되는 자연수: 401부터 500까지의 자연수
버림하여 백의 자리까지 나타내면 500이 되는 자연수: 500부터 599까지의 자연수
⇨ 공통인 수: 500

11 올림하여 십의 자리까지 나타내면 460이 되는 자연수: 451부터 460까지의 자연수
반올림하여 십의 자리까지 나타내면 450이 되는 자연수: 445부터 454까지의 자연수
⇨ 공통인 자연수: 451, 452, 453, 454

12 올림하여 백의 자리까지 나타내면 700이 되는 자연수: 601부터 700까지의 자연수
버림하여 백의 자리까지 나타내면 600이 되는 자연수: 600부터 699까지의 자연수
반올림하여 백의 자리까지 나타내면 700이 되는 자연수: 650부터 749까지의 자연수
공통인 자연수: 650, 651, ..., 699
⇨ 699−650+1=50(개)

응용 유형

01 14
02 11개
03 62
04 32, 33, 34, 35
05 5, 6, 7, 8, 9
06 453, 457, 473, 475, 534, 537, 543, 547
07 5장
08 20
09 9개
10 35, 36, 37, 45, 46, 47
11 71
12 89
13 78, 79, 80, 81, 82, 83
14 245 이상 250 미만인 자연수
15 5, 6, 7, 8, 9
16 7479
17 562, 563, 623, 625, 632, 635
18 24개

10쪽

01 10 이상 ㉠ 이하인 자연수
⇨ 10, 11, 12, 13, 14
└─────────┘
5개
따라서 ㉠은 14입니다.

다른 풀이
㉠-10+1=5, ㉠=14

02 수 카드 1장 사용: 1, 4, 8
수 카드 2장 사용: 14, 18, 41, 48, 81, 84
수 카드 3장 사용: 148, 184, 418, 481, 814, 841
⇨ 18 이상인 수는 18, 41, 48, 81, 84, 148, 184, 418, 481, 814, 841로 모두 11개입니다.

03 • 25 초과 ㉮ 이하인 자연수:
26, 27, 28, 29, 30, 31, 32, 33, ...
⇨ ㉮-25=7, ㉮=32
• 25 이상 ㉯ 미만인 자연수:
25, 26, 27, 28, 29, 30, ...
⇨ ㉯-25=5, ㉯=30
⇨ ㉮+㉯=32+30=62

11쪽

04 16 초과 ㉠ 이하인 자연수 중 4로 나누어떨어지는 수는 모두 4개이므로 20, 24, 28, 32를 모두 포함해야 합니다.
32는 포함해야 하고 36은 포함하면 안되므로 ㉠은 32, 33, 34, 35가 될 수 있습니다.

05 57□1을 올림하여 백의 자리까지 나타내면 5800이
└→ 100
므로 □=0, 1, 2, ..., 8, 9입니다.
57□1을 반올림하여 백의 자리까지 나타내면 5800이므로 □=5, 6, 7, 8, 9입니다.
⇨ □=5, 6, 7, 8, 9

06 반올림하여 백의 자리까지 나타내면 500이 되는 세 자리 수는 450부터 549까지입니다.
수 카드 3장을 한 번씩 사용하여 만들 수 있는 세 자리 수 중 백의 자리 숫자가 4인 경우는 453, 457, 473, 475이고, 백의 자리 숫자가 5인 경우는 534, 537, 543, 547입니다.

12쪽

07 문제 분석

07 ❶100원짜리 동전이 57개 있습니다. / ❷이것을 1000원짜리 지폐로 바꾸면 / ❸최대 몇 장까지 바꿀 수 있는지 구하시오.

❶ 모두 얼마인지 계산합니다.
❷ ❶의 계산 결과를 버림하여 천의 자리까지 구합니다.
❸ 최대 몇 장까지 바꿀 수 있는지 구합니다.

❶100원짜리 동전 57개는 5700원입니다.
❷5700을 버림하여 천의 자리까지 나타내면
5700 ⇨ 5000입니다.
└→ 000
❸5000원까지 1000원짜리 지폐로 바꿀 수 있으므로 최대 5장까지 바꿀 수 있습니다.

8 13 이상 ㉠ 이하인 자연수
⇨ 13, 14, 15, 16, 17, 18, 19, 20
└──────────────────┘
8개
따라서 ㉠은 20입니다.

다른 풀이
㉠-13+1=8, ㉠=20

09 59와 같거나 큰 수

⇨ 59, 92, 95, 259, 295, 529, 592, 925, 952

⇨ 9개

---

10 [1]두 자리 수에서 십의 자리 숫자는 2 초과 4 이하이고, / [2]일의 자리 숫자는 5 이상 8 미만입니다. / [3]이 두 자리 수를 모두 구하시오.

❶ 십의 자리 숫자를 구합니다.
❷ 일의 자리 숫자를 구합니다.
❸ ❶과 ❷에서 구한 숫자를 이용하여 두 자리 수를 구합니다.

❶ • 십의 자리 숫자: 3, 4

❷ • 일의 자리 숫자: 5, 6, 7

❸ ⇨ 35, 36, 37, 45, 46, 47

---

11 • ㉮−25−1=10, ㉮=36

• ㉯−30+1=6, ㉯=35

⇨ ㉮+㉯=36+35=71

---

12 [2]어떤 자연수에 20을 더한 값을 / [1]버림하여 십의 자리까지 나타내면 100입니다. / [2]어떤 자연수가 될 수 있는 수 중 가장 큰 수는 얼마입니까?

❶ 버림하여 십의 자리까지 나타내면 100이 되는 자연수를 먼저 구합니다.
❷ ❶에서 구한 자연수 중 가장 큰 수에서 20을 뺍니다.

❶ 버림하여 십의 자리까지 나타내면 100이 되는 자연수는 100, 101, ..., 108, 109입니다.

❷ ⇨ (어떤 자연수 중 가장 큰 수)=109−20=89

13쪽

13 36 초과 ㉠ 이하인 자연수 중 6으로 나누어떨어지는 수는 모두 7개이므로 42, 48, 54, 60, 66, 72, 78을 모두 포함해야 합니다.

78은 포함해야 하고 84는 포함하면 안되므로

㉠은 78, 79, 80, 81, 82, 83이 될 수 있습니다.

---

14 [1]어떤 자연수를 반올림하여 십의 자리까지 나타내면 250이 되고, / [2]반올림하여 백의 자리까지 나타내면 200이 됩니다. / [3]어떤 자연수가 될 수 있는 수의 범위를 이상과 미만을 사용하여 나타내시오.

❶ 반올림하여 십의 자리까지 나타내면 250이 되는 자연수의 범위를 구합니다.
❷ 반올림하여 백의 자리까지 나타내면 200이 되는 자연수의 범위를 구합니다.
❸ ❶과 ❷의 공통 범위를 이상과 미만을 사용하여 나타냅니다.

❶반올림하여 십의 자리까지 나타내면 250이 되는 자연수: 245 이상 255 미만인 자연수

❷반올림하여 백의 자리까지 나타내면 200이 되는 자연수: 150 이상 250 미만인 자연수

❸⇨ 공통인 자연수: 245 이상 250 미만인 자연수

---

15 8□43을 올림하여 천의 자리까지 나타내면 9000이
└→ 1000

므로 □=0, 1, 2, ..., 8, 9입니다.

8□43을 반올림하여 천의 자리까지 나타내면 9000이므로 □=5, 6, 7, 8, 9입니다.

⇨ □=5, 6, 7, 8, 9

---

16 [4]\조건/을 만족하는 가장 큰 자연수를 구하시오.

─\조건/─
❶ ㉠ 6000 이상 8000 미만인 수입니다.
❷ ㉡ 천의 자리 숫자는 백의 자리 숫자보다 3만큼 더 큽니다.
❸ ㉢ 십의 자리 숫자는 6 초과 8 미만인 수입니다.
❶ ㉣ 올림하여 천의 자리까지 나타내면 8000입니다.

❶ 천의 자리 숫자를 구합니다.
❷ 백의 자리 숫자를 구합니다.
❸ 십의 자리 숫자를 구합니다.
❹ 조건을 만족하는 가장 큰 네 자리 수를 구합니다.

❶ • ㉠과 ㉣에서 천의 자리 숫자는 7입니다.

❷ • ㉡에서 백의 자리 숫자는 7−3=4입니다.

❸ • ㉢에서 십의 자리 숫자는 7입니다.

❹ • 747□인 수는 올림하여 천의 자리까지 나타내면 8000이므로 □ 안에는 0부터 9까지 들어갈 수 있습니다.

따라서 가장 큰 수는 7479입니다.

17 반올림하여 백의 자리까지 나타내면 600이 되는 세 자리 수는 550부터 649까지입니다.
수 카드 3장을 한 번씩 사용하여 만들 수 있는 세 자리 수 중 백의 자리 숫자가 5인 경우는 562, 563이고, 백의 자리 숫자가 6인 경우는 623, 625, 632, 635입니다.

18 문제 분석

18 ①어떤 자연수를 4로 나눈 몫을 자연수 부분까지 구한 뒤 올림하여 십의 자리까지 나타내면 50이 되고, / ②6으로 나눈 몫을 자연수 부분까지 구한 뒤 버림하여 십의 자리까지 나타내면 30이 됩니다. / ③어떤 자연수가 될 수 있는 수는 모두 몇 개입니까?

❶ 올림하여 십의 자리까지 나타내면 50이 되는 자연수의 범위를 구한 뒤 어떤 자연수의 범위를 구합니다.
❷ 버림하여 십의 자리까지 나타내면 30이 되는 자연수의 범위를 구한 뒤 어떤 자연수의 범위를 구합니다.
❸ ❶과 ❷의 공통 범위에 해당하는 자연수의 개수를 구합니다.

❶올림하여 십의 자리까지 나타내면 50이 되는 자연수는 41부터 50까지입니다.
$41 \times 4 = 164$, $50 \times 4 = 200$, $51 \times 4 = 204$이므로 어떤 자연수는 164부터 203까지입니다.
❷버림하여 십의 자리까지 나타내면 30이 되는 자연수는 30부터 39까지입니다.
$30 \times 6 = 180$, $39 \times 6 = 234$, $40 \times 6 = 240$이므로 어떤 자연수는 180부터 239까지입니다.
❸따라서 180부터 203까지이므로 모두
$203 - 180 + 1 = 24$(개)입니다.

사고력 유형   14~15쪽

1 580   **2** 8장
3 5000원   **4** 269유로

14쪽

1 가, 나, 다는 모두 580 m와 같거나 낮은 높이이므로 580 m 이하입니다.
따라서 ㉠은 580과 같거나 큰 수이므로 가장 작은 자연수는 580입니다.

2 과자의 값은 $2500 + 1800 + 3000 = 7300$(원)입니다.
7300을 올림하여 천의 자리까지 나타내면 8000이므로 1000원짜리 지폐를 최소 8장 내야 합니다.

15쪽

3 25000원은 1만 원 이상 3만 원 미만에 속하므로 주차는 1시간 무료입니다.
마트에서 1시간 30분 동안 있었으므로 주차 요금을 내지 않으려면 2시간 무료에 해당하도록 물건을 구입한 금액이 3만 원 이상 5만 원 미만에 속해야 합니다.
$30000 - 25000 = 5000$(원)이므로 더 담아야 하는 최소 물건값은 5000원입니다.

4 $350000 \div 1300 = 269 \cdots 300$
남은 300원은 1유로로 바꿀 수 없으므로 버림하면 최대 269유로까지 바꿀 수 있습니다.

도전! 최상위 유형   16~17쪽

1 40   **2** 6개
3 10장   **4** 350개

16쪽

1 수 카드의 수는 $0 < 2 < 5 < 9$이고 천의 자리에 0이 올 수 없으므로 만든 네 자리 수 중 가장 작은 수는 2059, 둘째로 작은 수는 2095입니다.
2059 ⇨ 2060
2095 ⇨ 2100
따라서 두 수의 차는 $2100 - 2060 = 40$입니다.

2 반올림하여 천의 자리까지 나타내면 4000이 되는 수의 범위는 3500 이상 4500 미만인 수입니다.

수 카드의 수는 3<4<6<7이므로 천의 자리 숫자가 3일 때와 4일 때가 있습니다.

- 천의 자리 숫자가 3일 때 백의 자리에는 6, 7이 올 수 있습니다.

  36□□, 37□□ ⇨ 3647, 3674, 3746, 3764

- 천의 자리 숫자가 4일 때 백의 자리에는 3이 올 수 있습니다.

  43□□ ⇨ 4367, 4376

따라서 반올림하여 천의 자리까지 나타내면 4000이 되는 수는 모두 6개입니다.

17쪽

3 (모은 동전의 금액)

$=500 \times 370 + 100 \times 437 + 10 \times 839$

$=185000 + 43700 + 8390 = 237090$(원)

237090을 버림하여 천의 자리까지 나타내면 237000이므로 237000은 만이 23개, 천이 7개인 수입니다.

237000원은 10000원짜리 지폐 23장, 1000원짜리 지폐 7장으로 바꿀 수 있습니다.

10000원짜리 지폐 23장은 50000원짜리 지폐 4장과 10000원짜리 지폐 3장으로 바꿀 수 있고

1000원짜리 지폐 7장은 5000원짜리 지폐 1장과 1000원짜리 지폐 2장으로 바꿀 수 있습니다.

⇨ $4+3+1+2=10$(장)

4 반올림하여 백의 자리까지 나타내면 400이 되는 수는 350 이상 450 미만인 수입니다.

$350 \times 6 = 2100$, $450 \times 6 = 2700$이므로 어떤 자연수의 범위는 2100 이상 2700 미만인 수입니다.

반올림하여 백의 자리까지 나타내면 300이 되는 수는 250 이상 350 미만인 수입니다.

$250 \times 7 = 1750$, $350 \times 7 = 2450$이므로 어떤 자연수의 범위는 1750 이상 2450 미만인 수입니다.

따라서 두 조건을 모두 만족하는 어떤 자연수의 범위는 2100 이상 2450 미만인 수입니다.

⇨ $2450 - 2100 = 350$(개)

2 분수의 곱셈

잘 틀리는 **실력 유형** 20~21쪽

유형 **01** 2   01 (1) $\frac{1}{4}$ (2) $\frac{2}{3}$

02 $\frac{3}{8} - \frac{1}{4} \times \frac{2}{3} = \frac{3}{8} - \frac{1}{6} = \frac{9}{24} - \frac{4}{24} = \frac{5}{24}$

03 예 $2\frac{2}{5} \times \left(1\frac{1}{4} - \frac{1}{3}\right) = 2\frac{1}{5}$ / $2\frac{1}{5}$ cm²

유형 **02** 1, >   04 (1) > (2) >

05 ㉡, ㉢, ㉠   06 >

유형 **03** 4, 10   07 $\frac{1}{8}$

08 $\frac{5}{12}$ 09 $15\frac{2}{5}$

10 $26\frac{3}{5}$ kg   11 $106\frac{13}{20}$ kg

20쪽

01 (1) $\frac{2}{7} \times \left(\frac{3}{8} + \frac{1}{2}\right) = \frac{\overset{1}{2}}{7} \times \frac{\overset{7}{8}}{\underset{4}{8}} = \frac{1}{4}$

(2) $\left(\frac{7}{10} - \frac{1}{5}\right) \times \left(\frac{5}{6} + \frac{1}{2}\right) = \frac{1}{\underset{1}{2}} \times \frac{\overset{2}{4}}{3} = \frac{2}{3}$

왜 틀렸을까? 혼합 계산의 순서는 (　) 안을 가장 먼저 계산합니다.

02 **왜 틀렸을까?** 혼합 계산의 순서는 곱셈을 먼저 한 뒤 뺄셈을 계산합니다.

03 (색칠한 부분의 넓이)

$=$ (직사각형의 넓이) $=$ (가로) $\times$ (세로)

$= 2\frac{2}{5} \times \left(1\frac{1}{4} - \frac{1}{3}\right) = 2\frac{2}{5} \times \left(1\frac{3}{12} - \frac{4}{12}\right)$

$= 2\frac{2}{5} \times \frac{11}{12} = \frac{\overset{1}{12}}{5} \times \frac{11}{\underset{1}{12}}$

$= \frac{11}{5} = 2\frac{1}{5}$ (cm²)

왜 틀렸을까? 직사각형의 세로를 가장 먼저 계산해야 하므로 (　)를 사용하여 세로를 구하는 식을 만들고 (가로)×(세로)를 씁니다.

04 (1) $1\frac{2}{3} \times \frac{5}{6}$는 $1\frac{2}{3}$에 1보다 작은 $\frac{5}{6}$를 곱했으므로

$1\frac{2}{3}$보다 작습니다.

(2) $\frac{7}{8} \times 3\frac{1}{2}$은 $\frac{7}{8}$에 1보다 큰 $3\frac{1}{2}$을 곱했으므로

$\frac{7}{8}$보다 큽니다.

왜 틀렸을까? ■와 ■×▲의 계산 결과는 ▲가 1보다 작으면 ■보다 작아지고, ▲가 1보다 크면 ■보다 커집니다.

참고

(1) $1\frac{2}{3} \times \frac{5}{6} = \frac{5}{3} \times \frac{5}{6} = \frac{25}{18} = 1\frac{7}{18}$

$\Rightarrow \frac{2}{3} = \frac{12}{18}$이므로 $1\frac{2}{3} > 1\frac{7}{18}$입니다.

(2) $\frac{7}{8} \times 3\frac{1}{2} = \frac{7}{8} \times \frac{7}{2} = \frac{49}{16} = 3\frac{1}{16}$

$\Rightarrow 3\frac{1}{16} > \frac{7}{8}$

05 $7\frac{3}{5}$에 1보다 큰 수를 곱하면 $7\frac{3}{5}$보다 커지고, 1보다

작은 수를 곱하면 $7\frac{3}{5}$보다 작아집니다.

$\Rightarrow ㉡ < ㉢ < ㉠$

왜 틀렸을까? ■와 ■×▲의 계산 결과는 ▲가 1보다 작으면 ■보다 작아지고, ▲가 1보다 크면 ■보다 커집니다.

06 $3\frac{1}{3} \times \frac{2}{3} \times \frac{1}{2} = 3\frac{1}{3} \times \left(\frac{2}{3} \times \frac{1}{2}\right) = 3\frac{1}{3} \times \frac{1}{3}$

$\frac{1}{3}$은 1보다 작으므로 계산 결과는 $3\frac{1}{3}$보다 작습니다.

왜 틀렸을까? ■와 ■×▲의 계산 결과는 ▲가 1보다 작으면 ■보다 작아지고, ▲가 1보다 크면 ■보다 커집니다.

21쪽

07 분모가 크고 분자가 작을수록 곱이 작습니다.

$\Rightarrow$ 가장 작은 곱: $\dfrac{1 \times \overset{1}{\cancel{3}}}{\underset{2}{\cancel{6}} \times 4} = \dfrac{1}{8}$

왜 틀렸을까? 분모가 크고 분자가 작을수록 진분수의 곱이 작아집니다.

08 $\dfrac{5 \times \overset{1}{\cancel{6}}}{\underset{3}{\cancel{9}} \times \underset{4}{\cancel{8}}} = \dfrac{5}{12}$

왜 틀렸을까? 분모가 크고 분자가 작을수록 진분수의 곱이 작아집니다.

09 가장 큰 수: $5\frac{2}{4}$, 가장 작은 수: $2\frac{4}{5}$

$\Rightarrow 5\frac{2}{4} \times 2\frac{4}{5} = \dfrac{\overset{11}{\cancel{22}}}{\underset{1}{\cancel{4}}} \times \dfrac{\overset{7}{\cancel{14}}}{5} = \dfrac{77}{5} = 15\frac{2}{5}$

왜 틀렸을까? 가장 큰 대분수는 자연수 부분을 가장 크게 하고 남은 두 수로 진분수를 만듭니다.

가장 작은 대분수는 자연수 부분을 가장 작게 하고 남은 두 수로 진분수를 만듭니다.

10 수성에서 물체를 당기는 힘은 지구의 $\frac{19}{50}$이므로

(수성에서 상혁이의 몸무게)

$=$ (지구에서 상혁이의 몸무게) $\times \frac{19}{50}$ 입니다.

$\Rightarrow \overset{7}{\cancel{70}} \times \dfrac{19}{\underset{5}{\cancel{50}}} = \dfrac{133}{5} = 26\frac{3}{5}$ (kg)

11 목성에서 물체를 당기는 힘은 지구의 $2\frac{37}{100}$이므로

(목성에서 가은이의 몸무게)

$=$ (지구에서 가은이의 몸무게) $\times 2\frac{37}{100}$ 입니다.

$\Rightarrow 45 \times 2\frac{37}{100} = (45 \times 2) + \left(\overset{9}{\cancel{45}} \times \dfrac{37}{\underset{20}{\cancel{100}}}\right)$

$= 90 + \dfrac{333}{20} = 90 + 16\frac{13}{20}$

$= 106\frac{13}{20}$ (kg)

다르지만 같은 유형 22~23쪽

01 (1) 12 (2) 25   **02** (1) 35 (2) 414

03 (1) 1456 (2) 976   **04** $9\frac{1}{3}$ m²

05 $15\frac{1}{3}$ cm²   **06** 56 cm²

07 5개   **08** 9개

09 2, 3, 4, 5, 6   **10** 51

11 $2\frac{11}{12}$ **12** $5\frac{1}{4}$

22쪽

01~03 핵심

1 cm=10 mm, 1 m=100 cm, 1 km=1000 m임을 이용하여 자연수와 분수의 곱을 계산합니다.

01 (1) 2 cm=20 mm

$$\Rightarrow \overset{4}{20} \times \frac{3}{\underset{1}{5}} = 12 \ (\text{mm})$$

(2) 3 cm=30 mm

$$\Rightarrow \overset{5}{30} \times \frac{5}{\underset{1}{6}} = 25 \ (\text{mm})$$

02 (1) 2 m=200 cm

$$\Rightarrow \overset{5}{200} \times \frac{7}{\underset{1}{40}} = 35 \ (\text{cm})$$

(2) 3 m=300 cm

$$\Rightarrow 300 \times 1\frac{19}{50} = (300 \times 1) + \left(\overset{6}{300} \times \frac{19}{\underset{1}{50}} \right)$$

$$= 300 + 114 = 414 \ (\text{cm})$$

03 (1) 4 km=4000 m

$$\Rightarrow \overset{16}{4000} \times \frac{91}{\underset{1}{250}} = 1456 \ (\text{m})$$

(2) 0.6 km=600 m

$$\Rightarrow 600 \times 1\frac{47}{75} = (600 \times 1) + \left(\overset{8}{600} \times \frac{47}{\underset{1}{75}} \right)$$

$$= 600 + 376$$

$$= 976 \ (\text{m})$$

04~06 핵심

(직사각형의 넓이)=(가로)×(세로)
(평행사변형의 넓이)=(밑변의 길이)×(높이)
(색칠한 도형의 넓이)
 =(색칠한 도형의 가로)×(색칠한 도형의 세로)

04 (직사각형의 넓이)=(가로)×(세로)

$$= 3\frac{1}{3} \times 2\frac{4}{5} = \frac{\overset{2}{10}}{3} \times \frac{14}{\underset{1}{5}}$$

$$= \frac{28}{3} = 9\frac{1}{3} \ (\text{m}^2)$$

05 (평행사변형의 넓이)=(밑면의 길이)×(높이)

$$= 4 \times 3\frac{5}{6} = 4 \times \left(3 + \frac{5}{6} \right)$$

$$= (4 \times 3) + \left(\overset{2}{4} \times \frac{5}{\underset{3}{6}} \right)$$

$$= 12 + \frac{10}{3} = 12 + 3\frac{1}{3}$$

$$= 15\frac{1}{3} \ (\text{cm}^2)$$

06 (색칠한 도형의 가로)$= 9\frac{9}{10} - 1\frac{1}{2}$

$$= 9\frac{9}{10} - 1\frac{5}{10} = 8\frac{2}{5} \ (\text{cm})$$

(색칠한 도형의 세로)$= 8\frac{1}{6} - 1\frac{1}{2}$

$$= 7\frac{7}{6} - 1\frac{3}{6} = 6\frac{2}{3} \ (\text{cm})$$

$$\Rightarrow (색칠한 도형의 넓이) = 8\frac{2}{5} \times 6\frac{2}{3}$$

$$= \frac{\overset{14}{42}}{\underset{1}{5}} \times \frac{\overset{4}{20}}{\underset{1}{3}} = 56 \ (\text{cm}^2)$$

23쪽

07~09 핵심

분수의 곱셈을 계산하여 □의 범위를 구합니다.
$\Rightarrow$ □ 안에 들어갈 수 있는 자연수를 구합니다.

07 $\dfrac{5}{6} \times \dfrac{1}{3} = \dfrac{5}{18}$, $\dfrac{11}{\underset{2}{16}} \times \dfrac{\overset{1}{8}}{9} = \dfrac{11}{18}$

$$\Rightarrow \frac{5}{18} < \frac{\square}{18} < \frac{11}{18} \Rightarrow 5 < \square < 11$$

따라서 □=6, 7, 8, 9, 10으로 5개입니다.

08 $1\dfrac{7}{10} \times 15 = \dfrac{17}{\underset{2}{10}} \times \overset{3}{15} = \dfrac{51}{2} = 25\dfrac{1}{2}$,

$$2\frac{13}{15} \times 12 = \frac{43}{\underset{5}{15}} \times \overset{4}{12} = \frac{172}{5} = 34\frac{2}{5},$$

$25\dfrac{1}{2} < \square < 34\dfrac{2}{5}$이므로 □ 안에 들어갈 수 있는

자연수는 26, 27, 28, 29, 30, 31, 32, 33, 34입니다.

$\Rightarrow$ 9개

09 $4\dfrac{3}{8}\times\dfrac{4}{15}=\dfrac{\overset{7}{\cancel{35}}}{\underset{2}{\cancel{8}}}\times\dfrac{\overset{1}{\cancel{4}}}{\underset{3}{\cancel{15}}}=\dfrac{7}{6}=1\dfrac{1}{6}$

$\dfrac{14}{15}\times6\dfrac{6}{7}=\dfrac{14}{\underset{5}{\cancel{15}}}\times\dfrac{\overset{16}{\cancel{48}}}{\underset{1}{\cancel{7}}}=\dfrac{32}{5}=6\dfrac{2}{5}$

$\Rightarrow 1\dfrac{1}{6}<\square<6\dfrac{2}{5}$이므로 $\square=2, 3, 4, 5, 6$입니다.

10~12 핵심

어떤 수를 분수의 곱셈이나 덧셈과 뺄셈의 관계를 이용하여 먼저 구한 뒤 분수의 곱셈을 계산하여 답을 구합니다.

10 (어떤 수)$=\left(81의 \dfrac{2}{9}\right)=\overset{9}{\cancel{81}}\times\dfrac{2}{\underset{1}{\cancel{9}}}=18$

$\Rightarrow \left(18의 2\dfrac{5}{6}\right)=18\times2\dfrac{5}{6}=\overset{3}{\cancel{18}}\times\dfrac{17}{\underset{1}{\cancel{6}}}=51$

11 어떤 수를 $\square$라 하면 잘못 계산한 식은

$\square+\dfrac{5}{6}=4\dfrac{1}{3}$이므로

$\square=4\dfrac{1}{3}-\dfrac{5}{6}=4\dfrac{2}{6}-\dfrac{5}{6}=3\dfrac{8}{6}-\dfrac{5}{6}$

$\quad=3\dfrac{3}{6}=3\dfrac{1}{2}$

입니다. 따라서 바르게 계산한 값을 구하는 식은

$\square\times\dfrac{5}{6}$이므로

$3\dfrac{1}{2}\times\dfrac{5}{6}=\dfrac{7}{2}\times\dfrac{5}{6}=\dfrac{35}{12}=2\dfrac{11}{12}$

입니다.

12 어떤 수를 $\square$라 하면 잘못 계산한 식은

$\square-1\dfrac{1}{5}=3\dfrac{7}{40}$이므로

$\square=1\dfrac{1}{5}+3\dfrac{7}{40}=1\dfrac{8}{40}+3\dfrac{7}{40}$

$\quad=4\dfrac{15}{40}=4\dfrac{3}{8}$

입니다. 따라서 바르게 계산한 값을 구하는 식은

$\square\times1\dfrac{1}{5}$이므로

$4\dfrac{3}{8}\times1\dfrac{1}{5}=\dfrac{\overset{7}{\cancel{35}}}{\underset{4}{\cancel{8}}}\times\dfrac{\overset{3}{\cancel{6}}}{\underset{1}{\cancel{5}}}=\dfrac{21}{4}=5\dfrac{1}{4}$

입니다.

응용 유형

24~27쪽

01 5, 6

02 400 mL

03 4시간

04 $\dfrac{2}{15}$

05 예 $\dfrac{5}{9}\times\dfrac{1}{4}\times\dfrac{2}{5}=\dfrac{1}{18}$ / $\dfrac{1}{18}$

06 윤주

07 10

08 6, 7, 8

09 530 mL

10 ㉮

11 10시간

12 1, 2, 3, 4

13 $\dfrac{5}{14}$

14 $41\dfrac{1}{4}$ km

15 예
$\frac{1}{5}$	
$\frac{1}{5}$	
$\frac{1}{5}$	
$\frac{1}{5}$	
$\frac{1}{5}$	

16 예 $\dfrac{5}{8}\times\dfrac{1}{5}\times\dfrac{2}{7}=\dfrac{1}{28}$ / $\dfrac{1}{28}$

17 가래떡

18 원석

24쪽

01 $\dfrac{1}{4}\times\dfrac{1}{5}=\dfrac{1}{20}$, $\dfrac{1}{\blacktriangle}\times\dfrac{1}{\blacktriangle}=\dfrac{1}{\blacktriangle\times\blacktriangle}$, $\dfrac{1}{6}\times\dfrac{1}{7}=\dfrac{1}{42}$

이고, 세 곱이 모두 단위분수이므로

$20<\blacktriangle\times\blacktriangle<42$입니다. $4\times4=16$, $5\times5=25$,

$6\times6=36$, $7\times7=49$이므로 $\blacktriangle$에 알맞은 자연수는

5, 6입니다.

02 $1\,L=1000\,mL$이므로

$\overset{200}{\cancel{1000}}\times\dfrac{2}{\underset{1}{\cancel{5}}}=400$ (mL)입니다.

03 $\overset{8}{\cancel{24}}\times\dfrac{1}{\underset{1}{\cancel{3}}}=8$(시간) $\Rightarrow \overset{4}{\cancel{8}}\times\dfrac{1}{\underset{1}{\cancel{2}}}=4$(시간)

25쪽

04 산을 올라갈 때 전체의 $\dfrac{3}{5}$을 마셨으므로

$1-\dfrac{3}{5}=\dfrac{2}{5}$가 남습니다.

(내려올 때 마신 물의 양)

$=$(올라갈 때 마시고 남은 물의 양)$\times\dfrac{1}{3}$

$=\dfrac{2}{5}\times\dfrac{1}{3}=\dfrac{2}{15}$

05 (현재 상추가 심어져 있는 밭)

$= $ (상추를 심은 밭) $\times \dfrac{2}{5}$

$= $ (잎줄기채소를 심은 밭) $\times \dfrac{1}{4} \times \dfrac{2}{5}$

$= \dfrac{\overset{1}{\cancel{5}}}{9} \times \dfrac{1}{\underset{2}{\cancel{4}}} \times \dfrac{\overset{1}{\cancel{2}}}{\underset{1}{\cancel{5}}} = \dfrac{1}{18}$

06 (윤주) $= 34\dfrac{5}{13} \times 1\dfrac{1}{12}$

$= \dfrac{\overset{149}{\cancel{447}}}{\underset{1}{\cancel{13}}} \times \dfrac{\overset{1}{\cancel{13}}}{\underset{4}{\cancel{12}}} = \dfrac{149}{4}$

$= 37\dfrac{1}{4}$ (kg)

(선호) $= 41\dfrac{1}{3} \times \dfrac{9}{10}$

$= \dfrac{\overset{62}{\cancel{124}}}{\underset{1}{\cancel{3}}} \times \dfrac{\overset{3}{\cancel{9}}}{\underset{5}{\cancel{10}}} = \dfrac{186}{5}$

$= 37\dfrac{1}{5}$ (kg)

$\Rightarrow 37\dfrac{1}{4} > 37\dfrac{1}{5}$ 이므로 윤주가 더 무겁습니다.

26쪽

07 문제 분석

07³ ☐ 안에 들어갈 수 있는 가장 작은 자연수는 얼마입니까?

$$❶4 \times 2\dfrac{3}{8} \overset{❷}{<} ☐ \dfrac{1}{3}$$

❶ 자연수와 대분수의 곱셈을 계산합니다.
❷ 크기를 비교하여 ☐의 범위를 구합니다.
❸ ❷에서 구한 ☐의 범위에서 ☐ 안에 들어갈 수 있는 가장 작은 자연수를 구합니다.

❶ $4 \times 2\dfrac{3}{8} = \overset{1}{\cancel{4}} \times \dfrac{19}{\underset{2}{\cancel{8}}} = \dfrac{19}{2} = 9\dfrac{1}{2}$

❷ $9\dfrac{1}{2} < ☐\dfrac{1}{3}$ 이고 $\dfrac{1}{2} > \dfrac{1}{3}$ 이므로

$9 < ☐$ 이어야 합니다.

❸ 따라서 $☐ = 10, 11, \ldots$ 이므로 ☐ 안에 들어갈 수 있는 가장 작은 자연수는 10입니다.

08 $\dfrac{1}{5} \times \dfrac{1}{6} = \dfrac{1}{30}$, $\dfrac{1}{●} \times \dfrac{1}{●} = \dfrac{1}{● \times ●}$,

$\dfrac{1}{8} \times \dfrac{1}{9} = \dfrac{1}{72}$ 이므로 $30 < ● \times ● < 72$ 입니다.

$5 \times 5 = 25$, $6 \times 6 = 36$, $7 \times 7 = 49$, $8 \times 8 = 64$,

$9 \times 9 = 81$ 이므로 ●에 알맞은 자연수는 6, 7, 8입니다.

09 1 L = 1000 mL이므로

아침: $\overset{250}{\cancel{1000}} \times \dfrac{1}{\underset{1}{\cancel{4}}} = 250$ (mL),

점심: $\overset{40}{\cancel{1000}} \times \dfrac{7}{\underset{1}{\cancel{25}}} = 280$ (mL)입니다.

따라서 아침과 점심에 마신 보리차는 모두
$250 + 280 = 530$ (mL)입니다.

10 문제 분석

10³ 두 직사각형 ㉮와 ㉯ 중 넓이가 더 넓은 것은 어느 것입니까?

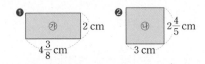

❶ 직사각형 ㉮의 넓이를 구합니다.
❷ 직사각형 ㉯의 넓이를 구합니다.
❸ ❶과 ❷에서 구한 직사각형 ㉮와 ㉯의 넓이의 크기를 비교합니다.

❶ (㉮의 넓이) $= 4\dfrac{3}{8} \times 2 = \dfrac{35}{\underset{4}{\cancel{8}}} \times \overset{1}{\cancel{2}} = \dfrac{35}{4}$

$= 8\dfrac{3}{4}$ (cm²)

❷ (㉯의 넓이) $= 3 \times 2\dfrac{4}{5} = 3 \times \dfrac{14}{5}$

$= \dfrac{42}{5} = 8\dfrac{2}{5}$ (cm²)

❸ $8\dfrac{3}{4} = 8\dfrac{15}{20}$, $8\dfrac{2}{5} = 8\dfrac{8}{20}$

$\Rightarrow 8\dfrac{3}{4} > 8\dfrac{2}{5}$

11 $\overset{12}{\cancel{24}} \times \dfrac{1}{\underset{1}{\cancel{2}}} = 12$(시간)

$\Rightarrow \overset{2}{\cancel{12}} \times \dfrac{5}{\underset{1}{\cancel{6}}} = 2 \times 5 = 10$(시간)

12 문제 분석

$12^{❸}$□ 안에 들어갈 수 있는 자연수를 모두 구하시오.

$$❶1\frac{3}{5}\times2\frac{5}{8}>❷\square\frac{2}{11}$$

❶ 대분수와 대분수의 곱셈을 계산합니다.
❷ 크기를 비교하여 □의 범위를 구합니다.
❸ □ 안에 들어갈 수 있는 자연수를 모두 구합니다.

$❶1\dfrac{3}{5}\times2\dfrac{5}{8}=\dfrac{\overset{1}{\cancel{8}}}{5}\times\dfrac{21}{\underset{1}{\cancel{8}}}=\dfrac{21}{5}=4\dfrac{1}{5}$

$❷4\dfrac{1}{5}>\square\dfrac{2}{11}$이고 $\dfrac{1}{5}\left(=\dfrac{11}{55}\right)>\dfrac{2}{11}\left(=\dfrac{10}{55}\right)$이므로

$4>\square$ 또는 $\square=4$입니다.

$❸\Rightarrow\square=1, 2, 3, 4$

27쪽

13 카네이션을 만드는 데 $\dfrac{4}{7}$를 사용했으므로

색종이의 $1-\dfrac{4}{7}=\dfrac{3}{7}$이 남았습니다.

(카드를 만드는 데 사용한 색종이)

$=$(카네이션을 만들고 남은 색종이)$\times\dfrac{5}{6}$

$=\dfrac{\overset{1}{\cancel{3}}}{7}\times\dfrac{5}{\underset{2}{\cancel{6}}}=\dfrac{5}{14}$

14 문제 분석

$14^{❷}$기동이는 자전거로 한 시간에 $12\dfrac{3}{8}$ km를 달린다고 합니다.

같은 빠르기로 $/^{❶}$3시간 20분 동안 달리면 $/^{❷}$몇 km를 갈 수 있습니까?

❶ 3시간 20분을 시간 단위인 분수로 나타내어 바꿉니다.
❷ $12\dfrac{3}{8}$과 ❶에서 구한 분수의 곱을 계산합니다.

$❶$3시간 20분$=3\dfrac{20}{60}$시간$=3\dfrac{1}{3}$시간

$❷\Rightarrow12\dfrac{3}{8}\times3\dfrac{1}{3}=\dfrac{\overset{33}{\cancel{99}}}{\underset{4}{\cancel{8}}}\times\dfrac{\overset{5}{\cancel{10}}}{\underset{1}{\cancel{3}}}=\dfrac{165}{4}$

$=41\dfrac{1}{4}$ (km)

15 문제 분석

$15^{❶}$그림은 어떤 직사각형의 $\dfrac{3}{5}$입니다. 크기가 $\dfrac{3}{5}$인 직사각형을

이용하여 $/^{❷}$크기가 1인 원래 직사각형을 그려 보시오.

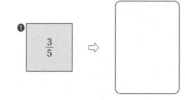

❶ 그림을 3등분하여 직사각형의 $\dfrac{1}{5}$을 구합니다.
❷ ❶에서 구한 직사각형의 $\dfrac{1}{5}$을 5배 하여 원래 직사각형을 구합니다.

$❶\dfrac{3}{5}=\dfrac{1}{5}\times3$이므로 주어진 그림을 3등분하여 직사각형의 $\dfrac{1}{5}$을 구합니다. 단위분수의 분모 배를 하면 크기가 1인 직사각형을 만들 수 있습니다.

$❷\dfrac{1}{5}\times5=1$이므로 직사각형의 $\dfrac{1}{5}$인 그림을 5배 하면 됩니다.

다른 풀이

다음 그림과 같이 그려도 됩니다.

$\dfrac{1}{5}$	$\dfrac{1}{5}$	$\dfrac{1}{5}$	$\dfrac{1}{5}$	$\dfrac{1}{5}$

16 (현재 상추가 심어져 있는 밭)

$=$(상추를 심은 밭)$\times\dfrac{2}{7}$

$=$(잎줄기채소를 심은 밭)$\times\dfrac{1}{5}\times\dfrac{2}{7}$

$=\dfrac{\overset{1}{\cancel{5}}}{\underset{4}{\cancel{8}}}\times\dfrac{1}{\underset{1}{\cancel{5}}}\times\dfrac{\overset{1}{\cancel{2}}}{7}=\dfrac{1}{28}$

수학 실력이 올라가는 마법 주문이 실행 중입니다.

17 문제 분석

17 ^①방앗간에서 인절미를 한 시간에 $20\frac{1}{5}$ kg씩 2시간 45분 동안 만들었고, / ^②가래떡을 한 시간에 $15\frac{4}{9}$ kg씩 3시간 36분 동안 만들었습니다. / ^③무엇을 더 많이 만들었습니까?

① 2시간 45분 동안 만든 인절미의 양을 분수의 곱셈으로 구합니다.
② 3시간 36분 동안 만든 가래떡의 양을 분수의 곱셈으로 구합니다.
③ ①과 ②에서 구한 인절미와 가래떡의 양의 크기를 비교합니다.

^①2시간 45분$=2\frac{45}{60}$시간$=2\frac{3}{4}$시간

$$(인절미)=20\frac{1}{5}\times2\frac{3}{4}$$

$$=\frac{101}{5}\times\frac{11}{4}=\frac{1111}{20}$$

$$=55\frac{11}{20} \text{ (kg)}$$

^②3시간 36분$=3\frac{36}{60}$시간$=3\frac{3}{5}$시간

$$(가래떡)=15\frac{4}{9}\times3\frac{3}{5}$$

$$=\frac{139}{\overset{}{\underset{1}{9}}}\times\frac{\overset{2}{18}}{5}=\frac{278}{5}$$

$$=55\frac{3}{5} \text{ (kg)}=55\frac{12}{20} \text{ (kg)}$$

^③$\Rightarrow 55\frac{11}{20}<55\frac{12}{20}$

18 $$(정표)=33\frac{1}{18}\times1\frac{1}{14}$$

$$=\frac{\overset{85}{595}}{\underset{6}{18}}\times\frac{\overset{5}{15}}{\underset{2}{14}}=\frac{425}{12}$$

$$=35\frac{5}{12} \text{ (kg)}$$

$$(원석)=41\frac{1}{4}\times\frac{8}{9}$$

$$=\frac{\overset{55}{165}}{\underset{1}{4}}\times\frac{\overset{2}{8}}{\underset{3}{9}}=\frac{110}{3}$$

$$=36\frac{2}{3} \text{ (kg)}$$

$$\Rightarrow 35\frac{5}{12}<36\frac{2}{3}$$

사고력 유형 28~29쪽

1 12골드

2 $\frac{8}{25}$

3 $\frac{5}{21}$

4 $129\frac{1}{3}$ km

28쪽

1 42골드의 $\frac{2}{7}$를 되돌려받습니다.

$\Rightarrow \overset{6}{42}\times\frac{2}{\underset{1}{7}}=12(골드)$

2 $\frac{8}{\underset{3}{9}}\times\frac{\overset{1}{3}}{5}=\frac{8}{15} \Rightarrow \frac{8}{15}>\frac{1}{2}$

$\frac{8}{\underset{5}{15}}\times\frac{\overset{1}{3}}{5}=\frac{8}{25} \Rightarrow \frac{8}{25}<\frac{1}{2}$

29쪽

3 아버지 이야기의 남은 부분은 $1-\frac{2}{7}=\frac{5}{7}$입니다.

$\Rightarrow (어머니 이야기)=\frac{5}{7}\times\frac{1}{3}=\frac{5}{21}$

4 (자동차가 8 L의 휘발유로 갈 수 있는 거리)
$=$(자동차가 1 L의 휘발유로 갈 수 있는 거리)$\times8$

$=16\frac{1}{6}\times8=(16\times8)+\left(\frac{1}{\underset{3}{6}}\times\overset{4}{8}\right)$

$=128+\frac{4}{3}=128+1\frac{1}{3}$

$=129\frac{1}{3} \text{ (km)}$

다른 풀이

$16\frac{1}{6}\times8=\frac{97}{\underset{3}{6}}\times\overset{4}{8}=\frac{388}{3}=129\frac{1}{3} \text{ (km)}$

도전! 최상위 유형

30~31쪽

1 직사각형, $23\frac{19}{25}$ cm²   **2** 36, 72

3 $13\frac{1}{2}$ cm²   **4** $42\frac{1}{2}$

30쪽

1 (처음 정사각형의 넓이)$=7\frac{1}{5}\times7\frac{1}{5}=\frac{36}{5}\times\frac{36}{5}$

$$=\frac{1296}{25}=51\frac{21}{25}\ (\text{cm}^2)$$

(새로 만든 직사각형의 가로)$=7\frac{1}{5}\times1\frac{3}{4}$

$$=\frac{\overset{9}{\cancel{36}}}{5}\times\frac{7}{\underset{1}{\cancel{4}}}=\frac{63}{5}$$

$$=12\frac{3}{5}\ (\text{cm})$$

(새로 만든 직사각형의 세로)$=7\frac{1}{5}\times\frac{5}{6}$

$$=\frac{\overset{6}{\cancel{36}}}{\underset{1}{\cancel{5}}}\times\frac{\overset{1}{\cancel{5}}}{\underset{1}{\cancel{6}}}=6\ (\text{cm})$$

(새로 만든 직사각형의 넓이)

$=12\frac{3}{5}\times6=(12\times6)+\left(\frac{3}{5}\times6\right)=72+\frac{18}{5}$

$=72+3\frac{3}{5}=75\frac{3}{5}\ (\text{cm}^2)$

따라서 새로 만든 직사각형이 처음 정사각형보다 넓이가

$75\frac{3}{5}-51\frac{21}{25}=75\frac{15}{25}-51\frac{21}{25}=23\frac{19}{25}\ (\text{cm}^2)$

더 넓습니다.

2 $\dfrac{\overset{1}{\cancel{5}}}{6}\times\dfrac{\overset{1}{\cancel{4}}}{\underset{3}{\cancel{15}}}\times\dfrac{\bigcirc}{\underset{2}{\cancel{8}}}=\dfrac{\bigcirc}{36}$

$\dfrac{\bigcirc}{36}$이 자연수이므로 $\bigcirc$이 될 수 있는 수는 36의 배수입니다.

$\Rightarrow \bigcirc=36, 72, 108, \dots$

따라서 $\bigcirc$이 될 수 있는 두 자리 자연수는 36, 72입니다.

31쪽

3 두 번째에서 색칠한 부분의 넓이는 첫 번째 삼각형의 $\dfrac{3}{4}$입니다.

$\Rightarrow 32\times\dfrac{3}{4}=24\ (\text{cm}^2)$

세 번째에서 색칠한 부분의 넓이는 두 번째에서 색칠한 부분의 넓이의 $\dfrac{3}{4}$입니다.

$\Rightarrow 24\times\dfrac{3}{4}=18\ (\text{cm}^2)$

네 번째에서 색칠한 부분의 넓이는 세 번째에서 색칠한 부분의 넓이의 $\dfrac{3}{4}$입니다.

$\Rightarrow 18\times\dfrac{3}{4}=\dfrac{27}{2}=13\dfrac{1}{2}\ (\text{cm}^2)$

다른 풀이

하나의 식으로 나타내어 구합니다.

$\Rightarrow 32\times\dfrac{3}{4}\times\dfrac{3}{4}\times\dfrac{3}{4}=\dfrac{27}{2}=13\dfrac{1}{2}\ (\text{cm}^2)$

참고

두 번째에서 색칠한 삼각형은 3개, 세 번째에서 색칠한 삼각형은 $3\times3=9$(개), 네 번째에서 색칠한 삼각형은 $3\times3\times3=27$(개)입니다.

4 주어진 분수를 가분수로 나타내면

$2\dfrac{1}{12}=\dfrac{25}{12},\ 2\dfrac{2}{3}=\dfrac{8}{3},\ 3\dfrac{1}{4}=\dfrac{13}{4},\ 3\dfrac{5}{6}=\dfrac{23}{6},\ \dots$

이고 분모를 12로 통분하면

$\dfrac{25}{12},\ \dfrac{32}{12},\ \dfrac{39}{12},\ \dfrac{46}{12},\ \dots$이므로

$\dfrac{7}{12}$씩 커지는 규칙입니다.

$\square$번째 수는 $\dfrac{25}{12}+\dfrac{7}{12}\times(\square-1)$이므로

6번째 수는

$\dfrac{25}{12}+\dfrac{7}{12}\times5=\dfrac{25}{12}+\dfrac{35}{12}=\dfrac{60}{12}=5,$

12번째 수는

$\dfrac{25}{12}+\dfrac{7}{12}\times11=\dfrac{25}{12}+\dfrac{77}{12}=\dfrac{102}{12}=\dfrac{17}{2}=8\dfrac{1}{2}$

입니다.

$\Rightarrow 5\times8\dfrac{1}{2}=(5\times8)+\left(5\times\dfrac{1}{2}\right)=40+\dfrac{5}{2}$

$$=40+2\dfrac{1}{2}=42\dfrac{1}{2}$$

3 합동과 대칭

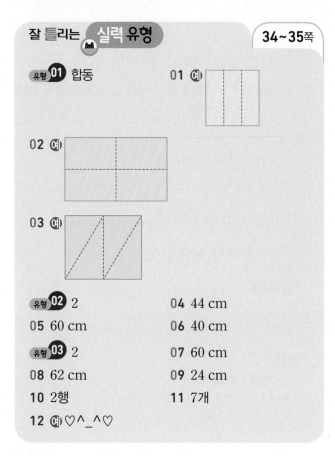

34~35쪽

유형 **01** 합동

01 예

02 예

03 예

유형 **02** 2 04 44 cm

05 60 cm 06 40 cm

유형 **03** 2 07 60 cm

08 62 cm 09 24 cm

10 2행 11 7개

12 예 ♡^_^♡

34쪽

01 오른쪽과 같이 잘라도 됩니다.

왜 틀렸을까? 자른 사각형 3개를 포개었을 때 완전히 겹치는지 확인합니다.

02 , , 등 여러 가지입니다.

왜 틀렸을까? 자른 사각형 4개를 포개었을 때 완전히 겹치는지 확인합니다.

03 , , 등 여러 가지입니다.

왜 틀렸을까? 자른 삼각형 4개를 포개었을 때 완전히 겹치는지 확인합니다.

04

4 cm 4 cm
10 cm 10 cm
8 cm 8 cm

⇨ (선대칭도형의 둘레)$= (4+10+8) \times 2$
$= 22 \times 2 = 44$ (cm)

왜 틀렸을까? 선대칭도형에서 대응변의 길이는 각각 같으므로 대응변의 길이를 구합니다.

05

8 cm
10 cm 12 cm
ㄱ ㄴ
10 cm 12 cm
8 cm

⇨ (선대칭도형의 둘레)$= (10+8+12) \times 2$
$= 30 \times 2 = 60$ (cm)

왜 틀렸을까? 선대칭도형에서 대응변의 길이는 각각 같으므로 대응변의 길이를 구합니다.

06

ㄷ 5 cm 5 cm ㅈ
3 cm ㄹ ㅊ ㅇ 3 cm
6 cm 6 cm
ㅁ 6 cm 6 cm ㅅ
ㅂ

(선분 ㄹㅁ)$=6$ cm, (선분 ㅁㅂ)$=6$ cm,
(선분 ㅈㅇ)$=3$ cm, (선분 ㅊㅈ)$=5$ cm
⇨ (선대칭도형의 둘레)$= (5+3+6+6) \times 2$
$= 20 \times 2 = 40$ (cm)

왜 틀렸을까? 선대칭도형에서 대응변의 길이는 각각 같으므로 대응변의 길이를 구합니다.

35쪽

07

5 cm
13 cm
12 cm ㅇ 12 cm
13 cm
5 cm

⇨ (점대칭도형의 둘레)$= (5+12+13) \times 2$
$= 30 \times 2 = 60$ (cm)

왜 틀렸을까? 점대칭도형에서 대응변의 길이는 각각 같으므로 대응변의 길이를 구합니다.

08

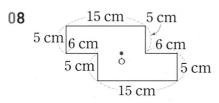

⇨ (점대칭도형의 둘레)=(15+5+6+5)×2
　　　　　　　　　　　=31×2=62 (cm)

왜 틀렸을까? 점대칭도형에서 대응변의 길이는 각각 같으므로 대응변의 길이를 구합니다.

09

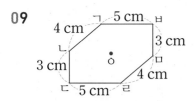

(선분 ㄱㅂ)=5 cm, (선분 ㄴㄷ)=3 cm,
(선분 ㄹㅁ)=4 cm
⇨ (점대칭도형의 둘레)=(4+3+5)×2
　　　　　　　　　　　=12×2=24 (cm)

왜 틀렸을까? 점대칭도형에서 대응변의 길이는 각각 같으므로 대응변의 길이를 구합니다.

10

1행	*^◈^*	♡^_+♡	(●>┊<●)
2행	(^+^)	=(^┊^)=	♡^∧^♡
3행	♡^~^♡	(○^∧^○)	@^0^@
4행	(~>_<~)	@(*_*)@	(*^┊^*)

모두 선대칭인 이모티콘이 있는 행은 2행입니다.

11 선대칭인 이모티콘은 모두 7개입니다.

12 이렇게 만들어도 됩니다.

♡+_+♡

다르지만 같은 유형 36~37쪽

01 변 ㄷㄴ	02 21 cm²
03 31 cm	04 160°
05 80°	06 65°
07 나	08 다, 라, 바
09 1611	10 3 cm
11 16 cm	12 200 cm²

36쪽

01~03 핵심
합동인 두 도형에서 대응변의 길이는 각각 같습니다.

01 삼각형 ㄱㄴㄹ과 삼각형 ㄷㄹㄴ을 포개었을 때, 변 ㄱㄹ과 완전히 겹치는 변은 변 ㄷㄴ입니다.

02 (변 ㅂㅅ)=(변 ㄷㄹ)=3 cm
⇨ (직사각형 ㅁㅂㅅㅇ의 넓이)
　　=3×7=21 (cm²)

03 삼각형 ㄹㅁㅂ은 이등변삼각형이므로
(변 ㄹㅁ)=(변 ㄹㅂ)=12 cm입니다.
두 삼각형이 서로 합동이므로
(변 ㄱㄴ)=(변 ㄱㄷ)=12 cm이고
(삼각형 ㄱㄴㄷ의 둘레)=12+7+12=31 (cm)
입니다.

04~06 핵심
합동인 두 도형에서 대응각의 크기는 각각 같습니다.

04 (각 ㄹㅁㄴ)=(각 ㄱㄷㄴ)
　　　　　　=180°-(35°+90°)=55°
사각형 ㅁㄴㄷㅂ의 네 각의 크기의 합은 360°이므로
(각 ㅁㅂㄷ)=360°-(55°+90°+55°)=160°입니다.

05 직사각형에서 두 대각선의 길이는 같고 서로를 반으로 나눕니다.
(각 ㄴㄷㄱ)=(각 ㄱㄹㄴ)=50°
삼각형 ㄴㄷㅁ은 이등변삼각형이므로
(각 ㅁㄴㄷ)=(각 ㅁㄷㄴ)=50°입니다.
삼각형 ㅁㄴㄷ의 세 각의 크기의 합은 180°이므로
(각 ㄴㅁㄷ)=180°-(50°+50°)=80°입니다.

06

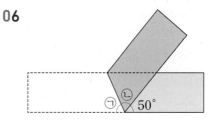

접은 사각형은 서로 합동입니다.
㉠+㉡+50°=180°
㉠=㉡이므로 ㉠=(180°-50°)÷2=65°입니다.

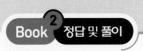

37쪽

07~09 핵심

선대칭도형이면 대칭축을 찾고 점대칭도형이면 대칭의 중심을 찾습니다.

⇨ 대칭축은 여러 개일 수 있지만 대칭의 중심은 항상 1개입니다.

07 가 나 다

선대칭도형: 나, 다
점대칭도형: 가, 나
선대칭도형도 되고 점대칭도형도 되는 도형은
나입니다.

08 선대칭도형: 나, 다, 라, 바
점대칭도형: 다, 라, 마, 바
선대칭도형도 되고 점대칭도형도 되는 도형은
다, 라, 바입니다.

09

선대칭도 되고 점대칭도 되는 숫자는 0, 1, 8입니다.
가장 큰 수: 810, 두 번째로 큰 수: 801
⇨ 810＋801＝1611

10~12 핵심

점대칭도형에서 대응변의 길이는 각각 같습니다.
또 대칭의 중심에서 대응점까지의 길이는 각각 같습니다.

10 (선분 ㄴㄹ)＝5＋5＝10 (cm)
(선분 ㄱㄷ)＝16－10＝6 (cm)
⇨ (선분 ㄱㅁ)＝(선분 ㄱㄷ)÷2
＝6÷2＝3 (cm)

11 (선분 ㄴㅅ)＝(선분 ㅁㅅ)＝5 cm이므로
(선분 ㄴㅁ)＝5＋5＝10 (cm)입니다.
(변 ㄷㄴ)＝(변 ㅂㅁ)＝6 cm
⇨ (선분 ㄷㅁ)＝(변 ㄷㄴ)＋(선분 ㄴㅁ)
＝6＋10＝16 (cm)

12 (선분 ㅅㄹ)＝2＋4＋4＝10 (cm)
정사각형의 한 변의 길이가 10 cm이므로
(정사각형 1개의 넓이)＝10×10＝100 (cm²)입니다.
⇨ (점대칭도형의 넓이)＝100×2＝200 (cm²)

응용 유형 38~41쪽

01 80°	02 50°
03 64 cm²	04 94 cm
05 12	06 32°
07 110°	08 24 cm
09 65°	10 500 cm²
11 30 cm²	12 6 cm
13 110°	14 70 cm
15 124°	16 14
17 44°	18 18개

38쪽

01 (각 ㄱㄷㄴ)＝180°－(40°＋80°)＝60°
(각 ㅁㄷㄹ)＝(각 ㄷㄱㄴ)＝40°
한 직선이 이루는 각은 180°이므로
(각 ㄱㄷㅁ)＝180°－(60°＋40°)＝80°입니다.

02 (각 ㄹㄱㄴ)＝(각 ㄹㄷㄴ)이고 삼각형에서 세 각의
크기의 합은 180°이므로
(각 ㄹㄱㄴ)＝(180°－80°)÷2＝50°입니다.

03 (변 ㅇㅅ)＝(변 ㄹㄷ)＝4 cm
⇨ (점대칭도형의 넓이)
＝(직사각형 ㄱㄴㅅㅇ의 넓이)×2
＝(8×4)×2＝32×2
＝64 (cm²)

39쪽

04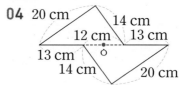

⇨ (점대칭도형의 둘레)＝(14＋20＋13)×2
＝47×2＝94 (cm)

05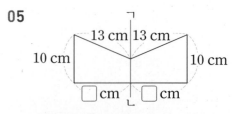

(선대칭도형의 둘레)＝(13＋10＋□)×2
⇨ (23＋□)×2＝70, 23＋□＝35, □＝12

06 삼각형 ㄱㄹㅂ과 삼각형 ㄱㅁㅂ은 서로 합동이므로

(각 ㄱㅁㅂ)=(각 ㄱㄹㅂ)=90°,

(각 ㅁㄱㅂ)=(각 ㄹㄱㅂ)

$= (90° - 58°) ÷ 2$

$= 16°$

입니다.

삼각형 ㄱㅁㅂ에서 세 각의 크기의 합은 180°이므로

(각 ㄱㅂㅁ)=180°-(16°+90°)=74°입니다.

(각 ㄱㅂㄹ)=(각 ㄱㅂㅁ)=74°이므로

(각 ㅁㅂㄷ)=180°-(74°+74°)=32°입니다.

40쪽

07 (각 ㄱㄷㄴ)=180°-(45°+110°)=25°

(각 ㅁㄷㄹ)=(각 ㄷㄱㄴ)=45°

한 직선이 이루는 각은 180°이므로

(각 ㄱㄷㅁ)=180°-(25°+45°)=110°입니다.

08 ❶직사각형 모양의 종이를 대각선 ㄱㄷ을 따라 접으면 삼각형 ㄱㄱㅁ과 삼각형 ㄷㅁㅂ은 서로 합동입니다. / ❷직사각형 ㄱㄴㄷㄹ의 둘레는 몇 cm입니까?

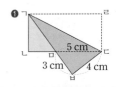

❶ 서로 합동인 도형에서 각각의 대응변의 길이가 서로 같습니다.
❷ 둘레는 (가로+세로)×2를 계산합니다.

❶(변 ㄴㅁ)=(변 ㅂㅁ)=3 cm이므로

(변 ㄴㄷ)=3+5=8 (cm),

(변 ㄱㄴ)=(변 ㄷㅂ)=4 cm입니다.

❷직사각형 ㄱㄴㄷㄹ은 가로가 8 cm,

세로가 4 cm이므로

(직사각형 ㄱㄴㄷㄹ의 둘레)=(8+4)×2=24 (cm)

입니다.

09 (각 ㄹㄱㄴ)=(각 ㄹㄷㄴ)이고

삼각형에서 세 각의 크기의 합은 180°이므로

(각 ㄹㄱㄴ)=(180°-50°)÷2

$= 130° ÷ 2 = 65°$

입니다.

10 ❶직사각형 모양의 종이를 대각선 ㄴㄹ을 따라 접었습니다. / ❷직사각형 ㄱㄴㄷㄹ의 넓이는 몇 cm²입니까?

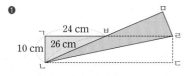

❶ 서로 합동인 도형을 찾으면 각각의 대응변의 길이가 서로 같습니다.
❷ 넓이는 (가로)×(세로)를 계산합니다.

❶삼각형 ㄱㄴㅂ과 삼각형 ㅁㄹㅂ은 서로 합동이므로

(변 ㅂㄹ)=(변 ㅂㄴ)=26 cm입니다.

(변 ㄱㄹ)=24+26=50 (cm)이므로

❷(직사각형 ㄱㄴㄷㄹ의 넓이)=50×10

$= 500 (cm^2)$

입니다.

11 (변 ㄱㄴ)=(변 ㄹㅁ)=6 cm

⇨ (점대칭도형의 넓이)

=(삼각형 ㄱㄴㄷ의 넓이)×2

=(5×6÷2)×2=15×2

$= 30 (cm^2)$

12 ❶선분 ㄱㄹ을 대칭축으로 하는 선대칭도형입니다. / ❷삼각형 ㄱㄴㄷ의 둘레가 32 cm일 때 / ❸선분 ㄴㄹ의 길이는 몇 cm입니까?

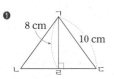

❶ 대응변의 길이가 서로 같으므로 변 ㄱㄴ의 길이를 구합니다.
❷ 변 ㄴㄷ의 길이를 구합니다.
❸ (변 ㄴㄹ)=(변 ㄷㄹ)이므로 (변 ㄴㄷ)÷2를 계산합니다.

❶(변 ㄱㄴ)=(변 ㄱㄷ)=10 cm

❷(변 ㄴㄷ)=32-(10+10)=12 (cm)

❸⇨ (선분 ㄴㄹ)=12÷2=6 (cm)

41쪽

13 문제 분석

13 **❶**사각형 ㄱㄴㄷㄹ은 선대칭도형입니다. / **❷**각 ㅁㄹㄷ의 크기는 몇 도입니까?

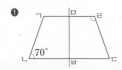

> **❶** 대응각의 크기가 같으므로 각 ㄹㄷㅂ의 크기를 구합니다.
> **❷** 사각형의 네 각의 크기의 합이 360°임을 이용하여 각 ㅁㄹㄷ의 크기를 구합니다.

❶(각 ㄹㄷㅂ)=(각 ㄱㄴㅂ)=70°,

❷(각 ㅁㄹㄷ)=(각 ㅁㄱㄴ)이고

사각형에서 네 각의 크기의 합은 360°이므로

(각 ㅁㄹㄷ)=(360°−70°−70°)÷2
=220°÷2=110°입니다.

14

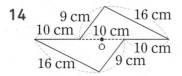

⇨ (점대칭도형의 둘레)=(9+16+10)×2
=35×2=70 (cm)

15 문제 분석

15 **❶**점 ㅇ을 대칭의 중심으로 하는 점대칭도형을 완성했을 때 / **❷**점 ㄱ의 대응점은 점 ㅁ, 점 ㄹ의 대응점은 점 ㅂ입니다. / **❸**각 ㅂㅁㄹ의 크기는 몇 도입니까? (단, 선분 ㄱㄴ과 선분 ㄹㄷ은 서로 평행합니다.)

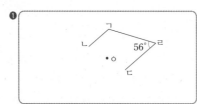

> **❶** 대응점인 점 ㅁ과 점 ㅂ을 이용하여 점대칭도형을 완성합니다.
> **❷** 대응각의 크기가 같으므로 각 ㅁㅂㄱ의 크기를 구합니다.
> **❸** 사각형의 네 각의 크기의 합이 360°임을 이용하여 각 ㅂㅁㄹ의 크기를 구합니다.

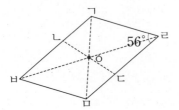

❶,❷(각 ㅁㅂㄱ)=(각 ㄱㄹㅁ)=56°

❸사각형 ㄱㅂㅁㄹ에서 네 각의 크기의 합은 360°이고

(각 ㅂㅁㄹ)=(각 ㄹㄱㅂ)이므로

(각 ㅂㅁㄹ)=(360°−56°−56°)÷2
=124°입니다.

16

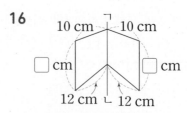

(선대칭도형의 둘레)=(10+□+12)×2

⇨ (10+□+12)×2=72, (22+□)×2=72,

22+□=36, □=14

17 삼각형 ㄱㄹㅂ과 삼각형 ㄱㅁㅂ은 서로 합동이므로

(각 ㄱㅁㅂ)=(각 ㄱㄹㅂ)=90°,

(각 ㅁㄱㅂ)=(각 ㄹㄱㅂ)=(90°−46°)÷2=22°

입니다.

삼각형 ㄱㅁㅂ에서 세 각의 크기의 합은 180°이므로

(각 ㄱㅂㅁ)=180°−(22°+90°)=68°입니다.

(각 ㄱㅂㄹ)=(각 ㄱㅂㅁ)=68°이므로

(각 ㅁㅂㄷ)=180°−(68°+68°)=44°입니다.

18 문제 분석

18 **❶**6009는 점대칭이 되는 수입니다. 다음 숫자를 사용하여 8008보다 작고 점대칭이 되는 네 자리 수를 만들려고 합니다. / **❷**만들 수 있는 수는 모두 몇 개입니까? (단, 같은 숫자를 여러 번 사용할 수 있습니다.)

> **❶** 혼자 점대칭이 되는 숫자와 쌍으로만 점대칭이 되는 숫자를 각각 구별합니다.
> **❷** ❶에서 구한 숫자를 이용하여 8008보다 작은 점대칭이 되는 네 자리 수를 구합니다.

❶혼자 점대칭이 되는 숫자는 0, 1, 2, 8이고 쌍으로만 점대칭이 되는 숫자는 6과 9입니다.

1001, 1111, 1221, 1691, 1881, 1961,

2002, 2112, 2222, 2692, 2882, 2962,

6009, 6119, 6229, 6699, 6889, 6969

❷⇨ 모두 18개입니다.

42~43쪽

1 ㅍ   2 16 cm

3 3개   4 85°

42쪽

1

2 (선분 ㄷㄹ)=(선분 ㄷㄴ)=7 cm
(선분 ㄹㅁ)=(선분 ㄴㄱ)=9 cm
⇨ 7+9=16 (cm)

43쪽

3

스웨덴: 1개   스위스: 4개
⇨ 4-1=3(개)

4 (각 ㅁㄷㄹ)=(각 ㄱㄴㄷ)=70°
(각 ㄱㄷㄴ)=180°-(85°+70°)=25°
⇨ (각 ㄱㄷㅁ)=180°-(25°+70°)=85°

도전! 최상위 **유형**

44~45쪽

1 3가지   2 112 cm
3 96°   4 83개

44쪽

1 합동인 도형 2개로 나누면 다음과 같습니다.

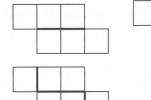

따라서 모두 3가지입니다.

2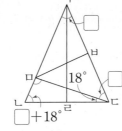

(선분 ㄴㄷ)=(선분 ㄱㄹ)=19 cm,
(선분 ㅅㅇ)=(선분 ㄱㅇ)=2 cm이므로
(선분 ㅅㄴ)=11-2-2=7 (cm)입니다.
⇨ (점대칭도형의 둘레)=(19+11+19+7)×2
               =112 (cm)

45쪽

3 각 ㅁㄷㅂ의 크기를 ☐라 하면
(각 ㅁㄱㅂ)=(각 ㅁㄷㅂ)
           =☐,
(각 ㄱㄴㄹ)=(각 ㄱㄷㄹ)
           =☐+18°
입니다.
삼각형 ㄱㄴㄷ에서 세 각의 크기의 합은 180°이므로
☐+☐+18°+☐+18°=180°,
☐×3+36°=180°, ☐×3=144°,
☐=48°입니다.
(각 ㄱㄴㄹ)=48°+18°=66°이므로
삼각형 ㅁㄴㄷ에서
(각 ㄴㅁㄷ)+66°+18°=180°,
(각 ㄴㅁㄷ)=180°-66°-18°=96°입니다.

4 ① 한 자리 수: 0, 1, 2, 5, 8 ⇨ 5개
② 두 자리 수: 11, 22, 55, 69, 88, 96 ⇨ 6개
③ 세 자리 수: 101, 111, 121, 151, 181, 202,
212, 222, 252, 282, 505, 515, 525, 555, 585,
609, 619, 629, 659, 689, 808, 818, 828, 858,
888, 906, 916, 926, 956, 986 ⇨ 30개
④ 네 자리 수: 1001, 1111, 1221, 1551, 1691,
1881, 1961, 2002, 2112, 2222, 2552, 2692,
2882, 2962, 5005, 5115, 5225, 5555, 5695,
5885, 5965, 6009, 6119, 6229, 6559, 6699,
6889, 6969, 8008, 8118, 8228, 8558, 8698,
8888, 8968, 9006, 9116, 9226, 9556, 9696,
9886, 9966 ⇨ 42개
따라서 만들 수 있는 점대칭이 되는 수 중 10000보다
작은 수는 모두 5+6+30+42=83(개)입니다.

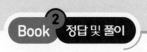

4 소수의 곱셈

48~49쪽

잘 틀리는 **실력** 유형

유형 **01** 0.5, 0.5, 2.5

01 2.25시간 02 2.4시간

03 8.4시간

유형 **02** 1.8, 1.8, 4.32

04 7.84 m² 05 6.48 m²

유형 **03** 3000, 있습니다에 ○표

06 살 수 있습니다. 07 살 수 없습니다.

08 살 수 있습니다.

09

3×1.74	0.62×4	1.6×1.1	0.23×1.4	2.58×0.4
아	이	스	크	림

/ 아이스크림

10 2400, 4500, 6900

48쪽

01 45분=$\frac{45}{60}$시간=0.75시간이므로

(3일 동안 공부하는 시간)

=0.75×3=2.25(시간)입니다.

왜 틀렸을까? 45분을 0.75시간으로 나타낸 후에 소수의 곱셈을 합니다.

02 36분=$\frac{36}{60}$시간=0.6시간이므로

(공원을 4바퀴 산책하는 데 걸리는 시간)

=0.6×4=2.4(시간)입니다.

왜 틀렸을까? 36분을 0.6시간으로 나타낸 후에 소수의 곱셈을 합니다.

03 1시간 12분=$1\frac{12}{60}$시간=1.2시간이고 일주일은 7일이므로

(일주일 동안 수영을 하는 시간)

=1.2×7=8.4(시간)입니다.

왜 틀렸을까? 1시간 12분을 1.2시간으로 나타낸 후에 소수의 곱셈을 합니다.

04 (새로 만든 직사각형의 가로)

=2.5×1.4=3.5 (m)

(새로 만든 직사각형의 세로)

=1.6×1.4=2.24 (m)

⇨ (새로 만든 직사각형의 넓이)

=3.5×2.24=7.84 (m²)

왜 틀렸을까? 직사각형의 가로와 세로에 각각 1.4를 곱한 후에 직사각형의 넓이를 구해야 합니다.

05 (새로 만든 직사각형의 가로)

=1.5×1.8=2.7 (m)

(새로 만든 직사각형의 세로)

=1.5×1.6=2.4 (m)

⇨ (새로 만든 직사각형의 넓이)

=2.7×2.4=6.48 (m²)

왜 틀렸을까? 정사각형의 가로에는 1.8을, 세로에는 1.6을 곱한 후에 직사각형의 넓이를 구해야 합니다.

49쪽

06 과자 1 g당 약 10원으로 어림하면 200 g의 가격은

200×10=2000이므로 약 2000원입니다.

1 g당 가격이 10원보다 낮으므로 2000원으로 과자를 살 수 있습니다.

다른 풀이

9.7×200=1940(원)이므로 2000원으로 과자를 살 수 있습니다.

왜 틀렸을까? 9.7원을 10원으로 어림하여 2000원으로 과자를 살 수 있는지 알아봅니다.

07 과자 1 g당 약 10원으로 어림하면 400 g의 가격은

400×10=4000이므로 약 4000원입니다.

1 g당 가격이 10원보다 높으므로 4000원으로 과자를 살 수 없습니다.

다른 풀이

10.2×400=4080(원)이므로 4000원으로 과자를 살 수 없습니다.

왜 틀렸을까? 10.2원을 10원으로 어림하여 4000원으로 과자를 살 수 있는지 알아봅니다.

08 참기름 1 mL당 약 40원으로 어림하면 300 mL의 가격은 $300 \times 40 = 12000$이므로 약 12000원입니다. 1 mL당 가격이 40원보다 낮으므로 12000원으로 참기름을 살 수 있습니다.

> **다른 풀이**
> $38.7 \times 300 = 11610$(원)이므로 12000원으로 참기름을 살 수 있습니다.

> **왜 틀렸을까?** 38.7원을 40원으로 어림하여 12000원으로 참기름을 살 수 있는지 알아봅니다.

09 $3 \times 1.74 = 5.22 \rightarrow$ 아
$0.62 \times 4 = 2.48 \rightarrow$ 이
$1.6 \times 1.1 = 1.76 \rightarrow$ 스
$0.23 \times 1.4 = 0.322 \rightarrow$ 크
$2.58 \times 0.4 = 1.032 \rightarrow$ 림
⇨ 아이스크림

10 (사과주스 0.3 L)$= 8000 \times 0.3 = 2400$(원)
(포도주스 0.5 L)$= 9000 \times 0.5 = 4500$(원)
⇨ $2400 + 4500 = 6900$(원)

다르지만 같은 유형 50~51쪽

01 ( )(◯) **02** ㉡

03 윤호 **04** ㉠

05 ㉡

06 예 1.84는 소수점 아래 두 자리 수이고 2.3은 소수점 아래 한 자리 수이므로 1.84×2.3의 결과 값은 소수점 아래 세 자리 수입니다. □$\times 0.23$의 결과 값이 소수점 아래 세 자리 수이고 0.23이 소수점 아래 두 자리 수이므로 □ 안에 알맞은 수는 소수점 아래 한 자리 수인 18.4입니다. / 18.4

07 0.48 **08** 10.8

09 예 어떤 수를 □라 하면 □$\div 0.75 = 0.8$입니다.
⇨ $0.75 \times 0.8 = $□, □$= 0.6$
따라서 바르게 계산하면 $0.6 \times 0.75 = 0.45$입니다. / 0.45

10 2.8 kg **11** 13.824 kg

12 예 56 cm$= 0.56$ m이므로
(막대 0.56 m의 무게)$= 2 \times 0.56 = 1.12$ (kg)입니다. / 1.12 kg

50쪽

01~03 핵심
소수의 곱셈을 한 후에 자연수 부분부터 차례로 비교합니다.

01 $1.42 \times 2.7 = 3.834$, $2.84 \times 1.7 = 4.828$
⇨ $3.834 < 4.828$

02 ㉠ 13.05 ㉡ 13.8 ㉢ 13.16이므로 가장 큰 것은 ㉡입니다.

03 (미라가 하루에 마시는 물의 양)
$= 0.24 \times 7 = 1.68$ (L)
(윤호가 하루에 마시는 물의 양)
$= 0.37 \times 5 = 1.85$ (L)
⇨ $1.68 < 1.85$이므로 하루에 물을 더 많이 마시는 사람은 윤호입니다.

04~06 핵심
(소수점 아래 ■자리 수)$\times$(소수점 아래 ▲ 자리 수)
⇨ 소수점 아래 (■+▲)자리 수

04 ㉠ 2.8은 소수점 아래 한 자리 수이고 18.76은 소수점 아래 두 자리 수이므로 ㉠은 소수점 아래 한 자리 수인 6.7입니다.
㉡ 6.7은 소수점 아래 한 자리 수이고 1.876은 소수점 아래 세 자리 수이므로 ㉡은 소수점 아래 두 자리 수인 0.28입니다.
따라서 $6.7 > 0.28$이므로 ㉠이 더 큽니다.

05 ㉠ 3.62는 소수점 아래 두 자리 수이고 5.068은 소수점 아래 세 자리 수이므로 □ 안에 알맞은 수는 소수점 아래 한 자리 수인 1.4입니다.
㉡ 36.2는 소수점 아래 한 자리 수이고 5.068은 소수점 아래 세 자리 수이므로 □ 안에 알맞은 수는 소수점 아래 두 자리 수인 0.14입니다.
㉢ 3.62는 소수점 아래 두 자리 수이고 50.68은 소수점 아래 두 자리 수이므로 □ 안에 알맞은 수는 14입니다.
따라서 □ 안에 알맞은 수가 가장 작은 것은 ㉡입니다.

06 서술형 가이드 1.84×2.3이 소수점 아래 몇 자리 수인지를 구하고 이를 이용해 ☐ 안에 알맞은 수를 구하는 풀이 과정이 있어야 합니다.

채점 기준

상	1.84×2.3이 소수점 아래 몇 자리 수인지를 구하고 이를 이용해 ☐ 안에 알맞은 수를 구함.
중	1.84×2.3이 소수점 아래 몇 자리 수인지를 구했으나 ☐ 안에 알맞은 수를 구하지 못함.
하	1.84×2.3이 소수점 아래 몇 자리 수인지를 구하지 못함.

51쪽

07~09 핵심

$$☐ \div ▲ = ● \Rightarrow ▲ \times ● = ☐$$

07 곱셈과 나눗셈의 관계를 이용합니다.

$0.8 \times 0.6 = ☐$, $☐ = 0.48$

08 어떤 수를 ☐라 하면 $☐ \div 4.5 = 2.4$입니다.

$\Rightarrow 4.5 \times 2.4 = ☐$, $☐ = 10.8$

09 서술형 가이드 어떤 수를 구해 바르게 계산하는 풀이 과정이 들어 있어야 합니다.

채점 기준

상	어떤 수를 구해 바르게 계산함.
중	어떤 수를 구했으나 바르게 계산하지 못함.
하	어떤 수를 구하지 못함.

10~12 핵심

(막대 1 m의 무게)=■ kg

$\Rightarrow$ (막대 ▲ m의 무게)=(■ × ▲) kg

10 (막대 2 m의 무게)

$= 1.4 \times 2 = 2.8$ (kg)

11 (철근 3.84 m의 무게)

$= 3.6 \times 3.84 = 13.824$ (kg)

12 서술형 가이드 56 cm가 몇 m인지 소수로 나타낸 후에 무게를 구하는 풀이 과정이 들어 있어야 합니다.

채점 기준

상	56 cm가 몇 m인지 소수로 나타낸 후에 무게를 구함.
중	56 cm가 몇 m인지 소수로 나타냈으나 무게를 구하지 못함.
하	56 cm가 몇 m인지 소수로 나타내지 못함.

응용 유형 52~55쪽

01 27.65	02 0.364
03 0.128 m	04 3.44 cm²
05 0.926	06 3.3 km
07 17.9	08 0.52
09 33.6 cm	10 19.6 m²
11 0.54 m	12 0.63 m
13 6.16 cm²	14 8.91
15 4	16 3.97 km
17 26.13 kg	18 3.024 m²

52쪽

01 • ㉠ × 2.5 = 68.5 ⇨ 68500에서 68.5로 소수점을 왼쪽으로 3칸 옮겼고 250에서 2.5로 소수점을 왼쪽으로 2칸 옮겼으므로 ㉠에 알맞은 수는 274의 소수점을 왼쪽으로 1칸 옮긴 27.4입니다.

• 27.4 × ㉡ = 6.85 ⇨ 68500에서 6.85로 소수점을 왼쪽으로 4칸 옮겼고 274에서 27.4로 소수점을 왼쪽으로 1칸 옮겼으므로 ㉡에 알맞은 수는 250의 소수점을 왼쪽으로 3칸 옮긴 0.25입니다.

$\Rightarrow ㉠ + ㉡ = 27.4 + 0.25 = 27.65$

02 (몇십몇) × (몇)에서 계산 결과가 가장 크려면 가장 큰 수인 7을 곱하는 수에 놓고 남은 두 수로 가장 큰 수인 52를 만듭니다.

$$\begin{array}{r} 5\,2 \\ \times \quad 7 \\ \hline 3\,6\,4 \end{array} \Rightarrow \begin{array}{r} 0.5\,2 \\ \times \quad 0.7 \\ \hline 0.3\,6\,4 \end{array}$$

03 (첫 번째로 튀어 오른 높이)

$= 0.8 \times 0.4 = 0.32$ (m)

두 번째로 떨어진 높이는 첫 번째로 튀어 오른 높이와 같으므로 0.32 m입니다.

$\Rightarrow$ (두 번째로 튀어 오른 높이)

$= 0.32 \times 0.4 = 0.128$ (m)

53쪽

04 (평행사변형의 넓이)

$= 3.84 \times 3.5 = 13.44$ (cm²)

(마름모의 넓이) $= 8 \times 2.5 \div 2 = 10$ (cm²)

$\Rightarrow 13.44 - 10 = 3.44$ (cm²)

05 어떤 수를 □라 하면
□+0.8=1.43, □=1.43−0.8, □=0.63입니다.
따라서 바르게 계산하면 0.63×0.8=0.504입니다.
⇨ 1.43−0.504=0.926

06 1분 30초=1.5분
(열차가 움직인 거리)=2.5×1.5=3.75 (km)
⇨ (터널의 길이)
　=(열차가 움직인 거리)−(열차의 길이)
　=3.75−0.45=3.3 (km)

54쪽

07 • 67500에서 67.5로 소수점을 왼쪽으로 3칸 옮겼고
540에서 5.4로 소수점을 왼쪽으로 2칸 옮겼으므로
㉠에 알맞은 수는 125의 소수점을 왼쪽으로 1칸
옮긴 12.5입니다.
• 67500에서 6.75로 소수점을 왼쪽으로 4칸 옮겼고
125에서 1.25로 소수점을 왼쪽으로 2칸 옮겼으므
로 ㉡에 알맞은 수는 540의 소수점을 왼쪽으로 2
칸 옮긴 5.4입니다.
⇨ ㉠+㉡=12.5+5.4=17.9

08 (몇십몇)×(몇)에서 계산 결과가 가장 크려면 가장 큰
수인 8을 곱하는 수에 놓고 남은 두 수로 가장 큰 수
인 65를 만듭니다.

$$\begin{array}{r} 6\ 5 \\ \times\ \ \ 8 \\ \hline 5\ 2\ 0 \end{array} \Rightarrow \begin{array}{r} 0.6\ 5 \\ \times\ \ 0.8 \\ \hline 0.5\ 2\ 0 \end{array}$$

09 문제 분석
09¹정삼각형 가의 둘레와 정사각형 나의 한 변의 길이가 같습니
다. /**²**정사각형 나의 둘레는 몇 cm입니까?

❶ (나의 한 변의 길이)=(가의 둘레)
❷ (나의 둘레)=(나의 한 변의 길이)×4

❶(정삼각형 가의 둘레)=2.8×3=8.4 (cm)
❷정사각형 나의 한 변의 길이가 8.4 cm이므로
(정사각형 나의 둘레)=8.4×4=33.6 (cm)입니다.

10 문제 분석
10¹가로가 35 m, 세로가 0.8 m인 직사각형 모양의 밭이 있습니
다. /**²**이 밭의 0.7만큼 고추를 심었다면 고추를 심은 밭의 넓
이는 몇 m²입니까?

❶ (전체 밭의 넓이)=35×0.8
❷ (고추를 심은 밭의 넓이)=(전체 밭의 넓이)×0.7

❶(전체 밭의 넓이)=35×0.8=28 (m²)
❷(고추를 심은 밭의 넓이)=28×0.7=19.6 (m²)

11 (첫 번째로 튀어 오른 높이)=1.5×0.6=0.9 (m)
두 번째로 떨어진 높이는 첫 번째로 튀어 오른 높이와
같으므로 0.9 m입니다.
⇨ (두 번째로 튀어 오른 높이)
　=0.9×0.6=0.54 (m)

12 문제 분석
12¹미술 시간에 윤호는 0.9 m인 색 테이프의 0.4만큼 사용했고 /
²재중이는 0.9 m인 색 테이프의 0.3만큼 사용했습니다. /
³윤호와 재중이가 사용한 색 테이프의 길이는 모두 몇 m입
니까?

❶ (윤호가 사용한 색 테이프의 길이)=0.9×0.4
❷ (재중이가 사용한 색 테이프의 길이)=0.9×0.3
❸ ❶과 ❷에서 구한 길이의 합을 구합니다.

❶(윤호가 사용한 색 테이프의 길이)
　=0.9×0.4=0.36 (m)
❷(재중이가 사용한 색 테이프의 길이)
　=0.9×0.3=0.27 (m)
❸⇨ 0.36+0.27=0.63 (m)

55쪽

13 (정사각형의 넓이)=4.6×4.6=21.16 (cm²)
(삼각형의 넓이)=4×7.5÷2=15 (cm²)
⇨ 21.16−15=6.16 (cm²)

14 어떤 수를 □라 하면
□−2.4=2.25, □=2.25+2.4, □=4.65입니다.
따라서 바르게 계산하면 4.65×2.4=11.16입니다.
⇨ 11.16−2.25=8.91

15 문제 분석

15 ❶다음을 보고 / ❷0.2를 50번 곱했을 때 소수 50째 자리 숫자를 구하시오.

❶
$$0.2 = 0.2$$
0.2를 2번 곱함. ─ $0.2 \times 0.2 = 0.04$
0.2를 3번 곱함. ─ $0.2 \times 0.2 \times 0.2 = 0.008$
$$0.2 \times 0.2 \times 0.2 \times 0.2 = 0.0016$$
$$0.2 \times 0.2 \times 0.2 \times 0.2 \times 0.2 = 0.00032$$
⋮   ⋮

❶ 같은 소수를 여러 번 곱했을 때 곱의 소수점 아래 자리 수를 알아보고 소수점 아래 끝자리 숫자의 규칙을 찾아봅니다.
❷ ❶에서 찾은 규칙으로 소수 50째 자리 숫자를 구합니다.

❶0.2를 한 번씩 곱할 때마다 곱의 소수점 아래 자리 수가 하나씩 늘어나고 소수점 아래 끝자리 숫자는 2, 4, 8, 6이 반복됩니다.
❷0.2를 50번 곱하면 소수점 아래 50자리 수가 되고 소수 50째 자리 숫자는 $50 \div 4 = 12 \cdots 2$에서 반복되는 숫자 중 두 번째와 같으므로 4입니다.

참고
2를 여러 번 곱하면 일의 자리 숫자는 2, 4, 8, 6이 반복됩니다.

16 1분 45초=1.75분
(열차가 움직인 거리)=$2.48 \times 1.75 = 4.34$ (km)
(터널의 길이)
=(열차가 움직인 거리)−(열차의 길이)
=$4.34 - 0.37 = 3.97$ (km)

17 문제 분석

17 ❶어머니의 몸무게는 은수 몸무게의 1.25배이고, / ❷아버지의 몸무게는 어머니의 몸무게의 1.52배입니다. / ❶은수의 몸무게가 40.2 kg이라면 / ❸아버지의 몸무게는 어머니의 몸무게보다 몇 kg 더 무겁습니까?

❶ (어머니의 몸무게)=(은수의 몸무게)×1.25
❷ (아버지의 몸무게)=(어머니의 몸무게)×1.52
❸ 아버지의 몸무게와 어머니의 몸무게의 차를 구합니다.

❶(어머니의 몸무게)=$40.2 \times 1.25 = 50.25$ (kg),
❷(아버지의 몸무게)=$50.25 \times 1.52 = 76.38$ (kg)
❸⇨ $76.38 - 50.25 = 26.13$ (kg)

18 문제 분석

18 ❷벽에 가로가 0.72 m, 세로가 0.48 m인 직사각형 모양의 도배지를 그림과 같이 가로와 세로를 각각 12 cm씩 겹쳐서 붙였습니다. / ❶도배지를 가로로 4장씩 3줄을 붙였다면 / ❸도배지를 붙인 벽의 넓이는 몇 m²입니까?

❶,❷

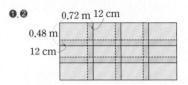

❶ 가로에 겹친 부분은 3군데이고 세로에 겹친 부분은 2군데입니다.
❷ 도배지를 붙인 벽의 가로와 세로를 각각 구합니다.
❸ (도배지를 붙인 벽의 넓이)
=(도배지를 붙인 벽의 가로)×(도배지를 붙인 벽의 세로)

❶,❷12 cm=0.12 m
(도배지를 붙인 벽의 가로)=$0.72 \times 4 - 0.12 \times 3$
$= 2.88 - 0.36 = 2.52$ (m)
(도배지를 붙인 벽의 세로)=$0.48 \times 3 - 0.12 \times 2$
$= 1.44 - 0.24 = 1.2$ (m)
❸⇨ (도배지를 붙인 벽의 넓이)=2.52×1.2
$= 3.024$ (m²)

🐱 사고력 유형   56~57쪽

1 21.72 cm²
2 9.999995
3 0.8, 4.5 (또는 8, 0.45)
4 ❶5.6 ❷2.76

56쪽

1 (이전의 만 원권의 넓이)=16.1×7.6
$= 122.36$ (cm²)
(새 만 원권의 넓이)=14.8×6.8
$= 100.64$ (cm²)
⇨ $122.36 - 100.64 = 21.72$ (cm²)

2 곱하는 수의 소수점 아래 자리 수와 9가 하나씩 늘어날 때마다 곱도 소수점 아래 자리 수와 9의 개수가 하나씩 늘어납니다.
따라서 여섯째에 알맞은 곱셈식의 계산 결과는
$5 \times 1.999999 = 9.999995$입니다.

57쪽

3 0.8×0.45=0.36이어야 하는데 잘못 눌러서 3.6이 나왔으므로 0.8과 4.5를 눌렀거나 8과 0.45를 누른 것입니다.

참고

0.8×4.5=3.6

8×0.45=3.6

4 ❶ 4♡8=4×0.6+8×0.4

　　　　=2.4+8×0.4

　　　　=2.4+3.2

　　　　=5.6

　❷ 2.6♡3=2.6×0.6+3×0.4

　　　　=1.56+3×0.4

　　　　=1.56+1.2

　　　　=2.76

도전! 최상위 유형　　58~59쪽

1 11.2분　　　　　**2** 0.732 m²

3 405 cm²　　　　**4** 16

58쪽

1 1분 24초=1.4분

(철근을 자르는 횟수)=(도막의 수)−1

　　　　　　　　　　=9−1=8(번)

⇨ (철근을 9도막으로 자르는데 걸리는 시간)

　=1.4×8=11.2(분)

2 (1 L의 페인트로 칠할 수 있는 벽의 넓이)

　=1.8×0.9=1.62 (m²)

(1.4 L의 페인트로 칠할 수 있는 벽의 넓이)

　=(1 L의 페인트로 칠할 수 있는 벽의 넓이)×1.4

　=1.62×1.4=2.268 (m²)

⇨ 3−2.268=0.732 (m²)

59쪽

3

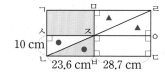

직사각형 ㄱㄴㄷㄹ에서

(삼각형 ㄱㄴㄹ의 넓이)=(삼각형 ㄷㄹㄴ의 넓이)입니다.

직사각형 ㅁㅈㅇㄹ에서

(삼각형 ㅁㅈㄹ의 넓이)=(삼각형 ㅇㄹㅈ의 넓이)

　　　　　　　　　　　=▲이고

직사각형 ㅅㄴㅂㅈ에서

(삼각형 ㅅㄴㅈ의 넓이)=(삼각형 ㅂㅈㄴ의 넓이)

　　　　　　　　　　　=●입니다.

⇨ (색칠한 부분의 넓이)

　=(직사각형 ㄱㅅㅈㅁ의 넓이)

　　+(삼각형 ㅂㄴㅈ의 넓이)

　=(직사각형 ㅈㅂㄷㅇ의 넓이)

　　+(삼각형 ㅂㄴㅈ의 넓이)

　=28.7×10+23.6×10÷2

　=287+118=405 (cm²)

다른 풀이

(색칠한 부분의 넓이)

=(직사각형 ㅈㅂㄷㅇ의 넓이)+(삼각형 ㅂㄴㅈ의 넓이)

=(사다리꼴 ㅈㄴㄷㅇ의 넓이)

=(28.7+52.3)×10÷2

=405 (cm²)

4 다×6의 일의 자리 숫자가 8이므로 다는 3 또는 8입니다.

다=3이면 나×6+1의 일의 자리 숫자가 0이어야 하고 이를 만족하는 수는 없습니다.

⇨ 다=8이고 나×6+4의 일의 자리 숫자가 0이어야 하므로 나는 1 또는 6입니다.

나=1이면 가×6+1의 일의 자리 숫자가 1이어야 하므로 가=5입니다.

4.518×6=27.108 (×)

⇨ 나=6이고 가×6+4의 일의 자리 숫자가 6이어야 하므로 가는 2 또는 7입니다.

가=2 → 4.268×6=25.608 (○)

가=7 → 4.768×6=28.608 (×)

따라서 2+6+8=16입니다.

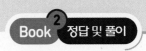

5 직육면체

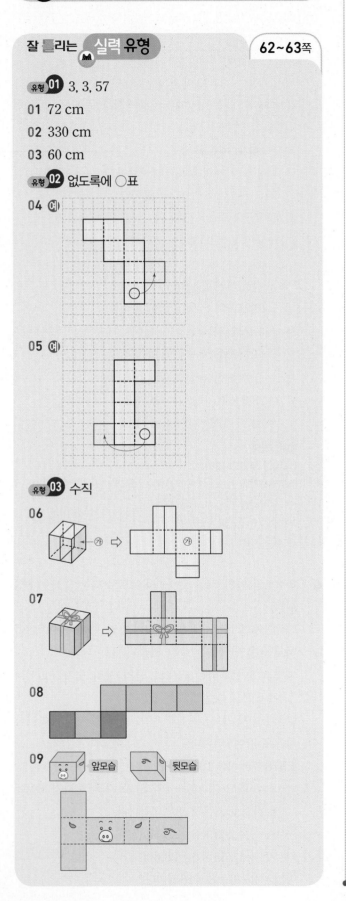

잘 틀리는 **실력 유형**　　62~63쪽

유형 **01**　3, 3, 57

01 72 cm

02 330 cm

03 60 cm

유형 **02**　없도록에 ○표

04 예)

05 예)

유형 **03**　수직

06

07

08

09 앞모습　　뒷모습

62쪽

01 길이가 10 cm, 8 cm, 6 cm인 모서리가 각각 3개씩
보입니다.
　⇨ (보이는 모서리 길이의 합)
　　$=(10+8+6)\times3$
　　$=72$ (cm)

왜 틀렸을까?　10 cm, 8 cm, 6 cm를 더한 후 3배 합니다.

02 길이가 70 cm, 30 cm, 10 cm인 모서리가 각각 3개
씩 보입니다.
　⇨ (보이는 모서리 길이의 합)
　　$=(70+30+10)\times3$
　　$=330$ (cm)

왜 틀렸을까?　70 cm. 30 cm, 10 cm를 더한 후 3배 합니다.

03 길이가 10 cm, 5 cm, 5 cm인 모서리가 각각 3개씩
보입니다.
　⇨ (보이는 모서리 길이의 합)
　　$=(10+5+5)\times3$
　　$=60$ (cm)

왜 틀렸을까?　10 cm, 5 cm, 5 cm를 더한 후 3배 합니다.

04 접었을 때 겹치는 면이 없도록 면을 옮깁니다.
여러 가지 방법으로 옮길 수 있습니다.

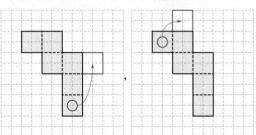

왜 틀렸을까?　면을 옮겼을 때 겹치는 면이 없는지 확인합니다.

참고

정육면체의 전개도는 다음과 같이 11가지입니다.

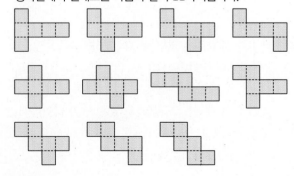

---

05 접었을 때 겹치는 면이 없도록 면을 옮깁니다. 여러 가지 방법으로 옮길 수 있습니다.

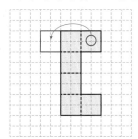

왜 틀렸을까? 면을 옮겼을 때 겹치는 면이 없는지 확인합니다.

63쪽

06 면 ㉮와 수직인 면에 면 ㉮와 만나는 모서리와 평행하도록 색 테이프를 붙였습니다.

왜 틀렸을까? 색 테이프는 면 ㉮와 수직인 면에 붙였습니다. 붙인 모양을 생각하면서 지나가는 자리를 표시합니다.

07 리본이 있는 선물 상자의 윗부분과 아랫부분의 끈 사이에 끈이 지나가는 자리가 없으므로 윗부분과 아랫부분을 연결할 수 있도록 옆면 4곳에 지나가는 자리를 그립니다.

왜 틀렸을까? 끈 사이에 끈이 지나가는 자리를 연결하도록 지나가는 자리를 그려 넣습니다.

08 첫 번째와 세 번째 칸은 밑면이 바닥면에 닿고 나머지 칸은 옆면이 바닥면에 닿습니다.

09 직육면체의 앞모습과 뒷모습을 보고 얼굴과 귀를 그립니다.

다르지만 같은 유형   64~65쪽

01 36 cm
02 22 cm
03 48 cm
04 ㉡
05 영훈
06 ㉡ / '보이지 않는 모서리는 3개입니다.' 또는 '보이는 모서리는 9개입니다.'
07 2
08 6개
09 예 정육면체에서 보이는 모서리는 9개이고, 보이는 꼭짓점은 7개입니다. ⇨ 9+7=16(개) / 16개
10 3
11 6 cm
12 10 cm

64쪽

01~03 핵심
직육면체에서 평행한 면은 모서리 길이의 합이 같습니다.

01 (11+7)×2=36 (cm)

02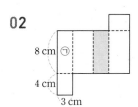

색칠한 면은 면 ㉠과 평행한 면입니다.
⇨ (8+3)×2=22 (cm)

8 cm ㉠
4 cm
3 cm

03 두 면은 평행한 면이므로 한 면의 모서리 길이의 합의 2배입니다.
⇨ (7+5)×2×2=48 (cm)

04~06 핵심
설명을 보고 잘못된 설명을 찾아야 합니다.

04 ㉡ 면과 면이 만나는 선분을 모서리라고 합니다.

05 한 모서리에서 만나는 면은 서로 수직입니다.

06 ㉡을 바르게 고칩니다.

65쪽

07~09 핵심

면의 수(개)	보이는 면	3
	보이지 않는 면	3
모서리의 수(개)	보이는 모서리	9
	보이지 않는 모서리	3
꼭짓점의 수(개)	보이는 꼭짓점	7
	보이지 않는 꼭짓점	1

07 꼭짓점의 수: 8개, 면의 수: 6개, 모서리의 수: 12개
⇨ 8+6-12=2

08 모서리가 가장 많이 보이게 그릴 때 보이는 모서리는 9개, 보이지 않는 모서리는 3개입니다.
⇨ 9-3=6(개)

09 서술형 가이드 보이는 모서리의 수와 보이는 꼭짓점의 수를 구해 더하는 풀이 과정이 들어 있어야 합니다.

채점 기준

상	보이는 모서리의 수와 보이는 꼭짓점의 수를 구해 더함.
중	보이는 모서리의 수와 보이는 꼭짓점의 수 중에서 하나만 구함.
하	보이는 모서리의 수와 보이는 꼭짓점의 수 둘 다 구하지 못함.

10~12 핵심

(한 모서리의 길이)×12＝(모서리 길이의 합)
⇨ (모서리 길이의 합)÷12＝(한 모서리의 길이)

10 정육면체는 길이가 같은 모서리가 12개 있습니다.
⇨ 36÷12＝3 (cm)

11 정육면체는 길이가 같은 모서리가 12개 있습니다.
⇨ 72÷12＝6 (cm)

12 보이는 모서리는 9개입니다.
⇨ 90÷9＝10 (cm)

응용유형 66~69쪽

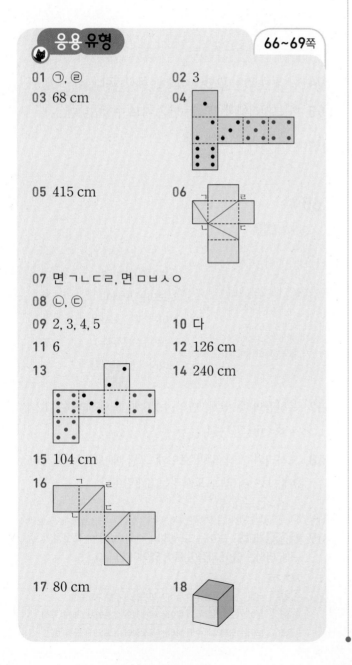

01 ㉠, ㉣
02 3
03 68 cm
04
05 415 cm
06
07 면 ㄱㄴㄷㄹ, 면 ㅁㅂㅅㅇ
08 ㉡, ㉢
09 2, 3, 4, 5
10 다
11 6
12 126 cm
13
14 240 cm
15 104 cm
16
17 80 cm
18

66쪽

01 ㉠ 정육면체는 직육면체가 맞지만, 직육면체는 정육면체가 아닙니다.
㉣ 직육면체와 정육면체는 모두 꼭짓점이 8개입니다.

02 (□＋3＋2)×4＝32, (□＋5)×4＝32,
□＋5＝8, □＝3

03
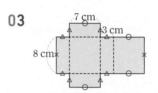

겹치거나 길이가 같은 선분끼리 ○, △, ×로 표시하면 7 cm가 4개, 3 cm가 8개, 8 cm가 2개입니다.
⇨ (실선인 부분의 길이의 합)
＝7×4＋3×8＋8×2
＝28＋24＋16＝68 (cm)

67쪽

04
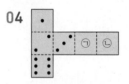

㉠: 2의 눈이 그려진 면과 마주 보는 면의 눈이므로 5입니다.
㉡: 3의 눈이 그려진 면과 마주 보는 면의 눈이므로 4입니다.

05 끈이 지나간 자리는 위와 아랫면에 2번, 옆면에 1번씩이므로 모두 2×2＋1×4＝8(번)입니다.
정육면체는 모든 모서리의 길이가 같으므로 사용한 끈 전체의 길이는 50×8＋15＝415 (cm)입니다.

06
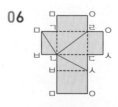

직육면체에서 점 ㄴ과 점 ㅁ, 점 ㄴ과 점 ㄹ, 점 ㄴ과 점 ㅅ을 이었습니다.
점 ㅁ, 점 ㅅ을 전개도에서 찾아 선을 그립니다.

68쪽

07 문제 분석

07 ❶색칠한 두 면과 / ❷공통으로 수직인 면을 모두 쓰시오.

❶ 색칠한 두 면은 면 ㄴㅂㅅㄷ과 면 ㄷㅅㅇㄹ입니다.
❷ 두 면과 공통으로 수직인 면을 찾습니다.

❶·❷면 ㄷㅅㅇㄹ과 수직인 면: 면 ㄴㅂㅅㄷ,
면 ㄱㄴㄷㄹ, 면 ㄱㅁㅇㄹ, 면 ㅁㅂㅅㅇ
이 중 면 ㄴㅂㅅㄷ과 수직인 면은 면 ㄱㄴㄷㄹ,
면 ㅁㅂㅅㅇ입니다.

08 ㉡ 직육면체와 정육면체는 서로 평행한 면이 3쌍입
니다.
㉢ 직육면체와 정육면체에서 한 면과 수직으로 만나
는 면은 4개입니다.

09 문제 분석

09 ❶오른쪽 주사위의 마주 보는 면의 눈의 수의 합은
7입니다. / ❷1의 눈이 그려진 면과 수직인 면의
눈의 수를 모두 쓰시오.

❶ 1과 마주 보는 면의 눈의 수의 합은 7입니다.
❷ 1의 눈이 그려진 면과 수직인 면은 1과 ❶에서 구한 면을 제외
한 나머지입니다.

❶1의 눈이 그려진 면과 평행한 면의 눈의 수: 6
❷⇨ 나머지 면의 눈의 수: 2, 3, 4, 5

10 문제 분석

10 ❷다음은 어느 정육면체의 전개도인지 찾아 기호를 쓰시오.

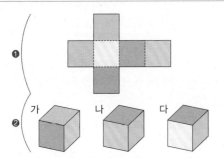

❶ 전개도에서 서로 평행한 면을 찾습니다.
❷ ❶에서 찾은 평행한 면을 이용해 정육면체를 찾습니다.

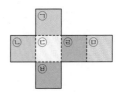

❶·❷가: 전개도에서 ㉠과 ㉱은 서로 평행한 면이므로 접
었을 때 수직인 면이 될 수 없습니다.
나: 전개도에서 ㉡과 ㉣은 서로 평행한 면이므로 접
었을 때 수직인 면이 될 수 없습니다.

11 $(7+\square+10)\times4=92$, $(\square+17)\times4=92$,
$\square+17=23$, $\square=6$

12
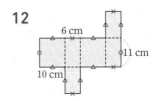

겹치거나 길이가 같은 선분끼리 ○, △, ×로 표시를
하면 11 cm가 2개, 10 cm가 8개, 6 cm가 4개입니다.
⇨ (실선인 부분의 길이의 합)
$=11\times2+10\times8+6\times4$
$=22+80+24=126$ (cm)

69쪽

13
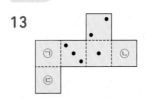

㉠: 1의 눈이 그려진 면과 마주 보는 면의 눈이므로
6입니다.
㉡: 3의 눈이 그려진 면과 마주 보는 면의 눈이므로
4입니다.
㉢: 2의 눈이 그려진 면과 마주 보는 면의 눈이므로
5입니다.

14 끈이 지나간 자리를 살펴보면 밑면은 50 cm 2번,
30 cm 2번만큼 사용했고 옆면은 15 cm 4번만큼 사
용했습니다.
(사용한 끈 전체의 길이)
$=(50\times2)+(30\times2)+(15\times4)+20$
$=100+60+60+20$
$=240$ (cm)

15 문제 분석

15 다음 ❷직육면체의 전개도를 접었을 때 모든 모서리 길이의 합을 구하시오.

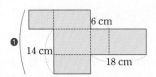

❶ 직육면체는 길이가 같은 모서리가 4개씩 있습니다.
❷ (직육면체에서 모든 모서리 길이의 합)
 =(길이가 다른 세 모서리 길이의 합)×4

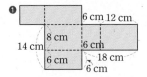

6 cm, 8 cm, 12 cm인 모서리가 4개씩 있습니다.
❷➡ (6+8+12)×4=26×4=104 (cm)

16

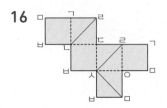

직육면체에서 점 ㄴ과 점 ㄹ, 점 ㄹ과 점 ㅅ,
점 ㅅ과 점 ㅁ을 이었습니다.
점 ㄹ, 점 ㅅ, 점 ㅁ을 전개도에서 찾아 선을 그립니다.

17 문제 분석

17 ❶다음과 같은 ㈎, ㈏, ㈐ 3종류의 직사각형을 2개씩 사용하여 직육면체를 만들었습니다. / ❷만든 직육면체에서 모든 모서리 길이의 합은 몇 cm입니까?

직사각형	가로(cm)	세로(cm)
㈎	10	7
㈏	3	7
㈐	10	3

❶ 만든 직육면체의 모서리 길이는 직사각형 ㈎, ㈏, ㈐의 변의 길이와 같습니다.
❷ 직육면체에서 모든 모서리 길이의 합은
 (세 모서리의 길이의 합)×4입니다.

❶직육면체의 모서리의 길이는 10 cm, 3 cm, 7 cm입니다.
❷따라서 모든 모서리 길이의 합은
 (10+3+7)×4=20×4=80 (cm)입니다.

18 문제 분석

18 ❶다음 전개도를 접었을 때 / ❷만들어지는 정육면체의 면을 색칠하시오.

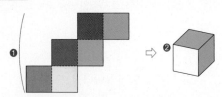

❶ 전개도에서 파란색이 위, 초록색이 오른쪽으로 오도록 전개도를 접습니다.
❷ 전개도를 접었을 때 앞에 보이는 색을 찾습니다.

❶파란색이 위로 오고 초록색이 오른쪽으로 오도록 전개도를 접으면 검은색은 뒤로 갑니다.
❷따라서 검은색과 마주 보는 면은 노란색이므로 노란색으로 색칠합니다.

🐱 **사고력 유형** 70~71쪽

1 ⓒ

2
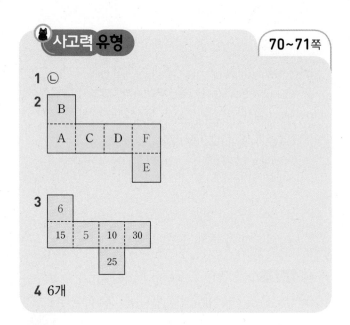

3

4 6개

70쪽

1 ⓒ을 사용했다면 ㉠ 또는 ⓒ 중에 길이가 6 cm인 변이 있어야 하는데 없으므로 ⓒ을 사용하지 않았습니다.

참고
㉠과 ⓒ을 사용하여 다음과 같은 직육면체를 만들었습니다.

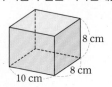

2 · A와 D는 마주 보는 면입니다.
· B와 E는 마주 보는 면입니다.
· C와 F는 마주 보는 면입니다.

71쪽

3 15와 10은 서로 평행한 면이므로 마주 보는 면의 수의 곱은 $15 \times 10 = 150$입니다.

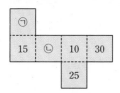

㉠: 마주 보는 면의 수는 25이므로
$150 \div 25 = 6$입니다.
㉡: 마주 보는 면의 수는 30이므로
$150 \div 30 = 5$입니다.

4

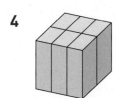

위와 같이 쌓으면 한 모서리의 길이가 6 cm인 정육면체가 됩니다.
6 cm를 각 모서리의 길이로 나누어 한 모서리에 들어간 직육면체의 수를 구한 후 곱합니다.
$6 \div 2 = 3$(개), $6 \div 3 = 2$(개), $6 \div 6 = 1$(개)
⇨ $3 \times 2 \times 1 = 6$(개)

도전! 최상위 유형   72~73쪽

1 31	**2** 12 cm
3 17	**4** 23

72쪽

1 전개도를 접었을 때 마주 보는 면에 적힌 수는 3과 2, 7과 4, 8과 6입니다.
따라서 바닥에 닿는 면은 다음과 같습니다.

2	4	8
7	6	4

⇨ $2+4+8+7+6+4=31$

2 (직육면체의 모든 모서리 길이의 합)
$= (12+7+8) \times 4$
$= 108$ (cm)
이므로 정육면체의 보이는 모서리 길이의 합은
108 cm입니다.
⇨ 보이는 모서리는 9개이므로
(정육면체의 한 모서리의 길이)
$= 108 \div 9 = 12$ (cm)
입니다.

73쪽

3

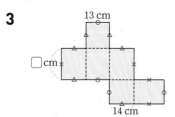

직육면체의 전개도를 접었을 때 만나는 선분끼리 길이가 같으므로 길이가 같은 선분이 몇 개 있는지 세어 봅니다.
13 cm인 선분 4개: $13 \times 4 = 52$ (cm)
14 cm인 선분 6개: $14 \times 6 = 84$ (cm)
□ cm인 선분 4개: (□ $\times 4$) cm
⇨ $52+84+$□$\times 4=204$, □$\times 4+136=204$,
□$\times 4=68$, $68 \div 4=$□, □$=17$

4 주사위의 마주 보는 눈의 수는 각각 1과 6, 2와 5, 3과 4입니다.

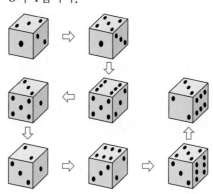

$4 \rightarrow 2 \rightarrow 1 \rightarrow 4 \rightarrow 5 \rightarrow 1 \rightarrow 2 \rightarrow 4$
⇨ $4+2+1+4+5+1+2+4=23$

6 평균과 가능성

76~77쪽

잘 **틀리는** 실력 유형

유형 01 4, C

01 철훈, 혜원, 기완   **02** 지은, 기현

유형 02 ■, ●

03 71 cm   **04** 32 kg

유형 03 파란색, 빨간색

05 예   **06** 예

07 예

(℃) 10

5

0

기온 / 요일 월 화 수 목 금

08 예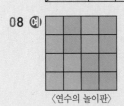

〈연수의 놀이판〉

76쪽

01 (제기차기 횟수의 평균)

$= (8+18+15+11+24+2) \div 6$

$= 78 \div 6 = 13$(번)

따라서 13번보다 많이 찬 사람을 찾으면

철훈, 혜원, 기완입니다.

왜 틀렸을까? 제기차기 횟수의 평균을 구해 평균보다 많이 찬 사람을 모두 찾습니다.

02 (맞힌 문제 수의 평균)

$= (21+23+22+17+20+17) \div 6$

$= 120 \div 6 = 20$(개)

따라서 20개보다 적게 맞힌 학생을 찾으면

지은, 기현입니다.

왜 틀렸을까? 맞힌 문제 수의 평균을 구해 모둠의 평균보다 적게 맞힌 사람을 모두 찾습니다.

03 (전체 학생의 앉은키의 합)

$= 68 \times 10 + 73 \times 15$

$= 680 + 1095 = 1775$ (cm)

(전체 학생의 앉은키의 평균)

$= 1775 \div (10+15)$

$= 1775 \div 25 = 71$ (cm)

왜 틀렸을까? 여학생과 남학생의 앉은키의 합을 구해 전체 학생의 앉은키의 평균을 구합니다.

04 (전체 학생의 몸무게의 합)

$= 36 \times 15 + 27 \times 12$

$= 540 + 324 = 864$ (kg)

(전체 학생의 몸무게의 평균)

$= 864 \div (15+12)$

$= 864 \div 27 = 32$ (kg)

왜 틀렸을까? 남학생과 여학생의 몸무게의 합을 구해 전체 학생의 몸무게의 평균을 구합니다.

77쪽

05 화살이 초록색에 멈출 가능성이 가장 높기 때문에 회전판에서 가장 넓은 곳을 초록색으로 색칠합니다.

화살이 노란색에 멈출 가능성이 파란색에 멈출 가능성과 같으므로 나머지 부분에 각각 파란색과 노란색을 칠합니다.

왜 틀렸을까? 화살이 초록색에 멈출 가능성이 가장 높으므로 가장 넓은 곳을 초록색으로 색칠합니다.

06 화살이 빨간색, 파란색, 초록색에 멈출 가능성이 모두 같으므로 색칠한 부분의 칸 수가 같아야 합니다.

$\Rightarrow 6 \div 3 = 2$(칸)씩 칠합니다.

왜 틀렸을까? 화살이 빨간색, 파란색, 초록색에 멈출 가능성이 모두 같으므로 색칠한 부분의 칸 수가 같습니다.

07 막대그래프의 높이를 고르게 하여 나타내면 막대의 끝부분이 모두 5 ℃에 있으므로 최고 기온의 평균은 5 ℃입니다.

08 공정한 놀이를 하려면 현지의 놀이판과 연수의 놀이판의 파란색 부분의 크기가 같아야 합니다.

현지의 놀이판은 16칸 중에 파란색이 8칸입니다.

따라서 연수의 놀이판도 파란색이 8칸이 되도록 남은 8칸 중에 파란색을 4칸, 초록색을 4칸 칠합니다.

다르지만 같은 유형
78~79쪽

01 유리네 학교　　**02** 예경이네 모둠

03 주희네　　**04** 나 주머니

05 (○)(　　)　　**06** ㉡

07 60000원　　**08** 21472대

09 📝 민우네와 선준이네의 배나무 수는
308＋197＝505(그루)이므로 민우네와 선준이네가
수확한 배의 수는 125×505＝63125(개)입니다.
/ 63125개

10 4, 4　　**11** 25 kg

12 95점

78쪽

01~03 핵심
자료의 값을 자료의 수로 나누어 평균을 비교합니다.

01 학생 한 명당 사용하는 운동장의 넓이를 구하면
재훈이네는 8400÷700＝12 (m²),
유리네는 10400÷800＝13 (m²)입니다.
따라서 12＜13이므로 유리네 학교 학생들이 운동장을
더 넓게 사용할 수 있습니다.

02 두 모둠의 기록의 평균을 구합니다.
(승민이네 모둠의 기록의 평균)
＝(15＋19＋23＋0＋25＋18＋17＋20＋16)÷9
＝153÷9＝17(초)
(예경이네 모둠의 기록의 평균)
＝(17＋17＋26＋23＋0＋28＋15)÷7
＝126÷7＝18(초)
⇨ 17＜18이므로 예경이네 모둠이 더 잘했습니다.

03 각 집의 논 1 m²당 평균 수확량을 구합니다.
윤아네: 240÷15＝16 (kg),
지수네: 200÷25＝8 (kg),
주희네: 960÷40＝24 (kg)
따라서 24＞16＞8이므로 주희네가 농사를 가장 잘
지었습니다.

04~06 핵심
일이 일어날 가능성을 수로 표현했을 때 클수록 가능성이 더
높습니다.

04 가 주머니: 흰색 바둑돌만 있으므로 검은색 바둑돌이
나올 가능성을 수로 표현하면 0입니다.
나 주머니: 검은색 바둑돌만 있으므로 검은색 바둑돌
이 나올 가능성을 수로 표현하면 1입니다.
⇨ 나 주머니가 검은색 바둑돌이 나올 가능성이 더 높
습니다.

05 • 흰색 공 1개가 있는 주머니에서 공 1개를 꺼낼 때
꺼낸 공이 흰색일 가능성을 수로 표현하면 1입니다.
• 흰색 공과 검은색 공이 각각 1개씩 있는 주머니에
서 공 1개를 꺼낼 때 꺼낸 공이 흰색일 가능성을 수
로 표현하면 $\frac{1}{2}$입니다.
따라서 왼쪽에서 꺼낸 공이 흰색일 가능성이 더 높습
니다.

06 주사위의 눈의 수는 1, 2, 3, 4, 5, 6입니다.
㉠ 3 이하인 수는 1, 2, 3이므로 일이 일어날 가능성
을 수로 표현하면 $\frac{1}{2}$입니다.
㉡ 1 이상 6 이하인 수는 1, 2, 3, 4, 5, 6이므로 일이
일어날 가능성을 수로 표현하면 1입니다.
㉢ 7 이상인 수는 없으므로 일이 일어날 가능성을 수
로 표현하면 0입니다.
따라서 1＞$\frac{1}{2}$＞0이므로 일이 일어날 가능성이 가장
높은 것은 ㉡입니다.

79쪽

07~09 핵심
(합계)＝(평균)×(자료의 수)

07 5000×12＝60000(원)

08 352×61＝21472(대)

09 서술형가이드 배나무 한 그루에서 수확한 배의 수의 평균을
이용하여 두 과수원에서 수확한 배의 수를 구하는 풀이 과정
이 들어 있어야 합니다.

채점 기준

상	두 과수원의 배나무 수와 평균을 곱해 두 과수원에서 수확한 배의 수를 구함.
중	두 과수원의 배나무 수는 구했으나 두 과수원에서 수확한 배의 수를 구하지 못함.
하	두 과수원의 배나무 수도 구하지 못함.

10~12 핵심

평균을 ■만큼 높이려면 자료의 값의 합은 ■×(자료의 수)만큼 높아져야 합니다.

10 평균을 1만큼 높이려면 자료의 값의 합은
$1×$(자료의 수)만큼 높아져야 합니다.

11 (높이려는 평균)×(자료의 수)$=5×5=25$ (kg)

12 (다음 시험에서 올려야 할 점수)$=4×3=12$(점)
⇨ (다음 시험에서 받아야 할 영어 점수)
$=83+12=95$(점)

응용 유형
80~83쪽

01 609개	**02** 6분
03 2개	**04** 3 m
05 예	**06** 8
07 350개	**08** 나
09 2분	**10** 1개
11 1, 2, 5, 10	**12** 33명
13 ©, ㉠, ㉡	**14** 168 cm
15	**16** 14 kg
17 36, 43	**18** 5명

80쪽

01 3주일은 $7×3=21$(일)입니다.
⇨ (푼 수학 문제 수)
$=$(하루에 푼 수학 문제 수의 평균)
$×$(문제를 푼 날수)
$=29×21=609$(개)

02 (정우의 독서 시간의 평균)
$=(61+54+45+32+19+20+21)÷7$
$=252÷7=36$(분)
(진석이의 독서 시간의 평균)
$=(36+48+59+50+24+60+17)÷7$
$=294÷7=42$(분)
⇨ $42-36=6$(분)

03 노란색 공의 수를 □개라 하면 전체 공의 수는
$1+1+□=2+□$입니다.
그중에서 1개를 꺼낼 때 꺼낸 공이 노란색일 가능성을 수로 표현하면 $\frac{1}{2}$이므로 전체 공 수의 $\frac{1}{2}$이 노란색입니다.
따라서 빨간색과 파란색이 각각 1개씩이므로 노란색 공은 $1+1=2$(개)입니다.

참고
전체 공의 수는 $2+2=4$(개)입니다.

81쪽

04 (던진 거리의 합)
$=1×3+2×6+3×7+4×6+5×3$
$=3+12+21+24+15$
$=75$ (m)
⇨ (던진 거리의 평균)$=75÷(3+6+7+6+3)$
$=75÷25=3$ (m)

05 구슬을 꺼낼 때 나올 수 있는 개수는 1개, 2개, 3개, 4개, …, 8개입니다. 구슬의 개수가 홀수인 경우는 1개, 3개, 5개, 7개로 4가지이고, 짝수인 경우는 2개, 4개, 6개, 8개로 4가지입니다.
따라서 꺼낸 구슬의 개수가 짝수일 가능성을 수로 표현하면 $\frac{1}{2}$입니다.
⇨ 회전판 6칸 중 3칸에 파란색을 색칠하면 꺼낸 구슬의 개수가 짝수일 가능성과 회전판의 화살이 파란색에 멈출 가능성이 같습니다.

06 가$=$나-1.42
$=7.62-1.42=6.2$
다$=$가$+3.98$
$=6.2+3.98=10.18$
⇨ (평균)$=($가$+$나$+$다$)÷3$
$=(6.2+7.62+10.18)÷3$
$=24÷3=8$

82쪽

07 2주일은 $7×2=14$(일)입니다.
⇨ (푼 영어 문제 수)$=25×14=350$(개)

08 문제 분석

08 빨간색, 파란색, 노란색으로 이루어진 / ❶회전판을 100번 돌렸을 때 화살이 빨간색에 50번, / ❷파란색에 24번, 노란색에 26번 멈출 가능성이 더 큰 회전판을 찾아 기호를 쓰시오.

❶ 100번 중 화살이 빨간색에 50번 멈췄으므로 가능성은 '반반이다'입니다.
❷ 나머지 부분 중에서 파란색과 노란색에 멈출 가능성이 같은 것을 찾습니다.

❶,❷빨간색 부분의 넓이가 반으로 가장 넓고 노란색과 파란색 부분이 같은 것을 찾으면 나입니다.

09 (지욱이의 공부 시간의 평균)
   $=(30+45+68+79+53)\div5$
   $=275\div5=55$(분)
   (준형이의 공부 시간의 평균)
   $=(42+26+72+83+62)\div5$
   $=285\div5=57$(분)
   $\Rightarrow 57-55=2$(분)

10 꺼낸 공이 검정색일 가능성을 수로 표현하면 $\frac{1}{2}$이므로 검정색 공은 전체 공 수의 $\frac{1}{2}$입니다.
   검정색 공은 2개이므로 전체 공의 수는 $2\times2=4$(개)입니다.
   따라서 파란색 공은 $4-2-1=1$(개)입니다.

11 문제 분석

11 ❷주머니 속에 수 카드가 4장 있습니다. 그중에서 1장을 꺼낼 때 / ❶꺼낸 카드의 수가 10의 약수일 가능성을 수로 표현하면 1입니다. 주머니 속에 들어 있는 수 카드의 수를 모두 쓰시오.

❶ 10의 약수일 가능성을 수로 표현하면 1이므로 모두 10의 약수입니다.
❷ 10의 약수 4개를 찾습니다.

❶꺼낸 수 카드의 수가 10의 약수일 가능성을 수로 표현하면 1이므로 수 카드의 수는 모두 10의 약수입니다.
❷⇨ 10의 약수는 1, 2, 5, 10입니다.

12 문제 분석

12 어느 태권도장에 다니는 학년별 학생 수를 나타낸 표입니다. ❶학년별 학생 수의 평균이 25명 이상이 되어야 태권도 경연 대회에 출전할 수 있습니다. / ❷경연 대회에 출전하려면 6학년 학생은 최소 몇 명이어야 합니까?

학년별 학생 수

학년	1	2	3	4	5	6
학생 수(명)	13	15	25	30	34	

❶ 학생 수의 합이 (평균)×(학년 수)와 같거나 커야 합니다.
❷ 6학년 학생 수는 (평균)×(학년 수)−(나머지 학년 학생 수의 합)과 같거나 더 많아야 합니다.

❶6학년 학생 수를 □명이라 하면
   $13+15+25+30+34+$□가 25×6과 같거나 커야 합니다.
❷$117+$□$=150$, $150-117=$□, □$=33$이므로
   6학년 학생 수는 33명이거나 더 많아야 합니다.
   따라서 6학년은 최소 33명이어야 합니다.

83쪽

13 문제 분석

13 ❶수 카드 중에서 1장을 뽑았을 때 / ❸일이 일어날 가능성이 높은 순서대로 기호를 쓰시오.

1 2 3 4 5 6 7 8

❷ ㉠ 8의 약수를 뽑을 가능성
   ㉡ 9의 약수를 뽑을 가능성
   ㉢ 2 이상인 수를 뽑을 가능성

❶ 수 카드의 수는 1부터 8까지입니다.
❷ ㉠, ㉡, ㉢의 일이 일어날 가능성을 구합니다.
❸ ❷에서 구한 일이 일어날 가능성을 비교합니다.

❶수 카드의 수는 1, 2, 3, 4, 5, 6, 7, 8입니다.
❷㉠ 8의 약수는 1, 2, 4, 8이므로 '반반이다'입니다.
   ㉡ 9의 약수는 1, 3, 9이고 9는 없으므로 2가지입니다. → '~ 아닐 것 같다'입니다.
   ㉢ 2 이상인 수는 2, 3, 4, 5, 6, 7, 8이므로 '~일 것 같다'입니다.
❸⇨ 일이 일어날 가능성이 높은 순서대로 기호를 쓰면 ㉢, ㉠, ㉡입니다.

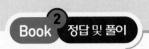

14 (뛴 거리의 합)
$=150×3+160×4+170×7+180×6$
$=450+640+1190+1080$
$=3360 \, (\text{cm})$
⇨ (뛴 거리의 평균)
$=3360÷(3+4+7+6)$
$=3360÷20=168 \, (\text{cm})$

15 당첨 제비만 5개 들어 있는 상자에서 제비 1개를 뽑
았을 때 뽑은 제비가 당첨 제비일 가능성을 수로 표현
하면 1입니다.
따라서 화살이 빨간색에 멈출 가능성을 수로 표현하면
1이어야 하므로 회전판 4칸을 모두 빨간색으로 색칠
합니다.

16 (어머니가 캔 감자의 무게)$=16.3-4.2$
$\qquad\qquad\qquad\qquad =12.1 \, (\text{kg})$
(주연이가 캔 감자의 무게)$=12.1+1.5$
$\qquad\qquad\qquad\qquad =13.6 \, (\text{kg})$
⇨ (평균)$=(16.3+12.1+13.6)÷3$
$\qquad\quad =42÷3=14 \, (\text{kg})$

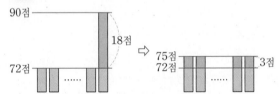

17 마을별 지정된 문화재 수를 나타낸 표입니다. ❶네 마을에 지
정된 문화재 수의 평균이 43점이고 / ❷문화재 수가 라 마을이
가 마을보다 7점 더 많다고 할 때 / ❸표를 완성하시오.

마을별 지정된 문화재 수

❸ 마을	가	나	다	라
문화재 수(점)		42	51	

❶ (문화재 수의 합)$=43×4$
❷ (라 마을의 문화재 수)$=$(가 마을의 문화재 수)$+7$
❸ ❶, ❷를 이용하여 가 마을과 라 마을의 문화재 수를 구합니다.

❶(문화재 수의 합)$=43×4=172$(점)
❷(라 마을의 문화재 수)$=$(가 마을의 문화재 수)$+7$,
❸(가 마을의 문화재 수)$+42+51$
$\quad +$(가 마을의 문화재 수)$+7=172$,
(가 마을의 문화재 수)$×2+100=172$,
(가 마을의 문화재 수)$×2=72$,
(가 마을의 문화재 수)$=36$(점)
⇨ (라 마을의 문화재 수)$=36+7=43$(점)

18 문제 분석

18 ❶기정이네 모둠의 수학 점수의 평균은 72점입니다. 기정이네 모
둠에 / ❸수학 점수가 90점인 학생이 / ❷한 명 더 들어와서 수
학 점수의 평균이 75점이 되었습니다. / ❸처음 기정이네 모둠
은 몇 명이었습니까?

❶ 기정이네 모둠 학생 수를 □명이라 합니다.
❷ 평균이 3점 높아졌으므로 점수의 합은 몇 점 높아졌는지 구합
니다.
❸ 90점과 처음 평균의 차를 구해 기정이네 모둠 학생 수를 구합
니다.

❶처음 기정이네 모둠 학생 수를 □명이라 하면 한 명
더 들어온 후의 학생 수는 (□+1)명입니다.
❷평균이 $75-72=3$(점) 높아졌으므로 점수의 합은
$3×(□+1)$만큼 높아졌습니다.
❸$90-72=18$(점)을 다시 고르게 하여 평균이 3점 높
아졌으므로 $3×(□+1)=18$입니다.
$□+1=6, \; □=5$

참고

90점 ─

18점 ⇨ 75점 ── 72점 ── 3점

72점 ──

수학 점수가 90점인 학생이 들어왔으므로 그림과 같이 18점
을 (□+1)명에게 3점씩 고르게 한 것입니다.

🐱 사고력 유형   **84~85쪽**

1 ㉡   2 6 ℃
3 ❶ 20점 ❷ 22점 ❸ 승우

84쪽

1 파란색에 멈출 가능성을 수로 표현하면
0이므로 아래쪽으로 1칸 움직입니다.

 파란색에 멈출 가능성을 수로 표현하면
1이므로 오른쪽으로 1칸 움직입니다.

 파란색에 멈출 가능성을 수로 표현하면
0이므로 아래쪽으로 1칸 움직입니다.

⇨ ㉡

2 (평균 기온)=(2+5+4+6+7+9+9)÷7
=42÷7=6 (℃)

85쪽

3 ❶ 검은 바둑돌은 40점에 1개, 30점에 1개,
20점에 1개, 10점에 1개, 0점에 1개입니다.
(평균)=(40+30+20+10+0)÷5
=100÷5=20(점)

❷ 흰 바둑돌은 30점에 2개, 20점에 2개,
10점에 1개입니다.
(평균)=(30+30+20+20+10)÷5
=110÷5=22(점)

❸ 22>20이므로 승우가 얻은 점수의 평균이 더 높
습니다.

도전! 최상위 유형 86~87쪽

1 ㉢, ㉠, ㉡	2 388
3 3개	4 56 kg

86쪽

1 만든 두 자리 수:

35, 37, 39, 53, 57, 59, 73, 75, 79, 93, 95, 97
→ 12가지

㉠ 70 이상인 수는 73, 75, 79, 93, 95, 97입니다.
⇨ 12가지 중에 6가지이므로 가능성은 '반반이다'
이고 수로 표현하면 $\frac{1}{2}$입니다.

㉡ 모든 수가 홀수이므로 짝수일 가능성은
'불가능하다'이고 수로 표현하면 0입니다.

㉢ 모든 수가 홀수이므로 4로 나누었을 때 나누어떨
어지지 않습니다.
⇨ 가능성은 '확실하다'이고 수로 표현하면 1입니다.
따라서 일이 일어날 가능성이 높은 순서대로 기호를
쓰면 ㉢, ㉠, ㉡입니다.

참고
4로 나누었을 때 나누어떨어지는 수는 4의 배수입니다.

2 가: 반올림하여 백의 자리까지 나타냈을 때 400이 되
는 수는 350 이상 450 미만인 수입니다.
⇨ 가장 작은 수는 350입니다.
나: 30×1=30, 30×2=60, …, 30×13=390,
30×14=420, …
⇨ 400보다 작은 수 중 가장 큰 30의 배수는 390
입니다.
다: 0.53×8=4.24
⇨ 0.53×8의 100배인 수는 424입니다.
따라서 (가, 나, 다의 평균)=(350+390+424)÷3
=1164÷3=388
입니다.

87쪽

3 초록색 구슬을 꺼낼 가능성을 수로 표현하면 $\frac{1}{2}$이므
로 (초록색 구슬의 수)=(나머지 구슬의 수의 합)입
니다.
(초록색 구슬의 수)=8개
빼고 남은 파란색 구슬의 수를 □개라 하면
(노란색 구슬의 수)+(파란색 구슬의 수)
+(빨간색 구슬의 수)=5+□+2=8이므로
□+7=8, □=1입니다.
따라서 처음에 파란색 구슬 4개에서 1개가 남도록 뺐
으므로 뺀 파란색 구슬의 수는
4-1=3(개)입니다.

4 (수빈이의 몸무게와 어머니의 몸무게의 합)
=96 kg
(수빈이의 몸무게와 아버지의 몸무게의 합)
=114 kg
(어머니의 몸무게와 아버지의 몸무게의 합)
=126 kg
이므로 세 사람의 몸무게의 합을 2번 더한 것은
(96+114+126) kg과 같습니다.
(세 사람의 몸무게의 합)×2=(96+114+126),
(세 사람의 몸무게의 합)
=(96+114+126)÷2=336÷2
=168 (kg)
⇨ (세 사람의 몸무게의 평균)=168÷3
=56 (kg)

MEMO

MEMO